Marketing Management: Strategy, Cases and Practices

行銷管理

策略、個案與應用

范惟翔◎著

序

　　處在快速變化的21世紀，企業經營模式不斷翻新，行銷管理理論亦蓬勃發展，面對大專院校與職場進修同學對行銷知識的追求，筆者希望能撰寫一本融合理論與實務的行銷管理專書，在揚智文化的大力協助下，終於完成本書。

　　本書除了保留傳統行銷學理的架構外，為使讀者易於瞭解，另外引用諸多實例闡述理論的可行性；同時，促進學習興趣，每章以「Marketing Discovery」作為開頭個案，並在篇尾以「Marketing Move」見證理論應用之可行性。

　　事實上，「Marketing Discovery」與「Marketing Move」取材包含策略、歷史、時事、商業個案、社會現象等，並以寓言、訪談、演講、社論等寫作手法導入；如同一份可口餐點，有著開胃前菜、主菜及飯後甜點，層次分明、內容精彩。

　　再者，筆者恰有機緣輔導企業行銷規劃，所以重視理論與企業經營結合之可行性，同時對目前大陸台商經營實務之作法與遭遇的問題，也有相當著墨，希望讀者閱讀後能心神領會。在此，特別感謝企業界朋友的邀講與邀訪。

　　本書能完成，固然有賴筆者之執著與理念，但能力有限，若沒有師長以往之教導、家人之支持與出版社之配合斷難完成，尤其其中部分資料的蒐集與整理特感謝劉信助、賴毅書、姜承孝、

郭美貝、鄭雅蓉等南華大學管科所同學之協助，另感謝張瑞鉉同
學於本書完成之際協助校稿，在此一併致謝。

　　作者才疏學淺，疏漏錯誤之處在所難免，尚祈各界賢達先進
不吝賜教。

范惟翔

目錄

圖目錄

表目錄

專欄

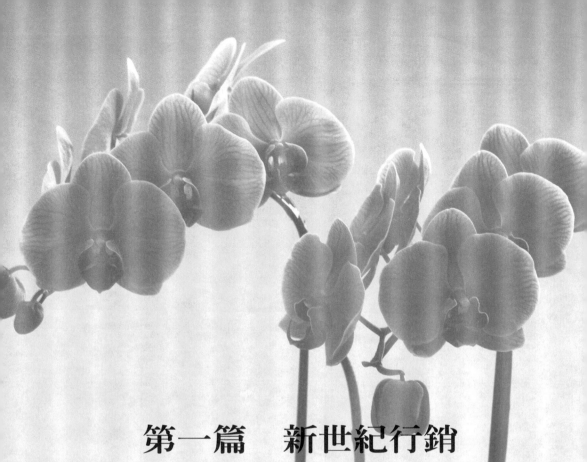

第一篇　新世紀行銷

Marketing Management: Strategy, Cases and Practices

Chapter 1
建立全方位的行銷心靈

To be or not to be,

That's the Question. ——莎士比亞

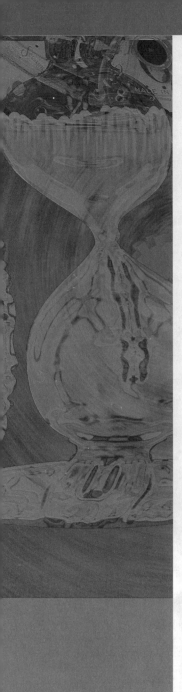

台灣初期行銷論述幾乎全由歐美行銷學理與個案所主導,近幾年來,台灣工商業蓬勃發展,漸漸發覺若干西方行銷理論與個案已不足以闡釋台灣經驗。

就行銷的源流與發展而言,早期對行銷的定義僅著重在生產品與消費者之間的流動,約經二十年後,企業開始重視定價、產品、促銷與分配(簡稱4P)與行銷的關係;到二十世紀末期,行銷的解讀進一步被擴大化,整個行銷過程在上游方面加強對顧客需求的瞭解,在下游方面要求顧客購後的滿意,注重顧客關係管理;進入二十一世紀,除了原有的行銷理論之外,數位科技帶來新的經濟活動,因此數位行銷很可能將是另一波討論的重點。

本章首先說明行銷的意義與內涵,其次,對現代社會必備的行銷觀念加以介紹,最後再介紹網際網路行銷。

很多人以為行銷就是「銷售」或是「賣東西」，要不然行銷就是代表「廣告」；事實上「銷售」、「賣東西」是行銷的目標之一，而「廣告」則是促銷的方式之一。

「商品廣告」常用很多手法使消費者注意、有興趣、進而產生購買行動，以下數則廣告，你記得多少？

- 「DHC 276-62000」──DHC化妝品。
- 「山霸兄弟」──藥酒廣告。
- 「用好心　做好鞋　走好路」──La new鞋業。
- "I'm lovin' it"──麥當勞企業形象廣告。

這四則廣告，它們並沒有告訴你要買什麼產品，可是你知道它是在向你推銷東西。

第一、二則廣告是利用好記又好念的口語來塑造耳熟能詳的廣告詞，他們運用了品牌或商品名稱來加深消費者的印象；第三則廣告運用第三者證言，強勁有力的行銷手法，讓人目不暇給卻又印象深刻，讓品牌深植於消費者的心中；第四則廣告是以充滿朝氣、活力、年輕的新方向，大力推行新世代的態度，為了貼近年輕人的思維所以運用了流行的hip-hop文化來搞定年輕人。

請明星、名人或者是消費者來擔任產品代言人或推薦人的角色，兩者常有相輔相成的效果，例如，麥當勞請來王力宏、蔡依林兩位當紅歌手擔任中文版的廣告代言人，並打出"I'm lovin' it"

的新口號，為此替麥當勞增加不少產品知名度及銷售量；同時，也多給自己在電視機前「露臉」的機會。

　　不過，這種手法也並非招招見效，譬如，周慧敏為「絲逸歡」做過廣告，但你可知道或記得「絲逸歡」是什麼產品嗎？

　　所以產品成功關鍵不全然是「做廣告」，而是在於業者對行銷的整體規劃，包括：產品定位、區隔、訴求、定價、通路等；以區隔為例，台新銀行曾以女性為訴求的信用卡（玫瑰卡）──「認真的女人最美麗」，企圖塑造出玫瑰卡的產品價值，引起二十至三十五歲、現代、都會、有自信女性的認同，並自許成為最懂得女性的產品，能夠與女性共創美麗的生活，藉此擄獲女性的心與女性消費者的認同，因此就受到都會粉領族的青睞，這是台灣首張以女性為主要訴求的信用卡，已成為女性信用卡的主流及代名詞，如此證明了這個以「性別」來定位區隔的行銷案相當前瞻且成功。

　　從事企業經營，雖然行銷不是解決銷售問題的萬靈丹，但卻是企業管理（人事管理、生產管理、財務管理、一般管理、行銷管理）中不可忽視的一環。

1.1 行銷起源與意義

處在這個發展快速的社會裡，在日常生活中，最爲人們所熟悉的行銷手法就是廣告。

不過，行銷不等於是廣告。那麼，除了廣告以外，行銷還包含哪些內容呢？其實行銷是一種經過設計，用來告知、說服和出售的傳播過程，事實上，行銷的案例、事件每天都發生在你我的周遭，以下四則就是明顯的例子。

· 行銷是百貨公司的換季跳樓大拍賣。（促銷）

· 行銷是皮爾卡登（Piere Cardin）繡在該公司產品的簽名P。（品牌印象）

· 行銷是董氏基金會告訴我們吸二手菸比抽菸還可怕。（觀念行銷）

· 行銷是各項選舉少不了的掃街、演講或造勢活動。（人物行銷）

除了以上四則外，行銷還可以是購屋紅紙條、工地秀、call in 節目等。

所以，廣義來說，行銷的觀念與作法並不是對商品做促銷而已，他可以將「一種觀念」、「一個活動」、「一次服務」甚至是「一項行政命令」，經過某種形式的包裝，透過合適的管道，讓「接受者」能充分瞭解、明白。現今的時代是一個行銷的時代，所有的事情都需要經由行銷來提高效率、降低成本，也可以透過行銷來做風險規劃、危機處理，在這個行銷的年代裡，人人都需具

備行銷的能力。因此，行銷不是理論，它是一項具體實踐，而且要消費者能感受行銷後的效果，才是成功的行銷。例如，第二屆的東京汽車大展，在日本東京新興的工業城開幕舉行，大會曾提出一個前瞻的主題——發現人類新關係：人、車、地球三位一體。從主題而言，相當充滿未來的味道，同時也點出了人、商品與環境三者不可分割的關係，這種關係也正是以下要談的產、銷、人三種導向的演變——生產導向、銷售導向與行銷導向。

1.1.1 行銷起源

如同任何一門學科一樣，「行銷學」也有它的歷史，據學者彼得‧杜拉克的說法，行銷最早起源於17世紀的日本，由三井家族在東京創立一家商店（小型的百貨公司），提供多樣商品滿足客戶的選擇。至於他的理論發展則是從19世紀開始，到目前為止還算是一門相當年輕的學問。

由於行銷理論發展的較遲，談的又是不為人知的「東西」，所以就有不少人質疑行銷算不算是一門科學？事實上，行銷學包含心理學、社會學、經濟學、統計學的觀念，並吸取這些社會學科的精華，再經過實務上的分析與驗證，才形成行銷學。

行銷與推銷、促銷、廣告者有所不同，行銷強調一種整體的觀念、系統與理念，而推銷、促銷或廣告都只是行銷的一環。行銷理論早期係經濟學旁枝，著眼點在供需、價格與數量，但由於經濟學內容偏重理論，較無法解決產業問題。然而經濟學所提到的價格與供需問題已變成行銷學中定價與配銷的理論基礎。

1.1.2 行銷意義

依據早期美國行銷學會 AMA（American Marketing Association）在1963年對行銷的定義是：「引導物品與勞務從生產者流向消費者或使用者的企業活動」，如圖1-1所示。

圖1-1　早期美國行銷學會行銷觀念圖

1985年美國行銷學會又修正提出：「行銷是規劃與執行產品或勞務的定價、促銷與分配的過程，創造使個人與組織的滿意。」

然而上述定義，在人類經濟蓬勃發展後，受到「定義不全」的批評，最主要的兩點批評如下：

・促銷活動不是由生產者開始，行銷更早的活動應該是從消費者需求、產品發展等開始。
・行銷活動也不是在消費者購買後就終結了，行銷還需從事售後服務、滿意度調查、行銷稽核等活動，如圖1-2所示。

圖1-2　1985年美國行銷學會行銷概念圖

1.2 行銷的演進

隨著人類文明的演進、經濟的發展及政治民主化等大環境的變遷，行銷的觀念亦不斷演進，基本上可分成下列四大觀念。

1.2.1 生產導向

奉行生產導向（production concept）的觀念者認為只要產品品質佳、售價便宜，那麼產品一定可以被消費者認同，此觀念在「物力維艱」的時代還可以被接受，在1950、1960，台灣一般家裡有一輛富士霸王的腳踏車，「行動」很方便，製造廠商也不須作什麼促銷，他們深信生產出來的東西就有人買。不過，進入21世紀，最典型的例子莫過於20世紀初美國福特汽車創辦人亨利‧福特所秉持的T型車銷售觀念，認為只要售價低廉、產品可靠，就可以打開美國汽車市場，所以車子的顏色只有黑色。消費者已有更

多的選擇，且喜好會隨時空而改變，消費者自會有準則評估產品價值，是否能滿足自我需求，車子型式與售價早已不是生產導向的銷售方式了。

1.2.2 銷售導向

在這種導向下的銷售行為是以推銷員的眼光來看產品，並加強產品宣導、推銷，產品是以「銷」為目的。因此，銷售導向（sales concept）的目標是創造高業績，較不考慮購買的主體——消費者，是否有此需要。

例如，常逛百貨公司的人也許會發覺，很多時候原本只是出去走走逛逛，但是就會發現有些東西（衣物）好看又便宜，在專櫃小姐流利的口才或是促銷贈品的強力推銷下，覺得不買會後悔，雖然明知現在派不上用場（穿），但是總想有使用的一天，結果家中往往就積存一些「以前打折」的東西，但現在已無法使用，令人懊惱。

這類衝動性的購買行為是被銷售導向的促銷方式所影響。那麼，以「銷售導向」做生意有什麼不好？從追求利潤而言，似無不可，但利潤只是企業經營的目標之一，如果單純以「推銷」為考慮，鼓動消費者衝動性購買（如製造浪費），忽略了消費者的不滿（如提供品質不佳的產品），長久以往，商譽與品牌印象將會受到損害，如此將會失去消費者的信心而危及自己的市場。

1.2.3 行銷導向

行銷導向也可稱為顧客導向，對一個產品的成敗來說，產品的品質、價格、廣告與促銷雖然能為企業帶來利潤，但是更重要的是必須瞭解市場與消費者的需求，然後針對需求，製造和提供市場及消費者所需要的產品，最後透過整體的行銷活動滿足顧客並且創造利潤。

不過，銷售導向與行銷導向中間亦有一些灰色地帶有待釐清，例如，如何定義顧客的需要呢？這個牽涉到心理與生理上的感覺，由於存在個人差異，很難界定是消費者需求廠商才推出產品，或先推出產品再向消費者推廣，其實這種二分法的區別，不必花太多心思釐清，以下一個例子也許可以作一些說明。

可樂是美國相當流行的飲料之一，然而它所含的醣與咖啡因卻對人體健康具有負面效果；可是多年以來，可樂已變成美國文化的象徵之一。在美伊戰爭時，大批英美聯軍生活在沙漠中，如果無法供應這些象徵美國生活的產品，可能對軍隊的士氣造成影響，可樂的魅力可見一斑。

目前，可樂公司每年提議撥出相當金額贊助體育活動、參與社會，藉著這種回饋的作法，使它的產品一直保有「歡暢」、「活力」、「健康」的正面形象，所以產品採銷售導向或行銷導向重點在說明行銷觀念的演進。

1.2.4 社會性行銷導向

　　企業以行銷導向經營企業，使消費者得到最大的滿足需求，又能賺取利潤，但是這樣的廠商是否考慮到社會大眾的長期利益呢？所以社會性行銷導向強調的重點是行銷道德，換言之，公司在制定行銷決策時，應同時兼顧消費者需求、公司利潤與社會責任三方面整體的考慮，如圖1-3所示。

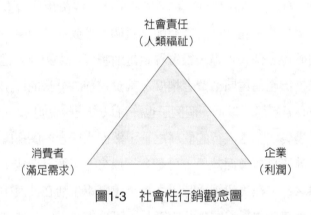

圖1-3　社會性行銷觀念圖

　　隨著社會變遷、經濟成長，以往單純的買賣行為已被賦予更多、更深的涵義，現今的行銷策略以消費者為導向，重視消費者的需求；同時社會的進步，行銷已衍生多種面貌與看法，以解決新的行銷現象，例如，服務行銷、社會行銷、政黨行銷、網路行銷與關係行銷等，而且不論是行銷學者或實際從事行銷工作的人都知道完整的行銷包含四個構面，即產品決策（product）、定價決策（pricing）、通路決策（place）和推廣決策（promotion），簡稱4P，又稱為「行銷組合」（marketing mix），其運作方式如圖1-4所示。

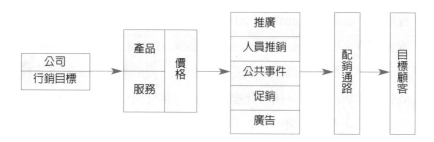

圖1-4　行銷組合運作圖

1.3 行銷組合

　　數十年來行銷組合不斷有學者在原有架構下加入部分的理論與實務加以闡釋，證明行銷組合是相當重要的概念，本節先稍作解釋，各項重點留待各章敘述。

1.3.1 產品決策

　　何謂產品（production）？產品的意義可以是一本書、一部汽車、一瓶飲料、一場音樂會、一次旅遊假期等。產品是指能夠提供給市場用以滿足顧客某種欲望或需要的任何東西。所以行銷組合的規劃應從產品決策開始，因為產品會影響到其他行銷組合要素（價格、分配通路和推廣）的規劃，所以產品是行銷組合的重點，產品包括設計、包裝、生產和銷售的商品及服務；任何產品開發的成敗，不僅關係著投資者的利益，也影響資源利用效益及商業品質提升的問題。因此產品的規劃涉及了幾個重要的決策，

包括：產品組合（product mix）決策——要提供多少條產品線和多少個產品項目（product item）？品牌（brand）決策——要不要有品牌、要採製造商品牌或是商店品牌、要開發個別品牌或家族品牌？包裝決策——採用什麼容器、包裝材料或標籤（label）來包裝產品？服務決策——如何針對服務的特性研擬服務方案、如何做好服務品質的管理？

　　產品要能銷售成功，定位非常重要。例如，美國租車業第二大公司Avis（第一大為Hertz）即因堅守老二哲學——"We are No.2, we try harder"而獲得顧客的注意，因此雖然業績仍與第一大公司有一段距離，但Avis定位明確，業績扶搖直上。

　　然而，產品要如何定位呢？基本上，產品定位應真正瞭解顧客選擇品牌的關鍵因素為何？每一種產品都是在幫助顧客解決問題，而顧客購買任何一種產品，並不是要買產品本身，而是要買產品能夠提供給他們的滿足、用途或利益，也就是要買產品的核心利益（core benefit）。

　　其次，產品線組合要多深多廣？產品線是指產品組合中一群關係密切的產品，這群產品可能功能相似、或賣給同一群顧客、或透過同一銷售通路、或在相同的價格範圍內。例如，汽油區分為有鉛汽油與無鉛汽油，無鉛汽油又有92、95、98之分，即是汽油的產品線。產品組合的廣度是指行銷者擁有的產品線數目，有些產品組合很狹窄，只有一條產品線，有些產品組合則很廣，有很多條產品線。一般而言，產品組合廣度較廣能帶來經營的優勢。例如，大同生產的家電組合有冰箱、電扇、電鍋；新力牌則考慮不同的產品組合，所以不僅生產家電組合，還包含數位相

機、攝影機、電腦周邊產品及行動電話等。

　　台灣早期經濟的發展大部分來自產品「加工利潤」，但消費者
生活品質的提升，已不僅強調「擁有」，還要強調「品牌」與「品
味」，這種趨勢凸顯品牌的重要性。現代生活中，品牌代表的意義
與功能與日俱增，所以品牌在消費者的購買決策中已經是不可忽
略的關鍵因素。

　　在其他有關產品決策的內容上，包裝也是不可忽視的一環，
包裝是替產品設計生產容器或包裝材料的活動，設計優良的包裝
對消費者創造便利的價值，對生產者可創造促銷的價值。

　　在產品服務上，以現代商業競爭激烈的社會而言，目前消費
者對企業所推出的各類商品除了要求品質之外，更希望能夠從交
易的過程中得到更多高品質的服務與個人的尊重。

　　再者，新產品的管理，須著重於新產品開發的流程管理，包
括新產品的概念、開發、設計、測試與試銷到正式上市的整個所
有過程的管理。企業不斷發展新產品是未來生存競爭的一大要
件，而如何創新管理新產品亦是企業活動及策略的一大重點，新
產品的開發，值得注意的是生命週期已愈來愈短，如電腦有關設
備短則一年，長則二年，產品即進入成熟期。

1.3.2 定價決策

　　評估了產品決策後其次考慮定價策略，有適當的定價策略才
能為企業帶來最大的投資報酬率，同時也能掌控營運效率。

　　在產品擁擠、資訊爆炸的e時代，不同產品間逐漸減少其間的

差異性，由於產品漸漸無獨特賣點，似乎理性的行銷訴求已經無法引起消費者的興趣。所以要如何爭取消費者的注意呢？顧客為什麼要向你購買？他非買不可嗎？定價（price）的高低可以為顧客的購買決策提供有利的參考依據。在所得較低的國家，產品是否「廉價」與產品流通快慢是益形顯著的呈現正比；定價策略是一件微妙的事，所以定價有時也是一項藝術。

產品的價格是產品成功與否的重要關鍵，產品的價格必須要能夠支持成本的支出；然而，若採用成本競爭，一般條件是成本比對手低，而低價策略有時可以吸引一批高忠誠度的顧客。

事實上，定價的問題並不在於制定最低的價格，而是擬定最「適當」的價格，高明定價者可以觀察消費行為，掌握市場並推測出市場的接受價格以及改變市場的遊戲規則，使價值超過價格。

例如，冷氣機增加IC裝置，能自動開啟與關閉、有音樂聲，甚至設恆溫裝置，比產品之間彼此拚價殺得頭破血流更具意義。

一般而言，常用的定價模式有下列三種：成本加成定價法、需求定價法及競爭導向定價法。

1.成本加成定價法（Cost-plus Pricing）

成本加成定價法是最常見的定價方法，一般而言，成本導向的定價方法簡單且容易執行，只需將產品成本加上特定的比率或數字，以數學公式表示：定價＝成本＋固定的獲利率。如此成本導向的定價方法並沒有考慮到顧客的需求及市場的競爭狀況，而且又能保證廠商不敗。

2.需求定價法（Demand Pricing）

需求定價法也可稱為差別定價法，主要是因公司會依據顧客

對產品的接受度來調整其銷售價格,以因應不同顧客群、不同地點或不同時間購買時的價格變化。

3.競爭導向定價法 (Competition Pricing)

競爭導向定價法是參考市場上的競爭廠商訂定的價格,考慮競爭者的價格,而不考慮自己的成本需求,所以此方法適合產品差異小或者產業上存在著強而有力的競爭者。

不論採用何種定價方法,定價目的絕不能忽略產品對顧客的價值(Value for customers, V)而 $V = Q / P$,P為售價,Q則可能表示產品的功能績效、使用成本、使用難易度、可靠度、服務與相容性。

1.3.3 推廣決策

產品如果少了有效的推廣,那麼不論是多好的產品、定價或通路,都無法使該產品在市場中立足,推廣決策有多項組合工具可使用,包括廣告、公共關係、人員銷售與促銷。

1.廣告 (Advertising)

廣告可以協助廠商創造需求、開發市場及擴大銷售量。廣告目的可能是告訴市場有關一項新產品,使顧客對公司產品產生興趣,或是公益性廣告表現對社會的關懷。

2.公共關係 (Public Relations)

良好的公共關係可協助組織,建立產品或品牌的良好形象,增加市場競爭能力,對於無力耗費巨額廣告預算的產品而言,公關技巧如運用得宜,一樣可以造就與廣告等值的效益。

3.人員銷售（Personal Selling）

銷售人員如何發揮銷售利益是推廣的重要因素，不同的產業可能需要不同的銷售人員，例如，專櫃化妝品的銷售人員必須對化妝品功效瞭解才能成為優秀的銷售人員。至於擔任銷售人員的條件很難一一列舉，因為買賣雙方的溝通過程是雙向的，一般認為同理心（empathy）、見識較廣、能為顧客著想是基本條件；金氏世界紀錄的推銷紀錄保持人喬治·吉拉德認為要成為優秀的銷售人員，存在幾項「需要」，才能激勵著銷售人員，包括：

- ·生活的需要，銷售才能獲得物質生活的需要。
- ·關係的需要，能把顧客當成朋友，與顧客維持良好關係。
- ·成長的需要，願意努力、學習技巧，能在推銷領域上進步。

4.促銷（Sale Promotion）

促銷可以說是企業最直接刺激消費大眾的行銷工具，產品可因促銷的誘因而快速的增加消費者心中的價值或需求，相較於其他推廣工具，促銷是最快能獲得銷售目標的方法，且不具持續性和週期性，可彈性使用視市場狀況不定期實行。

1.3.4 通路決策

通路，顧名思義即是「必經之路」，透過它才能通行無阻，狹義來說，它能克服生產者在產地的運送不便與時間距離障礙，使消費者在異地也能享用到產品；廣義而言，它更可推廣產品使消

費者接觸、進而購買,所以「行銷通路」在現代銷售中扮演極重要的仲介角色。

以台灣目前汽車用品市場通路言,可以分成幾種經營形態,如**表**1-1所示,因此,如果經營汽車用品事業,此六種商店將會是購貨的主要來源。

表1-1　六種汽車用品店通路形態

經營形態	主要優勢	特點
用品專門店	商品總類多	綜合百貨方式經營且附簡易維修
車商自營	固定客源足	搭配車輛銷售及保修系統經營
維修中心	維修能力強	銷售以保修服務內容之商品為主
專業店	商品專業高	專一商品為主
量販店	採購能力強	賣場商品之一且以低價商品為主
其他	資金成本低	設立容易庫存壓力低

從實務面而言,現代企業的強弱競爭關鍵往往就在通路分眾或聯合,例如,味全食品銷售能力比味王食品強的原因在於擁有較多的銷售通路,而統一食品銷售力強與統一超商7-11亦有必然的關係。

1.3.5 從4P到5P

隨著產業環境的變化與市場競爭的激烈化,過去在產品的推廣上只要能擁有高品牌知名度,或是具有差異化的商品,便可以在市場上占領有利的位置;但是面對現今的多變市場,再加上全球產業國際化的趨勢,國內市場已發展成為「多國企業」,因此在提升商品戰力的作業上再也不單單僅考慮傳統的行銷組合,因此

市場行銷的構成要素也順勢由以往的4P演變至今日的5P，也就是物流（Physical Distribution），具體而言，物流乃是一個有組織、有計畫的運用其所擁有的倉儲、配送及管理能力，使其在有限的資源下，有效的處理產品的通路，並適時的將物件送至需求處，以創造附加價值，滿足顧客及社會需求，「從4P到5P」其理由便在於此。

至於在供貨體系方面，由於物流中心的設置，已經不是某一產業所獨有，製造商、批發商、零售商均可依照各自業務的需要，投資設立所需的物流中心，即使是中小規模的業者，亦可以配合相關業務之所需，設立所謂的「共同物流中心」，因此物流的領域與範圍，就可因為不同的功能與需要，產生各種不同類型的物流中心。

1.4 巨行銷

除了上述所提的4P（產品、定價、促銷、通路）決策外，還有人另外加了2P，此2P為Power（指高層力量）與Public Relationship（公共關係）。Power的作用在於運用組織高層與對方高層間的關係從事行銷活動以利達成交易；Public Relationship則是企業組織對外與對內的親善活動，間接促進行銷活動。

其他像服務業則強調再加上3P（People、Procedure與Physical facility）。People指服務人員所呈現的服務態度，服務人員與顧客之間的關係是息息相關的，要讓顧客滿意的要訣不在提供多少的

服務，而是能不能夠針對消費者的需要提供適切的服務，以台灣而言，目前消費者除了購買到有形的商品之外，更希望能夠從交易的過程中得到更多高品質的服務與個人的尊重，例如，顧客會希望速食店要有快速且正確的工作效率以及溫和有禮的櫃台人員等。Procedure指服務業無法標準化，企業從推出產品到與顧客完成交易的這段過程中，必須經過一套程序，因為很難用價值去衡量，一切全憑顧客感覺而定，因此為使顧客滿意，企業就應提供適合的服務方式與顧客建立良好的關係。Physical facility指硬體設備，使顧客對公司感覺變得更好，例如，大型購物中心和一般百貨業、量販店在店面整體設計規劃、購物環境、周邊的交通、停車問題都應具有相當的設計與整體規劃，在這個講究服務品質的時代，企業對於服務的品質絕不可掉以輕心。

1.5 網際網路行銷

由於電子商務的快速崛起，傳統的行銷組合已不敷使用於目前快速變遷的科技和商業環境中，因此「網路行銷」可以提供消費者以下的好處：沒有時間、地點限制的便利消費方式，資訊充足、不受銷售人員影響，同時也提供廠商許多的利益，包括：較低的成本、關係的建立等。

網路行銷的成功關鍵因素上除了傳統的行銷4P還需外加4C，其意義如下：

1.顧客經驗（Customer Experience）

企業該如何提供一良好的行銷經驗給消費者，這些經驗包括：網站可輕鬆的使用、網站連線的速度、可信賴及網站具有高度安全性，消費者如果能感受到企業良好的服務與資訊，將會不斷地傳播消費經驗或將這個產品以及品牌分享給其他人。

2.顧客關係（Customer Relationship）

隨著資訊科技進步，愈來愈多的企業應用資訊軟體經營顧客的互動關係，此外，企業可藉由資訊軟體之輔助，更加瞭解顧客的需求與不同顧客的消費特質，進而針對不同顧客提供不同的服務和產品，提升雙方的顧客關係，增進市場競爭優勢。

3.溝通（Communication）

網路行銷的利器，就是利用最經濟且有效率的方式直接接觸客戶，充分發揮雙向互動與即時回應特性，而電子郵件是工具之一，當消費者在網站上發現一些新奇的事物時，常常會經過E-mail或討論區來告訴消費者，這種既經濟且有效率的方式，會像流行病毒一般，快速地將產品傳播出去，如圖1-5所示。

4.社群（Community）

所謂的社群就是「網路上因為共同興趣、嗜好或利益，而組成團體的一群人」，而社群的建立，能讓企業與消費者產生良好的交易平台和溝通工具，社群的參與者可能因線上的聚集並「交換」情報和討論購買經驗，產生交易行為，提升了網路行銷的價值。

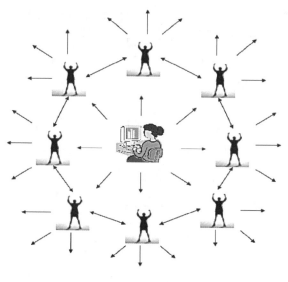

圖1-5　病毒式行銷

Marketing Move

企業變革與行銷

　　高舉「科技島」的台灣，據1996年出口統計顯示，新興的資訊產業出口已占台灣總出口產值的50%，在股市每日交易中扮演重要的角色。《天下雜誌》曾在製造業排名調查中，發現台灣十大製造業中有四席是由資訊電子業取得。

　　儘管對成功的層次定義或有所不同，但我們一般皆相信「人只要努力就會成功」；不過，這句話對某些企業未必適用，台灣傳統工業自行車、螺絲帽、千斤頂、製鞋、成衣等產業，光靠「努力生產」似乎不足，最重要的是配合時代轉型，從事更高附加價值的事業，如：傳統的自行車在美利達企業的「重定位」後，往高級的運動休閒車出發，大幅提高獲利；又如，製鞋業往「品牌行銷」規劃，願意當名牌Nike、Reebok的OEM廠，表現亦不差，成人很難想像現今青少年願意花數千元買一雙喬丹鞋，而此類球鞋除了限量供應外，還須苦候排隊才買得到呢！

　　產業的變遷，大企業不一定沒有危機，面對快速變化的環境，例如，消費者運動、綠色消費主張，企業應如何回應呢？同時，消費者需求與興趣的不易捉摸，企業如何與不同消費者建立更良好的互動關係，例如，關係行銷如何推行？

　　人的EQ（Emotional Intelligence）表現出對挫折、低潮的調適能力；同樣的，企業的EQ在公司在經營活動中表現出對自身產業

變化的敏感度並調適企業的競爭力。

　　「人」是社會的本體，在組織中最應受到關注；正如同，非獨占經濟體系中，行銷是企業經營成敗中關鍵因素之一；因此，從事行銷健全組織體、瞭解競爭生態，更要辨識產業趨勢。

問 題 與 討 論

一、 行銷的定義很多，請就個人的認知說明行銷的定義與看法。

二、 市場演進有哪四個階段？

三、 何謂市場導向？請比較市場導向與行銷導向的區別。

Chapter 2
策略分析與層級

疾如風、徐如林、侵略如火、不動如山
——武田信玄（戰國武將）

在 競爭環境相似的情況下，什麼因素會造成結果不同？

本書認為，一個主事者所採行的策略會影響整個公司、國家以及競爭對手的未來發展方向，策略是主事者為達成組織目標，以長遠的角度來考慮所採行特定形態的方法與行動。

本章將敘述各種策略理論及分析技術，討論策略規劃的過程、策略層級及策略如何配合管理產生作用。

不啼的杜鵑鳥

　　滾滾長江東逝水，浪花淘盡多少英雄人物。從中外歷史，不難發現動亂的時代往往較容易出現大格局的英雄人物，他們的出現同時也扭轉了時局。

　　近代日本的強盛，據史家分析應歸功於明治維新，而明治之所以能維新，應感謝德川慶喜願意結束江戶政權還政天皇。

　　至於德川慶喜何許人也？他乃是江戶政權德川家康的十五代子孫。

　　回顧日本二千多年的歷史中，最動盪不安的莫過於15世紀中葉至16世紀末葉，這段期間日本各地大小戰役不斷，諸侯間相互兼併、火拚（是否想到白瞪瞪的武士刀與飛簷走壁的忍者嗎？）後人稱為日本的「戰國時期」（約當中國明朝）。

　　在這一百多年的時間，日本曾分別由三位「幕府大將」統治，各領風騷數十載，至於他們的崛起與領導統御則是近代研究「策略」值得一讀的範本。

　　細數三位幕府大將軍，最早稱雄的是織田信長，在桶狹間一戰成名，就因多方蒐集情報，暗中布局，占天時地利之便，以二千兵力一舉擊垮今川義元的大軍，威震天下。同時，他還積極引進西方文明，他改革作戰武器並改變作戰方式，學習運用西方槍枝火砲充分發揮它強大的殺傷力，且組織一支擁有二十洋槍的攻擊隊伍，強調集體戰，一改傳統的武士廝殺，西元1567年，織田

信長攻下了美濃稻葉山城，織田信長將稻葉山城改名爲「岐阜」，取「周文王起于岐山」之意，準備統一天下，並開始使用「天下布武」的印鑑，立志以武力統一天下，創建中央集權的封建王朝。西元1573年，織田信長攻入京都掌握政權，成爲戰國時代第一位霸主，但十年後卻因本能寺之變遇刺身亡。

織田信長死後，由曾經當信長馬童，冬天敞胸爲主暖草鞋出身的豐臣秀吉，先與毛利軍和談免於後顧之憂，之後擊敗明智光秀、柴田勝家、重金利誘與德川家康等大臣聯盟，鞏固自己實力，進而繼承了信長霸業，逐步統一日本。後被天皇賜姓「豐臣」，並受封「關白」一職。豐臣秀吉在位十年間，修建大阪城，頒「禁刀令」平息農民叛亂，振興經濟重建社會秩序，被稱爲「桃山時代」，成爲戰國時代第二位霸主。

豐臣秀吉於1598年病故，國家再度陷入征戰，最後由六歲起至十九歲一直在織田信長家當人質的「戰爭孤兒」德川家康繼位。德川家康從地方小諸侯到雄霸天下大將軍大至可分爲三階段，「弱」、「由弱轉強」、「強」，處於弱勢階段，則採取「依附強者保護」（織田信長）策略，以「生存第一」爲目標並累積實力；處於由弱轉強階段，則採取「策略聯盟」策略，以「合作獲取最大利益」爲目標，不斷擴大自己的勢力範圍；處於強勢階段，則採取「政治謀略」策略，以「不戰而勝」或「師出有名」

為目標，以求得道德和大義上的美譽，作為收服人心的謀略。

德川家康在近代日本人心目中評價甚高，除了不同階段實行策略外，他也奉行「老二哲學」，把忍耐的功夫發揮至極，他目睹1573年織田信長的統一及1585年豐臣秀吉的再次統一，但以自身實力不及而一再稱臣以待時機；其城俯之深，堪稱三人之最。直到五十六歲眼見時機成熟準備妥當，才挺身而出爭取霸主，開創德川幕府百年霸業。

後世歷史學者曾描述他們三人爭天下策略，以「如果杜鵑鳥不啼」為例，生動的說明三人不同的處置方式：織田信長——杜鵑鳥不啼，殺之；豐臣秀吉——杜鵑鳥不啼，誘之；德川家康——杜鵑鳥不啼，待之。

分析三者所言，將這些策略引用到商場上，便是「當機立斷，斬草除根，讓競爭者沒有茁壯的機會」；「利用威脅利誘競爭者上鉤，掉進我方設下的圈套，使之退出戰場或加入我方陣營」；「時不我予，培養實力，靜待最佳時機，全力一擊，讓競爭者措手不及」。

在三人中，德川家康「有以待之，厚植勢力」的策略最為日本企業家所稱道，這也多少解釋日本人在第二次世界大戰戰敗之後，拿出忍耐的功夫埋頭重整家園，終能迅速復興，進入經濟大國的原因之一、二吧！

2.1 緒論

　　從策略的「作用」及「好處」來看，策略可以幫企業找出企業定位，不會浪費資源；其次，好的策略可以為組織開拓疆土，創造良好的生存空間，最後，明確的策略可以指導組織內各種權利義務的走向，減少組織內部的衝突，為大家建構未來目標、方向的基礎，彼此行動步調一致，齊心努力向前邁進。

2.1.1 商場即戰場

　　談到戰爭，不免讓人想起血腥與苦難，但從優勝劣敗的角度來看戰爭，勝利的一方卻極少僥倖。

　　13世紀與17世紀中國曾經兩度淪為邊疆民族的統治，時值南宋與明末政治腐敗、國力不振，國家處在風雨飄搖之際，以入侵時機（timing）而論，優勢當然是站在侵略者這方，但除了時機有利之外，分析蒙古與滿洲鐵騎之能躍馬中原，主要尚有兩項條件——犀利的騎兵作戰「戰術」與統合作戰的「戰略」策劃。

　　事實上，軍事上贏的關鍵，就在戰前將帥充分敵我優劣情報分析，所擬定「策略優勢」是否運用得宜？策略（Strategy）這個名詞本是軍事用語，源自於希臘文，其原義，依《韋氏大字典》所下的定義是：「交戰國的一方運用武裝力量以贏取戰爭目標的一種科學與藝術」。

　　西方人簡稱「策略」為「當將軍之藝術」（The Art of

General），不過策略難道只適合用在作戰嗎？它還能呈現何種面貌呢？

‧策略可能是度假外交、打球外交、金錢外交及藝術外交，目的是發展實質外交關係。

‧策略可能是《孫子兵書》中〈始計篇〉、〈用間篇〉的招數，目的是綜觀全局、運籌帷幄。

‧策略可能是組織的改變，從功能式組織變成事業部組織，目的是因應企業全球化後的競爭趨勢。

‧策略可能是建立亞太營運中心或辦理境外轉運，目的是再創國家經濟發展。

「策略」一詞對不同人、事所代表意義並不相同，而這就應以自己所遇到的情況而決定採取最適合的策略，來達到勝利的目的，因此柯林斯（Collins）字典則對策略一詞下了以下三種定義：

‧採用一種計畫來達成目標，尤其是在政治學、經濟學或商業領域。

‧規劃在何處部署軍隊及武器，以得到最佳軍事優勢的一種手段。

‧規劃達成目標的最佳方式，或在某種領域（如下棋）中成功的一種手段。

因此，策略的主要內涵是具有「目的導向」，它已經涵蓋政治、科技、經濟與社會發展，尤其是視商場如戰場的企業界，為了因應環境的動動及公司發展，更須適時擬定各項策略作為永續經營的指導方針。

日本「戰國時代」另有一名知名將領武田信玄把《孫子兵法》中的風林火山——疾如風、徐如林、侵略如火、不動如山，發揮得淋漓盡致，成為當時雄據一方的諸侯，若把風林火山運用到商場，則是獲知競爭者戰略後，立刻籌思應對戰略，反擊行動須迅速如風；在戰況不明時，先按兵不動，等待時機；決定好戰略後，便以雷霆萬鈞之勢，似熊熊大火般全力奮戰，以使競爭者退出戰場；強敵當前時，我方應臨危不亂，有如高山般的沉著穩重來應戰。

由上述例子可知戰場與商場是有共通性的，同樣是追求我方的勝利，逼退敵軍（競爭者）或消滅敵軍，占領土地（市場），而讓我方更強大，戰場上有許多名將因善用戰略、展示智慧而留名千古，商場亦有許多專業經理人因策略規劃得宜而縱橫天下，成為許多莘莘學子爭相學習的對象，現代的商戰更顯得激烈而冷峻無情，如欲在商場中常保勝利，便須以在戰場中作戰的心情嚴陣以待各種競爭態勢。

2.1.2 策略釋義

在探究策略的涵義及面貌之後，往往不免疑問，有些名詞如計謀、戰術、計畫與策略是否有別呢？同時，有些兵書與典籍似乎與策略有些關係？為了釐清，也許，我們可以作如是觀：

・策略是較重視長期與方向性的方案擬定，而計謀著重短期，立即性的危機處理。例如，「三十六計」探討中國古代發生的歷史事跡（多數發生於戰役之中），其主事者使用

那些計謀可以欺敵勝敵（調虎離山）或化險為夷（空城計），偏重主事者心術與機智，所以若將三十六計硬要歸為策略，應屬末流。

· 策略較重視指導性原則，而戰術著重實際上的應對，屬於作業手冊。例如，中國古老的兵書——《孫子兵法》，它的思考系統即含有策略與戰術兩種成分。在勝敗與作戰的策略上，孫子強調「勝兵先勝而後求戰，敗兵先戰而後求勝」，意思就是說要有勝算才能作戰，開戰之後再思索如何勝戰，則易失敗。另外，絕地之戰的戰術則應一圍地，吾將塞其闕，死地，吾將示之以不活。意思是為敵所包，無以逃脫，為將者應照實告知屬下並自斷退路，以決死的覺悟迎戰。此外，像馬基維利的《君王論》，書中也是充滿戰術與策略並存觀點。

· 策略是重分析講究實際可施行的一種動態「規劃」，而非忽視環境可能變動的紙上「計畫」。例如，在中國歷史約兩個盛世分別由漢光武帝與唐太宗所締造，乍看乃是儒家仁德教化奏效，但後世史學家亦不乏持兩盛世乃人君行「外儒內法」致國富民強之論。畢竟，半部《論語》治天下是一種理想的計畫，它的實現更要能有因應時空背景變動下，可實際施行的細則。

· 策略是著重情報蒐集與分析，計畫則依策略規劃的執行手段，《孫子兵法》說：「知己知彼，百戰不殆，不知彼而知己，一勝一負，不知彼不知己，每戰必殆」。孫子用簡單、明瞭說明指出知與戰的關係，它包括了敵我雙方各種

客觀條件的瞭解程度，左右戰爭勝負的重要關鍵，是歷代兵家必須遵循的指導原則，同時也適用現代商業戰爭。例如，三國時代孔明著名的「隆中對之三分天下」的謀略，清楚分析當時大環境局勢，為劉備規劃種種戰略，打下立國基礎，之後更與孫權聯盟共抗北方的曹操，於赤壁之戰後形成三國鼎立。

・策略具有指導內部重大資源分配的功能，每一個企業對於資源運用的方式不盡相同，端看企業資源的分配方式，便大致瞭解企業的策略重點。例如，鴻海、廣達等將資源主要用於研發、製造；聯強、全虹主要將資源用於通路開發、售後服務，顯然策略方向的不同，導致不同的結果。

事實上，組織不但需要策略來指引方向，更需要有良好的策略來指引正確的方向。

我們可以用下列十分通用的話形容策略的作用：

・瞭解企業現在是什麼樣子？

・競爭對手又是什麼樣子？

・目前這樣子能否在市場上繼續生存下去？

・那將來想變成什麼樣子？

・今天應採取什麼策略，才可以從今天的樣子變成未來理想的樣子？

2.2 策略規劃的過程

策略規劃（strategic planning）就是一種企業經營管理的方向，在這個過程中，必須從外在環境（政治、經濟、社會、科技等）和公司內在環境（資源、技術、產品、管理、生產、行銷等）不斷演變之中，創造市場的機會點，尋求企業長期性的獲利能力以及成長，以達成企業的目標。

2.2.1 策略規劃五階段

策略規劃基本上以直線思考，採程序規劃的概念，如圖2-1所

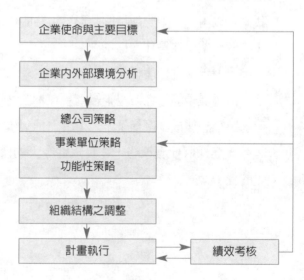

圖2-1　策略規劃過程

顯示的五個主要部分，每個部分均視爲有關係的規劃順序，作爲企業經營策略的基本架構。

第一階段爲設定企業的使命（mission）與主要目標（major goals），凝聚組織的共識，界定了組織營運的範疇，並強化未來的執行力。

第二階段爲進行企業內外環境的分析瞭解，高階主管通常會要求幕僚單位進行充分的資訊蒐集，理性地分析企業外總體環境、組織的外在產業結構、內在組織的優勢、劣勢、機會與威脅，進而形成一個最佳的策略定位。

第三階段爲企業必須審愼每一個決定策略、政策以及細部之計畫來達成目標的方案，幫助組織所有成員對公司走向、資源運用都有足夠的認識。

第四階段爲設立組織來執行策略、政策規劃，期望透過明確方向，增加組織成員對環境的認知，逐漸形成一個共同的認知架構。

第五階段爲考核績效釐清各組織部門的責任義務，並將計畫執行成效資料回饋到新的策略規劃的程序裡，因應環境之變遷加以修正。

傳統的策略規劃以理性爲基礎，大致上以「目標──環境──分析──策略──組織──報行──回饋」邏輯思考過程，但因每家公司規模不同，競爭環境變化快速，對於策略規劃的過程定義也不盡相同，因此企業規劃模式在形式上也略有不同。

2.3 策略選擇技術分析

把事情「做好」（do the things right）與「做對」的事情（do the right things）何者重要？答案當然是後者。因為如果方向不對，即使把事情做好了，意義不大。

由於所有資源都會貶值，一個有效的企業策略需要不斷地有效投資，以維持及建立價值資源，究竟應該如何配合有限資源來選擇重點，未來發展應朝哪些方向？研發經費應集中在哪些技術？就是策略分析所欲達到的目的之一。

但如何才能把事情做好又做對，而唯有依賴清晰的策略指導，這就牽涉到「策略制定的品質」，而判定策略的起點便是「分析」，在分析的工具中，「四象限」的分析基本上提供一個架構，供企劃人員評估探討，以下擇其四項最主要方法說明如下：

2.3.1 總體環境分析

一個晴時多雲偶陣雨的天氣，隨時影響著人們的穿著，就好像總體環境不停在變化，為企業帶來了新的機會與威脅，也決定企業經營策略，一個卓越的公司藉由監控、評估、預測由外而內持續對環境作調適，反映總體環境中未滿足需求的需要與趨勢，其影響總體環境比較重要因素，包括人口環境、經濟環境、科技環境、政治環境及社會環境，如圖2-2所示。

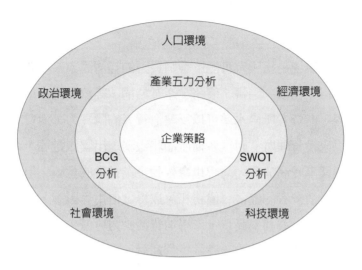

圖2-2　由外而內策略分析因素

2.3.1.1 人口環境

　　人口是市場形成的主要因素，其特質與消費者購物行為對企業策略形成非常重要，根據世界人口發展的趨勢，至1999年10月已達六十億人，預估到2050年時全球人口將達八十九億人，人口爆炸性的成長對企業有重大涵義，成長的人口代表不同成長階段的需要，例如，食品、居住、服飾、運輸、醫療等，將會為許多企業帶來市場機會，而教育水準、人口的移動、種族的組合等亦深深影響市場動向。像中國大陸，雖然近幾年實行「一胎化」政策，但人口成長數還是大於其他國家，再加上1990年代末經濟開放，人民逐漸富裕起來，足夠購買力的支撐，吸引許多外資紛紛投資開發，成為一個新興成長市場。

2.3.1.2 經濟環境

經濟環境是指所有可能影響購買力的經濟因素，主要取決於現有所得、物價、儲蓄、債務、產業結構、經濟發展水準和經濟政策等，消費者所得水準可以反映消費者的購買力，消費者可運用所得來投資理財、購買各種產品和服務、出國旅遊等，消費者願意花錢享受高消費，同時也會帶動企業投資的意願，但消費支出多寡受消費者的儲蓄、債務和可取得之信用等影響，例如，當金融機構的儲蓄利率高時，市場消費活動力會減少。反之利率低時，消費者會將多餘的金錢做投資理財、採購消費，整個市場便活絡起來。

2.3.1.3 科技環境

改變人類生活最大的是科技，科技的進步產生了許多新產品和新技術，創造了新的市場和商機，每一項新科技都是一種創造性的破壞（creative destructions），例如，電晶體的發明導致真空管的沒落、汽車的發明導致火車的沒落、噴射引擎發明導致螺旋槳的沒落、電視的發明導致電影的沒落、數位相機發明導致傳統相機的沒落等，新科技不斷推陳出新，任何企業如果趕不上科技的發展，或相與之抗衡，或是忽略它，將很快喪失其市場機會和市場競爭力。

2.3.1.4 政治與法律環境

公司決策常受到政治環境發展的影響，其環境因素主要為國內法律、政府團體、財團法人和國際法律所組成，為了保護社會

大眾的利益、維護公平競爭和保護生態環境，政府陸續制定許多規範企業活動的法律，包括：消保法、公平交易法、勞基法、勞健保和智慧財產權等，並由民間一些公益財團法人協助政府監督企業是否有遵守法律，一條法律制定若沒有相關配套措施輔導企業，很容易造成企業的倒閉。一般來說，政治環境是企業較難控制的不安因素，尤其在台灣，企業政治立場的表態，影響企業是否受到政府的關愛，分食政府工程的大餅，同時也容易形成官商勾結的黑金政權。

2.3.1.5 社會環境

人們因群居而組成社會，彼此規範、遵守信念而形成社會價值觀，代代相傳，根深蒂固，這些社會文化力量會影響人們的生活方式和行為，例如，在華人社會中，「男尊女卑」、「男主外、女主內」、「養兒防老」、「不孝有三，無後為大」等，長久以來的核心信念與文化價值，並非一夕之間就能改變。但儘管核心文化相對持久，在西風東進的影響下也逐漸在改變，一旦改變，對消費者的購買動機和行為的影響非常重大，例如，麥當勞剛引進台灣時，很多人就認為台灣是個「米食文化」的社會，麥當勞西式速食風格是做不起來，但當消費者改變飲食習慣時，麥當勞便很快融入社會文化，成為速食業的龍頭老大。

2.3.2 波特的產業五力分析

以產業結構化觀點來視察競爭環境，對公司狀況進行分析，

「產業」意謂著眾多公司針對消費市場提供類似的產品與服務,而彼此直接或間接競爭,產業獲利不是由產品的樣子或是應用科技之深淺而決定,是由產業結構所決定的。所以我們以波特(Porter)的五力分析模型以洞察公司所在產業中的競爭結構。

在此一模式中,同時考慮了上游(供應商)、下游(消費者)、同業(競爭者)、潛在者(可能進入同業)以及替代品(間接競爭者)這五個層面,如圖2-3所示,波特認為這些五種力量的制約愈強,就愈能限制現有企業提高價格賺取更多利潤,一個強的競爭力可視為企業的威脅,一個弱的競爭力則可視為機會,但這五種力量隨著時間流逝,而產業條件也會隨之產生變化。

2.3.2.1 潛在競爭者的威脅

潛在競爭者就是目前和企業並不在同一個產業中競爭,但它有進入該產業的能力與意願的廠商,若也想在該產業上分一杯羹,因此會對既有的企業造成威脅。新進入者的威脅大小要看目前進入障礙(entry barrier)的大小,及既有廠商所採取的報復行動而異。

進入障礙的性質,可能會隨時間或事實而改變,但廠商的策

圖2-3　產業結構之五力分析

略仍具有很大的影響力，進入的障礙主要有六種：

- 規模經濟：規模經濟（economy of scale）迫使進入者必須
選擇大規模的方式進入此產業，但須面對既有廠商的報
復，或以小規模進入此產業，但須負擔高成本，這兩者都
不是進入者所欲。

- 品牌忠誠度：由於既有的廠商透過以往的廣告、服務、產
品差異化、產品高品質而擁有顧客忠誠度，有顯著的品牌
忠誠度，會促使新進入者很難將現有企業的市場取而代
之，這種情況迫使新進入者必須耗費大量金錢，才能與既
有廠商「一較長短」。

- 絕對成本優勢：現有企業相較新進入者有絕對成本優勢。
其主要來自三種來源：（1）較佳的生產技術；（2）控制
生產所需的管理技巧；（3）取得較便宜的原料來源。

- 銷售通路：對於新進入者，是否有辦法為其產品取得銷售
通路，是一個很重要的進入障礙變數。

- 學習曲線：現有產業內廠商的另一項優勢在於學習曲線的
效應，代表新進入者必須經過很長一段時間，才能使營運
成本與品質達到產業的一般水準。因此，也足以構成進入
障礙。

- 其他：如獨家技術、政府法令或顧客轉換成本都可造成進
入障礙。

2.3.2.2 既有企業的競爭

在產業中的企業都是相互影響的，一個企業所採取的競爭行

動經常會遭到同業的反擊與報復。

大多數的產業，一家廠商的競爭行動會造成其他競爭者之連鎖反應，競爭強度係決定於下列因素：

‧競爭者眾多：競爭廠商多，競爭強度自然強。

‧產業成長緩慢：由於產業成長緩慢，尋求擴張的廠商將競爭轉為市場占有率的比賽，進而提升競爭強度。

‧固定或儲存成本高：使得廠商必須快速的出清存貨，早日回收，故相互低價促銷，導致競爭的白熱化。

‧產品間沒有差異性：企業之間所提供的產品或服務有所差異，而降低彼此的替代程度，那爭奪客源的壓力較低，反之，若沒有差異性，顧客無法認清產品或服務的特性，造成企業之間強烈的競爭。

‧策略性市場：當某一個市場的重要性特別高，各個企業都必須在這個市場占得一席之地時，這個策略性市場會有相當強的競爭壓力。

‧退出障礙很高：其包括了經濟的、策略的及感情的因素，迫使騎虎難下的廠商即使獲利很低但仍留在產業中競爭。

2.3.2.3 替代品的威脅

基本上，在產業中的任何企業都會與製造替代品的產業相互競爭。由於替代品的存在，在其產業內的廠商所能夠獲得利潤的產品價格，就被設定了上限。因此產業的潛在利潤受到了限制。例如，咖啡、茶、果汁、碳酸飲料的飲料產業彼此並非直接的競爭，但這些產業都是滿足消費者解渴的「喝」服務，只要任何一

種產業提高售價，便會迫使消費者轉向另一個產業消費。

2.3.2.4 消費者的議價能力

購買者可藉著壓低價格、要求更高品質的產品和服務來影響企業，並造成企業之間的相互競爭。在下列情況之下，消費者會有更大的議價空間：

- ·當買方做大量採購時，購買者可利用其購買力要求價格下降。
- ·當供給面的產業是由許多小企業組成，而需求面的購買者很少且規模很大時，會使得購買者得以支配供應的企業。
- ·購買的產品是標準或無差異性。
- ·購買者擁有向後整合（backward integration）的能力。
- ·購買者擁有相當充分的原物料價格情報。
- ·購買者很容易同時從幾個公司購買原料時。
- ·在供應商轉換訂單的成本很低時，很容易造成供應商間彼此削價競爭。

因此，我們可以看到世界資訊大廠（如DELL、HP、IBM等）以及鞋業大廠（Nike、Reebok、Adidas）相對於其上游的供應商都有很強的議價優勢。

2.3.2.5 供應商的議價能力

供應商可藉著調高價格、降低供應物及服務的品質來影響企業。在下列情況之下，供應商會有更大的議價空間：

- ·供應商銷售的對象很多。

　　‧供應商所賣的產品很少有替代品且不易取得。

　　‧供應商能向前整合，並與其顧客作直接的競爭。

　　‧該購買者並非是供應商的重要客戶。

　　例如，CPU的供應商Intel，爲世界最大的電腦微處理器的製造商，市場占有率高達85%，幾乎所有電腦製造商都是採用Intel微處理器，雖然很多公司試圖生產類似微處理器，但是很少能成功打入市場。

　　總結，波特的五力分析的著眼點是觀察競爭壓力之後，企業爲使其對自己有利，可進行下列兩項選擇：

　　‧選擇進入競爭壓力較小的產業，以提升獲利潛力。

　　‧可以藉由策略性規劃，來調整結構變數。

2.3.3 優劣勢分析（SWOT）—Strength、Weakness、Opportunity、Threat

　　SWOT分析是由策略大師史亭納（Steiner）提出的。他認爲，一般而言，產品本身會有下列四項情形存在內部——優勢、劣勢，外部——機會、威脅，但透過分析歸納，就可找出對策加以因應。如某鞋廠製造運動鞋，由於品質甚佳，頗得外界的好評，所以擴大業務並擔任其他鞋廠代工，俗稱OEM（Original Equipment Manufacturing），但是如往OEM發展，對公司影響得失如何？可先以SWOT分析列出細項，再逐一深入分析，如圖2-4所示。

1.增加自產品牌外的獲利能力 2.產能提高分攤自有品牌的單位成本 3.機器與人員充分利用 　　　　　　　　　　Strength	1.代工附加價值利潤不高 2.對公司友好程度不若期待之高 3.見好就收,沒有較長期合作保證 Weakness
1.提升公司品質形象有所助益 2.也許未來會擴及其他產品合作生產 3.建立鞋公司OEM合作模式 4.公司若不接OEM訂單,其他公司會 　接手 　　　　　　　　　Opportunity	1.OEM產品與自產品牌市場衝突 2.交貨時間有時與自產品牌衝突 3.過度依賴OEM使公司忽視自產品牌 　銷售 Threat

圖2-4　製鞋業代工的簡易SWOT

2.3.3.1 內部優勢和劣勢

　　內部優勢和劣勢是指組織通常能夠加以控制的內部因素,諸如組織使命、財務資源、技術資源、研發創新能力、人力資源、組織文化、製造控管、產品特色及行銷資源等。例如,台積電、聯電、鴻海等台灣大廠,有優良研發、設計、製造控管能力,但沒有強大自有品牌支撐,很難進入國際市場,所以只能為國際品牌代工,為他人作嫁。

2.3.3.2 外部機會和威脅

　　外部機會和威脅是指組織通常無法加以控制的外在變數,包括:政治、經濟、社會、科技、人口、文化與法律等環境,但這些卻對企業的營運有重大的影響。例如,電力的供應正常並非一般廠商所能左右,突如其來的限電、斷電會增加廠商的產銷成本,如未妥善因應,將成為廠商的一大威脅;政府的房屋優惠利

率貸款以及銀行貸款利率調降等因素，促進民眾購屋意願，這對於營建業而言，卻是一個良好的機會。

SWOT分析固然可以導出策略定位和差異化的基礎，但它還是有盲點存在，首先，SWOT分析語意不清，何謂SW？何謂OT？如果環境的趨勢適合廠商本身的優惠就是機會？反之，就是威脅？大陸市場的開放，對於台灣廠商是機會或威脅？對於善於經營企業者是機會，將台灣經驗稍微改良，則可移植到大陸去；對於不善於經營企業者卻是威脅，機會、威脅，端看主事者的決策導向，所以SWOT分析只能當為策略參考的一種工具。

2.3.4 BCG矩陣分析

以企業而言，一般公司很少只生產單一產品，如何將組織的財務和人力資源分配給各個不同的策略性事業單位，是一項很重要的決策。因此有必要發展並瞭解其他產品在市場的表現再作調整，而BCG（Boston Consulting Group）矩陣以產品市場占有率與市場成長率高低作為邏輯思考的依據，是企業較常用的投資組合模式，如圖2-5所示。

縱軸上的市場成長率表示策略性事業單位每年的市場成長率，成長率超過10%為市場高成長率，低於10%為市場低成長率，橫軸上的相對市場占有率則指策略性事業單位相對於主要競爭者的市場占有率比較，由此看出公司產品在市場的相關地位，同樣以1X為衡量基準點，市場占有率高達10X為主要競爭者銷售量的十倍，為市場領導者，若相對市場占有率僅占有0.1X，表示

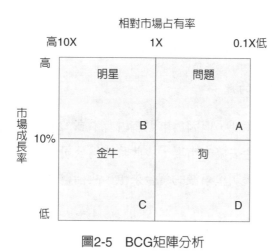

圖2-5　BCG矩陣分析

此策略性事業單位的銷售量只有主要競爭者的10%，因此BCG矩陣可分成四個方格，每一個方格代表不同類型的事業。

2.3.4.1 在A欄的產品

稱為問號產品，係指產品在市場是高成長率、低占有率，短期內會耗損公司大量資金，而未來充滿未知數，可能成為明星產業，也可能成為狗產業。大多數公司的新產品從此類問號產品開始，此時公司為了要進入高成長率或高占有率，追上領導產品，要考慮是否增加設備，增聘人員等投資，如其他非開喜品牌的烏龍茶飲料。

2.3.4.2 在B欄的產品

稱為明日之星，係指產品在市場是高成長率、高占有率，意思是產品前途看好未來獲利可期，所以要大量資金栽培，加強投

資，應付競爭者的攻擊，但並不會為公司立即帶來很多現金，如一直被看好的八吋晶片電子零件。

2.3.4.3 在C欄的產品

雖然成長率低，但因為市場有占有率高，市場消費穩固，公司不須耗用資金去擴充市場，故此時能為公司產生最多現金，同時可以做為培養明星事業的資金來源，故稱為金牛，如中油汽柴油產品。

2.3.4.4 在D欄的產品

產品苟延殘喘，成長率以及占有率皆低，故稱為「狗」產品，沒落事業的利潤通常較低或甚至虧損，而且所花用的管理時間往往較它們所獲得的為多，未來若發展空間有限，現在最好是「收掉」，如傳統鞋油產品已經很少見。

然而，BCG矩陣並非策略發展的萬靈丹，實事上，此方法存在許多運用上的限制，尤其強調的現金流量、投資不相似的事業並未說明，總合一些潛在的錯誤如下：

‧對低成長區隔過度投資。

‧對高成長區隔投資不足。

‧錯估市場成長率。

‧未達成市場占有率目標。

‧未發覺新的高成長區隔。

‧喪失成本優勢。

‧失衡的事業組合。

因此，使用BCG矩陣的方法必須要格外留心，除了BCG分析法，另有一種新的BCG分析——奇異電器模式，它是以產品優勢多少與優勢大小來分析，比較抽象使用不易，故運用者不多。

2.4 策略層級

策略也可以根據組織的層級來區分為具有三個策略層級：總公司層級策略、事業層級策略以及功能層級策略（Andrews, 1987）。

2.4.1 總公司層級策略

總公司層級策略（corporate strategy）所涉及的是，替企業目標、願景發展出一個有利的「綜效策略」的方法。總公司的決策包括：（1）決定企業的未來發展及應跨進哪些行業；（2）決定財務及其他資源如何在事業單位之間流動；（3）決定公司與重要環境元素的關係；（4）決定如何增加公司的投資報酬率。

總公司策略包括：穩定策略（Stability Strategy）、擴充策略（Expansion Strategy）、退縮策略（Retrenchment Strategy）及綜合策略（Combination Strategy），分別敘述如下：

2.4.1.1 穩定策略

企業持續獲利穩定，故維持現狀，不作重大改變，僅提供相

同或相似的產品或服務，策略重心以績效的改良為主。

2.4.1.2 擴充策略

如果不惜採行重大興革以換取營業額與利潤的快速成長，則屬於擴充策略，如下列所示：

1.內部擴充

利用企業原有的產品線，擴大產能來增加銷售量、市場占有率，甚至銷售新市場。

2.外部擴充

一般稱為購併，一般以現金或股票來獲取賣方企業的資產。

3.相關性擴充

開發相容性新產品、新市場或開創新功能，利用原有配銷通路來銷售。

4.非相關性擴充

開發完全不同新產品、新市場、或開創新功能，跨越不同的產業，得以分散企業風險。

5.水平整合擴充

多利用產品、技術、品牌及通路的延伸來達成擁有競爭者的市場所有權或控制權。

6.垂直整合擴充

沿產品流程方向往上、下游推進，使企業增強對上下游的控制力量或成本的降低，若往上游（原料、零件供應）整合，稱為向後整合，若往下游（配銷通路）整合，稱為向前整合（forward integration）。

7.合資經營擴充

係企業與其他企業結合雙方資源，共同研發新產品、開發新市場或爭取政策性商機等，達成個別企業單獨無法達成的目標。

2.4.1.3 退縮策略

最常見的是面臨困境時的重整、改組、撤資、減少產品線、產能等，以期降低成本，著重企業改造。

2.4.1.4 綜合策略

採取綜合策略不外乎企業著重於在不同的事業單位之間、不同時期採取不同的策略，以獲得各個策略執行的綜合性、整體性效果。

2.4.2 事業層級策略

事業層級策略（business strategy）通常是由策略事業單位所擬定。它所著重心是在特定的產業或市場區隔中，如何增加產品及服務的競爭地位，依據公司的目標以及願景的規範之下，有充分的自由及權力去發展各事業部的策略。事業單位的策略所強調的是如何增加產品及服務的邊際利潤，並且也牽涉到其他部門（財務、人事、製造等）的整合。

2.4.2.1 低成本、差異化策略

事業策略以波特的三種一般策略最為著稱，包括：（1）低成

本（low-cost）；（2）差異化（differentiation）；（3）競爭範疇，波特主張企業藉以勝過對手的競爭優勢（competitive advantage）只有兩種，其一是總成本低於同業，這也就是所謂的低成本；其二是產品或服務優於同業，致使消費者願意以較高的價格購買，這也就是所謂的差異化。另外一個分析角度是企業所選擇的競爭範疇，也就是想要爭取該產業中的每一位可能的顧客，還是只針對特定的市場或族群，如圖2-6所示。

以國內個人電腦市場為例，宏碁、華碩等品牌電腦，基本上選擇差異化策略，而聯強國際、捷元的組裝電腦則選擇成本領導策略。

2.4.2.2 持續性競爭優勢

某些產業若只依賴低成本或差異化會給競爭者有攻擊的弱點，因為每位競爭者也可以用同樣的策略向你挑戰，所以企業必須再增加一些競爭優勢，保住市場占有率，在這介紹二個較重要且不易被競爭者所學習的策略，它們分別是先占優勢、綜效。

	競爭優勢	
	低成本	差異化
全部市場	成本領導	差異化
特定區隔	成本集中	差異集中

競爭範疇

圖2-6　波特的一般競爭策略

．先占優勢（preemptive strategy）：先占優勢的策略性行動就是在市場推出沒人有過的產品或服務，因爲是第一位，所以就給消費者產生第一個印象，在著有專利權保護和事先壟斷市場上龐大的配銷通路，可阻止或牽制競爭者行動。

．綜效（synergy）：公司兩個事業單位相連結，或者對外策略聯盟而產生的優勢，要使競爭者難以追趕，我們稱之爲綜效。

2.4.3 功能層級策略

功能層級策略（function strategy）的重點在於使資源的生產力獲得極大化，集結各種活動及能力來發展其策略，以達成績效目標，例如，行銷部門會專注在定價、產品、促銷、通路（行銷4P）策略的擬定、人力資源部則會專注人員訓練、新進人員引進、組織制度的規劃等，但無論如何，功能策略必定比較具體而明確，而總公司或事業層次的策略則可能只是個大方向。

功能策略之目的有三：（1）依據公司目標，分階段制訂短期目標；（2）以完成階段目標的行動方針；（3）營造一種氣氛去激勵員工達成目標。功能性策略一般會邀請基層主管參與，瞭解計畫應如何進行，以降低各單位本位主義衝突。

價值鏈則是另一個由波特所創見的分析功能性策略的工具，波特認爲組織藉由主要活動與支援活動而增加產品的價值，如圖2-7所示。

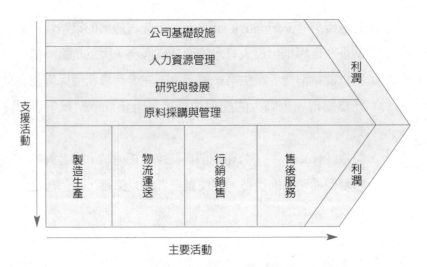

圖2-7　一般性的價值鏈

　　其中主要活動包括了產品的製造生產、物流運送、行銷和銷售、售後服務等，而支援活動則包括了公司基礎設施、人力資源管理、研究與發展、原料採購與管理等，從主要活動及支援活動可以發展如何達成較佳的效率、品質、創新及顧客忠誠等之目標。

　　企業的成功不只是各部門做好其分內工作，還要各部門間相互協調及通力合作，檢視每一價值創造環節的成本與績效，並思改進。

2.5 策略配合管理

　　經過大致分析之後，再進一步便是期待策略能發揮力量，也

就是說能與實際的經營管理現況結合，形成「策略管理」，因此在組織方面，一般人相當同意陳德勒（Chandler）的組織跟隨策略觀點：「策略就是事業體決定其基本、長期的目標之後，為達成這些目標，事業體必須採取的適當行動和合理的資源分配。」，強調組織的應變能力，例如，台電公司未來若沒有政府市場獨占政策的保護，勢必調整體質因應競爭者的挑戰，但如何能迎戰呢？

　　企業是否成功地依據其策略目標配置組織結構，端視於能否成功地做出下列數個決策：正確判斷企業競爭所處的附加價值鏈階段，確認其具有競爭優勢的條件，透過內部分析及規劃的功能，發展最具生產力的計畫以整合所選取的功能性活動。這些決策決定了資源的配置與內部外部活動之間的界限，至於發揮潛力到什麼程度，則需視公司運用其資產與各部門資源來支持策略目標的表現而定。

　　從理論配合實務而言，首要工作必定是各事業單位要劃分清楚，才能知道經營績效；其次，在人力資源方面，策略管理著重的是讓人力充分發揮，專長能跨部門作有效結合，因此採取矩陣與變形蟲組織，應不失為可行之道；而在其他生產財務方面，成本精確的算出，進而求出損益平衡點，並視市場狀況搭配產品組合；同時組織的資源放在市場業務的比重可能應視競爭的態勢作適當調整，明茲柏格所述：「策略是組織機構及其所處環境間的一種周旋的力量；組織機構為適應環境而進行的決策模式，有一致性的軌跡可循。」

　　Gary Hamel和C. K. Prahalad認為管理者對於他們的產業十年後環境有什麼不同，並該以何種策略來做競爭應有清楚的瞭解，

提出了以下幾點看法：

- ‧管理對未來應有特殊、長遠的見解，而不是陳舊或臨時反應的。
- ‧資深的經理人應專注於創新的核心策略，而不是再造核心的程序。
- ‧競爭觀點是公司為規則的制訂者而不是規則的跟隨者。
- ‧公司注重的應是在創新和成長，而不是在營運的效率。
- ‧公司應是市場領先者而不是市場追隨者。

話雖如此，經理人員如何妥善運用各項方案，專業、實務與年資經驗無疑皆會是影響成敗的關鍵因素。

Marketing Move

量販店變身術

消費者為何購買一項商品？原因眾多，但不出三大因素，是為了產品的核心利益（動機）、是實質需要（實體），甚至是購入產品所帶來的好處或服務（延伸）；然而，買同樣的產品為什麼會選擇不同的地點購買呢？這又是另一個與產品相關的問題，原因不是只為了店內產品的價廉物美而已。

所以，為了吸引消費者上門，除了產品本身的條件之外，賣場的陳列、商品給人的感覺，甚至企業本身，都必須隨時代潮流，配合消費趨勢不斷調整。

不過，這種說法說來容易，做起來卻是不易，就如名著《屋頂上的提琴手》所闡釋的意境——要拉好提琴本就不簡單，要在屋頂上保持平衡表演曲目就更難了。也許這種說法，對照J. C. Penny的經營過程或有值得深思之處吧！

J. C. Penny公司是美國一家老牌雜貨量販店，以商品價廉而聞名，它的原名稱為「金科玉律」（Golden Rule）成立於本世紀初，迄今已將近一百年，目前擁有連鎖店近五千家，由Penny先生白手創設，百年老店為何迄今能屹立不搖，吸引消費者前往購買？它的起落轉折包含外在環境不斷演變使內部組織必須配合調整，這種調整與創新確保公司與時俱進。

Penny像所有創業者一樣，生性勤儉，在美國中西部開了第

一家J. C. Penny小雜貨店，在當時20世紀初期，他的商品買賣具有三大特色：第一、商品採低定價；第二、用現金拒絕信用交易；第三、商品不滿意可退貨。就這樣，以誠信起家建立商譽，不到十年連開二十六家連鎖店。

探討J. C. Penny其連鎖店能大幅成長，除了商店策略選擇小鎮開設，店長重視社區經營關係，公司對店長的激勵相當大方，採優惠入股方式，公司拿三分之二資金，老店長另出三分之一資金合開新店，鼓勵老店長擁有自己的新店，不只是公司的員工；就這樣，到了公司創立二十年後，J. C. Penny已有五百六十家連鎖店，進入第三十個年頭連鎖已達一千五百家的規模，成長速度驚人，換句現代直銷常說的話：「複製成功的經驗是獲得成功的最佳捷徑。」

然而，經營事業怎麼可能沒有危機與困難？這可從外在環境與內部經營決策說起：

首先，是使用信用卡的問題，由於公司傳統採現金交易，這要改變傳統交易方式很困難，然而，1970年，信用卡交易已變成顧客普遍的付款方式，所以須面對消費作法改變的潮流，採取全面信用交易。

其次，產品是否應多樣化？以往美國 J. C. Penny除了賣一般家用品、食品、衣物外，其他如電器用品、家具、運動器材、汽車用品要到西爾斯（Sears）、蒙哥馬利（Montgomery Ward）才買得到，如果J. C. Penny對這個市場不重視的話，公司業務可能會有萎縮的隱憂；這個採購決策的改變，也在成立六十年重新改絃易

轍，使消費者一次購足。

　　至於其他更嚴重的問題是──公司只會銷售沒有行銷，成立已六十年尚沒有行銷商情部門，再加上公司不夠創新、商品定位偏重女性、市場轄區偏重中西部一隅，都是J. C. Penny在面臨競爭時，老店顯現出來的疲態。

　　至於內部問題，較嚴重的是組織如何整合現在連鎖店，不因店長所好（店長擁有三分之一股權）擅作更改，同時百年老店有悠久歷史較重傳統，不重新潮，新血無法注入，組織不夠活性化，嚴重地使經營系統出現若干警訊。

　　J. C. Penny的案例，只是說明一般企業在面對變革的過程中，產品銷售牽涉到相關策略調適的問題，因為銷售要能持續締造成績，不提升至行銷的層次，銷售很難克盡其功。

　　從經營資料中，顯示J. C. Penny在1990年代的銷售額達到一千五百億美元，在全美只落在西爾斯與凱瑪之後，與沃爾瑪伯仲之間，不少行銷專家分析，J. C. Penny調整的步伐還太慢，失去不少先機，要不然市場占有率應會更高。

　　從個案中，我們可以體會行銷趨勢的變化，是民營企業非常在意的一環，因為它代表企業的彈性（flexibility），個案中涵蓋的意義有以下數點：

　　　・銷售與行銷絕對是不等的觀念與作法，銷售量販賣的層次，而行銷牽涉到觀念上的架構，譬如：產品線擴充、品牌策略等議題。

　　　・競爭者的經營方式要加以重視，如西爾斯、蒙哥馬利等量

販店作法爲何，J. C. Penny因應行銷趨勢，須定出策略或檢討既有的經營方向與擬定決策。

· 行銷研究，已不只是很重要，而是基要（essential）必須建構的問題，譬如，如何確認消費者的需求、消費者的需求、消費群層次全面的分析等。

　　事實上，上述三點看法幾乎是所有企業經營須不斷思考的問題，而這種策略思考方向往往演變成企業存亡的關鍵，企業豈可置身於度外呢？

問 題 與 討 論

一、 策略之意義為何？

二、 總體環境包含哪些構面？

三、 請說明五力分析。

四、 何謂策略層級？

五、 策略如何配合管理？

第二篇　購買行爲與市場區隔

Marketing Management:
Strategy, Cases and Practices

Chapter 3
消費者購買行為與決策

要學鬥牛，先學作牛。

──西班牙古諺

消費者行為受到大環境與小環境的交易影響，本章首先闡述消費者行為的基本觀念，進而探討影響購買行為的因素與決策過程，最後說明如何掌握消費者的需求。

在閱讀完本章後，你應該能夠回答：

· 消費者行為的意義爲何？
· 如何依涉入程度的高低區別購買決策的形態？
· 影響消費者購買行爲與決策的主要因素有哪幾類？這些因素如何影響消費者的行爲？
· 消費者購買行爲與決策的過程爲何？
· 何謂顧客滿意度？重要性爲何？消費者會以哪些反應方式表達他的不滿？

好男好女

台灣在媒體的強化下，現代男女被「物化」的傾向愈來愈顯著，擁有一副傲人的好身材，幾乎變成每個都會男女的一種渴望，於是男性「要強、要勇」，就要服用藥丸、藥酒；女性要更美麗動人，勤瘦身健身，最佳女主角可以換妳作作看。

從上述宣傳不難發現，這些業者相當瞭解現代消費者追求「健」與「美」的需要，所以透過高明的行銷企劃，使身體不只是追求健康而已，更把身體定義為某種「象徵」與「符號」；從商業的角度來看，創造出來的市場需求，為業者的確帶來不少收益，以下兩則是最新「需求創造消費」的本土個案。

多年來，台灣藥酒的市場一向是P牌的天下，它訴求消除疲勞恢復體力，為不少年紀過半百的勞工朋友所認同，同時如果P產品酒精量不夠，可再加上米酒，包準喝起來更high。

但在三年前，歸屬於藥酒類的V公司請了周潤發拍了一支廣告片「台灣的經濟奇蹟──福氣啦」，對青壯年的藍領階層大作廣告，爭取認同，市場上並傳出「V產品加上咖啡或椰子水」會更好喝，結果這訊息據說讓伯朗咖啡平白無故增加不少銷售量。

比較V品牌口味，除了與P產品略有不同外，V牌的行銷通路更寬廣，不少檳榔攤都買得到，在價格上與P牌伯仲之間，但給中間商較高的利潤。

在V產品走紅之際，市場對P產品更傳出不利的消息，例如，

男性常喝P產品三年後會「不行」，這個耳語行動使得V產品氣勢更旺；不過，P產品也不是束手無策的軟腳蝦，經過企劃之後，它的應戰之策便是推出「男子漢」新產品迎戰V牌，而以知名女星翁虹為產品代言人，用call in的方式、誘惑的身材告訴男人：男子漢要如何如何……。

相對於藥酒飲料強調男性的「強與勇」，看準女性愛美的天性，不少強調身體曲線窈窕豐滿的美容機構應運而生，坊間廣告中可以看到如下令人難忘的廣告詞：最佳女主角換您作作看（最佳女主角機構）；讓男人無法一手掌握的女人、罩杯升級（女人話題機構），Trust me, you can make it.（媚登峰公司）。

這些生動的詞句，相當吸引人的注意，同時各美容機構豪華高雅的門戶也使女性上門有受尊重的感覺，有些公司內部更備有遊戲室幫忙看顧小孩；至於眾多瘦身、美容的課程產品，依個人需要就更加五花八門令人眼花撩亂。

估計全台這種美容機構超過八十家，一年營業額數億元，全是婦女為美麗所付出的代價；若針對本省希望擁有「阿諾」、「洛基」身材的男士，業者是否可能針對這些男士的心理需求，發展類似的經營模式呢？

3.1 消費者行為之基本觀念

企業經營的目的，不外乎利潤的追求；如何能長久的經營，並持續的獲利，是每個企業組織最關心的問題。面對企業「永續經營」這類問題，最簡潔的答案就是能設法獲得顧客的消費，但如何才能使顧客願意打開荷包購買？一般來說，除了產品品質優良、價格合理之外，更有賴於企業對消費者「購買行為」的瞭解。

消費者如何在琳瑯滿目的產品中決定要購買的產品呢？通常我們分析消費者的購買行為，主要用的是行為科學與心理學的理論與方法。

一般而言，消費者的行為同時受到大環境（如時間、季節、文化、景氣等）與小環境（如所得、教育、性格、性別）的交互影響，所以廠商往往會針對不同的需求和情境，採取各種不同的訴求手法，以影響消費者的購買決策，例如：

- 廣告說：肝那不好，人生是黑白的；肝那好，人生是彩色的。
- 海報說：暑假兒童科學營為你培養出21世紀的愛因斯坦。
- 顏色說：受環境觀念影響，1994年以來綠色車系（墨綠、藍綠）占新車銷售的30%。
- 產品說：微軟「Windows XP」簡單易學，使你成為電腦高手。

3.1.1 消費者行為——要怎麼收穫，先怎麼栽

　　小趙每天一早總是會到同一家便利商店去買早餐；錢小姐挑選服飾有自己的一套風格，並不會特別鍾情某個品牌；孫先生為了小孩未來的就學，買下了明星學區附近的房子；老李想要換輛新車，他比較了許多家廠商，最後選擇了標榜耐用省油的日系房車；這些消費者各基於不同的考量和動機，決定了消費的選擇。

　　對任何一家公司而言，顧客的消費，就代表了收入；因此，如何增加顧客對公司產品的消費，是每一家公司生存競爭的一大課題。在早期，企業界所關心的是「購買行為」，而非「消費者行為」（consumer behavior），廠商在乎的只是如何儘量的把商品賣給購買者，至於購買者是否真的需要，使用後是否滿意，他們並不十分在意。但是，想要增加顧客的購買，卻不瞭解他們的消費行為模式，就好像想釣魚的人卻不願意投入時間去研究哪種魚的習性是如何？生活環境又是如何？漁獲量的多寡只能憑運氣好壞來決定一樣。

　　現代行銷學和消費者行為的觀點，則不僅著眼在購買的單一行為，更重視消費的整個過程，從需求的產生、消費的動機、影響決策的各種因素、消費後的滿足及滿意程度，都是關注的焦點。例如，購買電腦的人，有的會選擇華碩，有的可能選擇IBM，有的則選擇聯強，廠商必須瞭解，哪些人會想要購買電腦？他買電腦的用途是什麼？所重視和選擇的考量又是什麼？而使用之後的評價如何？是否會再次購買同一品牌的電腦甚至推薦其他人購買？因為，唯有徹底瞭解消費者的消費過程，才能知道

如何提供消費者更大的滿足感，引發其重複消費的意願。

所謂消費者，是指購買產品或勞務以供個人或家庭需要及使用的人。基本上，他們購買產品並不是為了商業上目的，而是為了滿足自己或家庭的需求，因此，又可稱為最終消費者（ultimate consumers）。

「消費者行為」指的則是人們在取得、消費與處置產品或勞務時，所涉及的各項內在和外在活動，並且包括在這些行動之前或之後所發生的決策在內。

狹義的購買行為並不包括組織購買者的購買行為，因此，有的學者將消費者行為的研究擴充為顧客行為的研究，顧客行為是指包括組織購買者和最終消費者在內，在選擇和消費商品時，所表現的一切行為或活動。

3.1.2 購買決策形態——產品親密知多少

消費者的購買決策形態會隨產品種類不同而有所差異。購買一支牙刷、一雙球鞋或一輛汽車，心理上所經歷的抉擇以及整個購買的過程就有相當大的差異。消費者的消費過程，也就是在尋求其需求問題的滿足和解決的過程，因此，對廠商而言，瞭解消費者所想要解決的問題屬於哪一個層次，以及對產品涉入程度的高低，就有相當的重要性。因此，一般較有規模的公司在為產品擬定「行銷策略」時，通常會從消費者購買行為與產品屬性分析，這其中包括以下三種情況：

3.1.2.1 例行性的採購行為

該產品對消費者來說，是否屬於其例行性的購買和消費。例如，日用品，如牙膏、牙刷、洗髮精、洗衣粉，這些產品可稱為「低度涉入產品」（low-involvement goods），意思是說消費者往往不會為了購買這類產品而花費太多時間去思考，因為他已經熟知該產品性質，價格不會差太多，而且可能已經對某品牌有所偏好。在此情境下，行銷企劃人員對原有使用者應設法使他們對產品的「使用情況」感覺更佳（如品管改良、價格穩定）；而對未使用者，儘可能加強銷售海報、價格優惠或提供折扣使消費者改變對原有品牌的忠誠度。

3.1.2.2 有限度的問題解決

當消費者對某些商品產生需求時，他可能大概瞭解這類產品與他所需要的品質，但對於某些品牌或產品的特色並不十分清楚，因此，會願意投入一些心力來輔助其決定。這些產品，例如，運動鞋、球拍、化妝品，皆可歸類為「中度涉入產品」（mid-involvement goods）。

對於這類型的產品，行銷企劃人員要能夠有良好的設計來凸顯產品的特色，俾能吸引顧客的注意及青睞，例如，耐吉公司推出了以籃球明星麥克‧喬登為代言人的系列鞋款，以摩登的造型，擁有空中飛人般的優異彈性等作為產品的訴求，有效的掌握了消費者的心理及需求，也同時塑造了產品的話題性和廣為宣傳的效果。

3.1.2.3 廣泛的問題解決

產品對消費者生活是否有相當大的影響，且產品價格不低；或是消費者對該產品相當不熟悉，而不曉得該以何種標準去選購。這些產品，例如，液晶電視、高級音響、汽車等；這類商品消費者可能會認真地考慮，他要的產品必須具備什麼條件或功能，因此，我們稱此類產品為「高度涉入產品」（high-involvement goods）。

針對這類消費情形，行銷企劃人員應瞭解──消費者如何蒐集資料與判斷，什麼樣的條件對他（她）來說具有意義，再整理產品本身的條件，提供消費者比較與判斷。

除了消費者行為之外，不少行銷專家更進一步探討「消費動機與需求」，去摸索、刺激消費者的購買欲望，例如，某新上市品牌的烏龍茶廣告就考慮，強調產品解渴──「止嘴乾」的印象，或是量多──「大瓶多200c.c.」等較具觸發消費者需求的誘因（cue）。

3.2 影響消費者購買行為的因素

消費者購買行為的影響因素可歸類為三大類，第一類是社會文化因素（sociocultural factors），第二類是個人背景因素（personal factors），第三類是個人心理因素（psychological factors），如圖3-1所示。

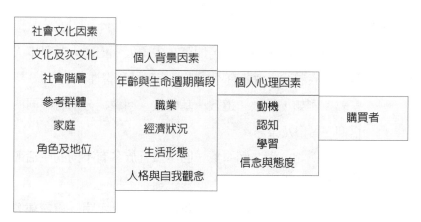

圖3-1 影響消費者購買行為之因素

3.2.1 社會文化因素

社會文化因素對消費者行為的影響最為廣泛,社會文化因素又包括:文化及次文化(subculture)、社會階層(social class)、參考群體(reference group)、家庭(family)及社會角色及地位(social role & status)等五種,分別說明如下:

3.2.1.1 文化及次文化

文化是一個人的需求與行為最基本的決定因素,因為人類的行為大部分來自於學習,在某一社會文化中成長的人,會經由家庭、學校、或其他環境中的學習,而塑造他(她)基本的價值觀和行為方式。每個國家的文化中都包含一些較小的社會群體的規範或價值觀,也就是所謂的次文化。

次文化可組成重要的團體形成重要的市場區隔,例如,台灣

形成的外勞消費品市場。次文化大致可分為四種：

  ・國籍：以美國市場為例，即存在中國人、德國人、日本人
    等，各族群消費者各有不同的民族嗜好和習性。

  ・宗教：例如，佛教、道教、基督教、回教徒分別有不同的
    信仰、習俗及禁忌。

  ・種族：例如，漢、滿、蒙、回、藏五族各有不同的生活形
    態。

  ・地理區：例如，大陸地區的新疆、蒙古、雲南、東南部等
    不同的地理環境，會形成不同的生活形態及特有的文化。

3.2.1.2 社會階層

消費者的購買行為，常會反映出他的社會階層。所謂社會階
層，是指社會中，較具同質性且具持久性的群體，這些群體具有
類似的價值觀及行為表現。

不同的社會階層，具有不同的產品及品牌偏好，例如，服
飾、休閒活動、家具與汽車等產品，各種不同階層的人分別有其
不同的偏好。因此，行銷者可決定其所欲鎖定的社會階層，進而
採行不同的行銷手法，例如，BMW或賓士汽車、香奈兒的服飾，
其目標市場是高社會階層的人士；而TOYOTA汽車、HANG TEN
服飾則為針對較中下階層的大眾化產品。行銷者必須依產品目標
市場階層的不同，設計及調整能為該階層所接受的行銷廣告風格
和訴求。

3.2.1.3 參考群體

　　所謂參考群體，是指能提供規範或價值觀，而直接或間接影響個人態度和行為的群體。有共同歸屬，對個人有直接影響的群體稱為成員群體，這些群體是個人所屬的群體，且個人與群體中的其他人能夠交互影響。其又可分為兩類：一為主要群體，係個人與之保持連續交互影響的群體，如家庭、朋友及同事等；另一為次要群體，較為正式的組織，而個人與之往來較不密切的群體，如宗教組織、工會等。

　　另外，人們也會受到非其所屬群體的影響。崇拜性群體，是個人盼望能成其中一分子的群體，例如，1990年代喜愛籃球的人，如果夢想自己是芝加哥公牛隊的一員，他們會認同、模倣該群體成員的穿著和言行。因此，各個消費產品和品牌，必須設法找出有關群體的意見領袖，運用其個人特徵，針對他們設計廣告信息，如喬丹所代言的籃球鞋。

3.2.1.4 家庭

　　家庭不僅是對於塑造個人價值觀最具影響力的群體，其成員對個人的消費決策亦有非常大的影響力。一個人生命中所經歷的家庭有兩類，第一類是所出生的家庭，包括父母親等人，每個人從父母親那兒學習到了諸如宗教、政治、經濟等經識與概念及個人價值觀及人格特質等。另一種家庭則為己身所創造的家庭，亦即包括配偶及子女，這是社會上最重要的消費者購買組織。

　　在購買產品時夫妻參與決策的程度，因產品的種類而有所差異。某些情況下，丈夫會有較大的影響力，如汽車、電視、電腦

等；有些情況下，則為妻較具影響力，如：吸塵器、洗衣機、廚房用品等；另一種情況，為夫妻同具有相當的影響力，如度假旅遊、住宅、家具等。行銷者在設計與行銷產品時，應考慮到並設法瞭解消費者在這些決策角色上的差異。

3.2.1.5 社會角色及地位

人的一生中都會參加許多的團體，如家庭、社團、政黨或其他組織，一個人在團體中所處的位置可由其角色及地位來界定。例如，王五在家庭中扮演的是父親的角色；在公司中，則扮演總經理的角色，其所身處的每一個角色，都會影響到他的購買行為。

每一個角色亦顯示了不同的地位，它反映了在社會中或個人所處群體中所受的尊重程度，人們通常會選擇與其身分地位相符的產品，例如，公司的總經理穿著昂貴的西裝服飾，搭乘賓士之類的高級轎車，喝高級的洋酒。行銷者必須瞭解，每個產品或品牌都有可以成為地位象徵的潛力，而這種象徵會隨地理區域和時間而有所差異。例如，在台北，擁有高爾夫球證或高級俱樂部的會員證是代表地位的象徵；在1990年代的東京，超高的高跟鞋、深咖啡色的膚色、銀白色的眼影，代表符合流行的年輕女性。

3.2.2 個人背景因素

除了社會文化因素之外，消費者本身的特徵和條件，也會影響其購買的決策。例如，對於穿著服飾的選擇，青少年和老年

人、演藝人員和公務人員、中產階級和勞工階級之間,必然有很大的差異。個人背景因素包括:年齡與生命週期階段、職業、經濟環境、生活形態,以及人格與自我觀念等。

3.2.2.1 年齡與生命週期階段

人們一生中所購買的商品會隨著其年齡的增長而不斷的變化,在嬰兒時期,吃的是嬰兒食品;長大之後,各式各樣的飲食都可以吃;到了晚年,則往往必須避免吃某些食物,而較偏向低脂、低鹽的食品。

3.2.2.2 職業

不同的職業也會影響一個人的消費購買行為。例如,白領階級會較常購買高級襯衫、西服;卡車司機會經常購買提神醒腦的飲料。一般而言,行銷者可以針對某一職業群體,研究其特殊的需求,以及較有興趣的產品,並針對這些特定的職業群體進行生產和行銷。

3.2.2.3 經濟環境

經濟環境對於一個人的消費情況也有相當大的影響。在收入欠佳時,人們自然會傾向實用性的消費,而減少無謂的支出;反過來說,若某人選擇購買價格昂貴的跑車,則多代表他在經濟情況上可以負擔,因此,行銷人員應隨時關切經濟景氣消長、個人所得,以及各項民生經濟指標的變動,以調整產品的定位、設計和行銷的策略。

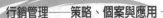

3.2.2.4 生活形態

生活形態是個人價值觀和人格特質經由不斷的整合而影響人們的生活,進而影響其消費行為,也可以說是個人價值觀和人格與周遭環境互動的綜合表現,它會具體的表現在一個人的活動、興趣和意見上。

人們可能來自於相同的次文化,擁有相同的職業,或屬於相同的社會階級,但是卻不見得會有相同的生活形態,例如,老張和小林兩個同樣是科技新貴,但老張可能過著保守儉約的生活,而小林卻追求時尚流行。因此,行銷人員應設法瞭解本身產品與特定生活形態群體的消費特性間的關聯,俾能在擬定行銷策略時,能據而配合設計及表達產品之特色。

3.2.2.5 人格與自我觀念

人格係指一個人獨特的心理狀態,它會導致個人以一種特定而持久的方式來因應其周遭的環境。每個人都有自己獨特的人格,其表現在外便是許多的人格特質的組合,例如,自信心(self-confidence)、支配性(dominance)、自主性(autonomy)、社交能力(sociability)等,不同的人格特質,往往會導致消費者在選擇產品時對不同品牌形象的認同。舉例來說,不同的產品品牌會邀請具有不同特質的明星等公眾人物來進行廣告宣傳,除了藉由這些公眾人物來建立該產品的知名度,以誘使消費者消費外,也是為了吸引具有相同人格特質的消費者,對其產生認同感。

3.2.3 個人心理因素

購買決策也受到四種主要心理因素的影響，也就是：動機（motivation）、認知（preception）、學習（learning）以及態度（attitude）。

3.2.3.1 動機

一個人在無時無刻都會存在許多的需求，其中某些需求是生理上的，如：口渴、飢餓；有些是心理需求，這些是因為需要被確認、被尊敬或被認同等原因所引起心理上的緊張狀態。各種的需求與現實的差距達到一定的強度後，就會形成一種動機（motive）和驅力（drive），促使一個人採取行動來滿足他。在需求獲得滿足後，則緊張的狀態可以解除，回到平衡的狀態。

在許多人類動機理論中，最著名的就是佛洛依德、馬斯洛和赫茲伯格的理論，這兩個理論對現代行銷和消費者行為的分析都有相當大的啟發。

1.佛洛依德的動機理論

佛洛依德認為人在成長的過程中，都會壓抑很多的衝動（或稱為內驅力），而這些衝動並沒有消失或被完全控制，他們只是潛伏起來，成為潛意識裡的衝動或驅力，雖然只有在夢裡或失言時說溜了嘴，或行為失常時才會發洩出來，但是對消費者的行為卻會產生很大的影響。

2.馬斯洛的動機理論

馬斯洛的動機理論認為人類的需求具有層次性，從最基本迫

切的需求到高層次的需求，可分為五層，如圖3-2所示。人們通常
會先設法滿足最迫切而重要的需求，在獲得滿足之後，方可能進
一步追求下一層次的需求。

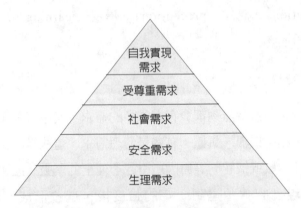

圖3-2　馬斯洛的需求層次論

3.赫茲伯格的雙因子理論

　　赫茲伯格認為動機可區分為兩個因子，即不滿足因子與滿足
因子。例如，OKWAP手機所訴求的具備多種功能及美觀的外型，
對消費者來說可能是一個滿足因子，而構成消費者購買的動機；
但其因功能強大而造成開機或使用時的速度緩慢，則可能是一個
不滿因子。 也就是說，銷售者應該儘可能去確認所銷售的產品及
市場中，主要影響消費決策的滿足因子和不滿因子有哪些，儘量
加強本身產品的滿足因子並降低不滿因子，以提升消費者購買的
動機。

3.2.3.2 認知

在產生動機之後，人們就會採取行動，但是被激發的人將會如何行動，必須依據他對於情境的認知來決定。具有相同動機及相同客觀情境之下的兩個人往往會對情境有不同的認知。之所以會有認知上的差距，是由於有下列三種認知過程：

1.選擇性接觸

在生活的周遭環境中，隨時存在著各式各樣的刺激，譬如人們一天要接觸許多的電視廣告、宣傳單、廣告看板等，但是人們並不會對每一個刺激都有所反應，因此，要能得到更多消費者的注意，就要看行銷人員如何設計出與眾不同而具特色的行銷手法，像是新奇幽默的廣告（如樂透彩「喜歡嗎？爸爸買給你」的廣告），或是別出新裁的包裝（如郭元益的「黃金喜餅」、「珍珠喜餅」）。

2.選擇性曲解

每個人對於外來的訊息，總是會不自主的以本身的思考模式或想法來加以解釋，導致扭曲了訊息所要傳達的原意，例如，某位消費者對豐田汽車的性能印象相當好，於是當其他廠商向他分析豐田汽車的優缺點時，他可能會曲解缺點的部分，依舊深信該廠牌是較佳的選擇。

3.選擇性記憶

一個人一天中所接觸到的各種外來資訊琳瑯滿目，在這些資訊中，有的可能轉眼就忘了，而有的則會深植於印象之中。通常，人們較常注意到的，可能是與目前需要有關的；或是他們所期望的；或是某些偏離正常狀況的刺激，例如，當一位大學生為

了學習上的需要，而產生了對電腦的需求時，他可能特別會去注意到有關電腦的廣告，而較不會去留意其他的電子產品，並且，他會較容易注意到一些特別的折扣活動及特殊的廣告訴求。選擇性記憶提醒行銷人員必須十分重視其產品的設計、訴求、包裝及促銷活動，才能在眾多品牌對手中顯得突出，吸引消費者的注意。

3.2.3.3 學習

每個人在日常生活中都會不斷的經由外界的刺激、經驗的累積以及新知識的獲取，而導致其行為及認知產生較持久性的改變。古典制約學習理論認為，人們可以經由一再的重複接觸而產生自發性的行為反應，許多的產品廣告便是運用此種原則而製作，例如，麥當勞歷來的廣告，皆以歡樂，溫馨的影像，試圖傳達給大眾一種「歡樂、美味，就在麥當勞」的印象；人們在看到歡樂、溫馨的影像時會產生愉悅的情緒，這時，歡樂、溫馨的影像是一種非制約刺激，而愉悅的情緒是一種非制約反應，在播放歡樂、溫馨影像的同時，將麥當勞的產品與之做連結，久而久之，消費者對麥當勞的產品，自然而然就產生愉悅的感受，進而塑造了品牌忠誠度，這便是制約的刺激及反應。

工具性制約學習則是強調行為與所反應的酬賞效果之間的關係，例如，消費者購買了某項產品或服務時，感受到了良好的品質、優惠的價格、親切專業的服務、或是得到贈品等正面的結果，則他很可能再次消費該種產品或服務；反之，若是在消費過程中經歷不愉快或負面的經驗，則會降低再次消費的意願。因

此，行銷人員無不致力於提高顧客整體消費過程的滿意度，期藉由不斷的正向增強作用，以產生制約性效果，提升顧客再次購買的頻率。

3.2.3.4 態度

所謂態度，是指個人對於特定事物的看法、好惡或評價。態度會影響個人購買的意願，舉例來說，某甲對S牌的數位相機抱持著正面的態度，他認為該品牌的產品品質良好，攝影效果佳，且操作簡便，那麼一旦他有這一方面的需要時，便會優先考量S牌的產品，甚至樂於向他人推薦該品牌。

態度並不是天生的，而是在經過了經驗和學習之後，所累積、內化而成的信念，其形成可能受到諸如人格特質、社會文化、親身的消費經驗、媒體廣告、他人的說法及得自各種行銷管道的訊息等而影響；通常態度具有一致性，但仍可能受到不同的情境所影響，或是隨著進一步的學習及經驗而改變。行銷人員應設法掌握顧客的態度和其形成的主因，並善加利用各種行銷手法和工具來改變或強化本身品牌的形象，例如，當前盛行的運動行銷，便是廠商藉由贊助體育活動或特定運動明星，使本身品牌和該運動或運動員的形象產生連結，來提升品牌的知名度以及形象，並進一步塑造消費者對該品牌的正面態度。

3.3 購買決策過程

　　個人的消費行為，是由於產生了需求而欲尋求滿足。從消費者感覺有需求開始，經過蒐集各種與滿足需求有關的產品資訊，並進行評估比較，最後做出選擇進行購買及消費行為，這一連串過程，就稱為購買決策過程。一般而言，購買過程早在採取實際購買行動之前，也就是需求產生時就已經開始，而且並不是在購買行動後馬上結束，而是必須包括消費使用、使用後的感受以及反應行為才算是一個完整的過程。

　　在購買決策的過程中，通常我們可將整個過程，分成五個階段：需求確認、資料蒐集及處理、方案評估、購買決策及購後行為，如圖3-3所示。不過，有時比較例行性的購買行為，可能將第二與第三步驟合而為一或加以省略，例如，家庭主婦購買常用品牌的衛生紙，是從需求確認後就直接跳到購買決策的階段不再經過資料蒐集和方案評估的過程。

圖3-3　購買決策過程

3.3.1 需求確認

　　購買決策過程的第一個步驟,是消費者需求的產生和確認,也就是說消費者感受到自己欲求的理想狀態(desired state)與實際狀態(actual state)中間有所落差,即會產生需求,但是,當中間的落差尚未超過一定的程度時,這樣的需求只是潛伏在消費者心中,還不至於形成實際行動的驅力。當此種差異超過其所願忍受的程度時,就會確認有消費的需求,而導致實際的行動。

　　個人消費者的需求可能源自於內部刺激,亦可能由外部刺激所引發。以內部刺激來說,個人的需求例如,口渴、飢餓等生理需求,到達某一強度後,就會成為一種動機和驅力,促使個人設法滿足他的需求;需求也可能由於外界刺激而引發,例如,看到朋友或同儕身上新的流行服飾可能會引起他的羨慕;經過路邊餐廳時看到剛烹製好的美食或聞到食物的香氣,可能會刺激一個人的食欲。

　　在此階段中,行銷者應設法確認及掌握:消費者可能的需求或問題之種類;引發消費者需求的原因;及如何誘導消費者購買產品,並藉以擬定適當的行銷計畫。

3.3.2 資訊蒐集及處理

　　當需求產生之後,消費者很可能會從記憶中或外部蒐集更多的相關資訊來輔助購買的決策,如**表3-1**所示。通常,消費者會先就本身的記憶以及過去的消費經驗,進行內部資訊的蒐集;若是

表3-1 資訊蒐集

內部資訊蒐集	外部資訊蒐集
經驗來源：消費、使用、接觸產品的相關經驗。	個人來源：包括家人、朋友、同事及周遭的人。 商業來源：如網路、媒體廣告、銷售人員解說、產品包裝標示。 公共來源：如大眾傳播媒體、消基會、政府及民間評鑑檢驗機構。

內部的資訊仍不足以作為其購買決策的參考，則會向外在環境蒐集更多的資訊，其中，較溫和的蒐集狀態，稱為重點式注意（heightened attention），例如，當張三產生購買汽車的需求時，會開始留意與汽車相關的訊息，包括與人討論汽車的話題、注意各種品牌汽車的廣告以及其他人所開的車種等；另外，消費者可能進行主動的資訊蒐集（active information search），例如，張三可能閱讀與汽車有關的雜誌和書籍，透過詢問朋友、車商或其他途徑以主動學習有關汽車的知識。通常消費者資訊蒐集活動的程度，依產品形態為低度涉入產品至高度涉入產品而漸增。

此時行銷人員所應瞭解的，是消費者資訊的主要來源，以及這些來源對消費者購買決策的形成具有的相對影響力。各種資訊來源的相對數量與影響力，依產品的種類和消費者的特性而有所不同，一般而言，消費者會從商業來源接受到最多的產品資訊，這也是行銷者可以加以控制和著墨的。

3.3.3 方案評估

在蒐集了有關產品一定數量的資訊，再加以整理之後，會有幾個品牌列入最後的考慮。消費者會再進行進一步評估和比較，但基於個別差異、需求性質、涉入程度、價值觀以及產品種類的不同，消費者往往會根據各種不同的評估準則和方式來進行評估和選擇。

對消費者來說，一項產品可以視為是許多產品屬性的結合。例如，在購買數位相機時所考慮的產品屬性，往往包括效果、畫素、外觀、價格、功能、操作便利性等；在購買汽車時，考慮的屬性則包括外型、馬力、舒適性、價格、安全性、配備、空間、省油、維修等。

雖然一項產品可能具有許多的屬性，但是，不同的消費者在進行評估時，所重視和作為評估準則的屬性可能不盡相同。例如，在購買汽車時，有的人較重視汽車所代表的地位象徵、衛星導航、音響、皮椅等各式高級配備；有的人較重視價格、維修、省油與否等經濟特性；有的人則較重視ABS煞車系統、安全氣囊、車身強度等安全性。因為對不同的消費者而言，不同屬性的重要性和帶來的效用有所差異，在進行評估時自然會賦予不同的權重。

當然，消費者對不同品牌的印象和信念，也是評估過程一項重要的影響因素。往往消費者在購買特定產品時，只會針對某幾個他所熟悉或較有印象的品牌進行評估，印象較好的品牌，消費者在相同的條件比較下購買意願會較強；反觀，若是完全沒有聽

過的品牌，很難成為消費者考慮的對象。

3.3.4 購買決策

　　在經過評估的過程而形成購買意圖之後，消費者對於所評估的產品或品牌已有了優先順序，通常他所選擇購買的會是評估後心目中最理想的產品或品牌，但是，在實際購買行為發生前，還有兩個因素會影響到消費者最後的抉擇，也就是他人的態度和不可預期的情境因素，如圖3-4所示。

　　很多情況下，消費者的購買行為，因所扮演的角色或與他人間的互動關係而受影響。例如，丈夫想要購買皮革製的沙發，但可能因為太太較偏好絨布型的沙發，而改變了原本的購買意圖。大學生原本打算購買M品牌的手機，但受到身旁好友的反對和建議，而改買了N品牌的手機。夫妻、子女、朋友和同事都可能對購買決策產生影響，但最終是否會因此改變購買的意圖，則要視兩者關係密切的程度，兩者態度的相對強度，以及產品的種類而定。

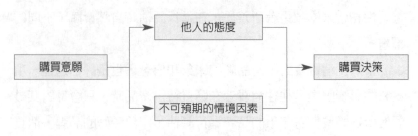

圖3-4　影響購買決策的決定性因素

消費者的購買意圖，原本是在既定的價格，預期效用，和支付能力下所形成。如果其間遭逢不可預期的情境因素，可能影響到消費者的購買意願。例如，李小姐原本打算購買S品牌的美白化妝品，但是在百貨專櫃的促銷、試用活動，及服務人員的親切專業的態度等情境影響下，可能改而購買A品牌產品；而王先生原本打算購買某廠牌的音響，可能臨時因為電視機損壞，而決定購買電視，暫時不購買音響或選擇購買價格較低的另一廠牌的音響。

在諸多不可預期的情境因素中，購買情境是行銷人員在規劃行銷策略時，應特別重視和考量的，也就是包括銷售場所的布置、動線規劃、氣氛營造，銷售人員的服務態度及專業素養等，消費者在實際購買時所面臨的事物，購買情境不僅會左右眼前的購買行為，同時也是消費者是否會重複購買的重要評估因素，因此，可以說是相當重要的行銷工具。

3.3.5 購後行為

消費行為並非在購買行為之後就告一段落，消費者在消費及使用商品之後的滿意程度及反應，不僅會影響到下次購買時的決策，也可能會形成其他消費者決策時的參考因素，尤其在現今消費者意識高漲的情況下，更加值得重視。

3.3.5.1 購後滿意行為

一般來說，每個人在消費特定的商品之前，都會對該商品有

一定程度的期望，這種期望來自於過去的經驗，朋友、廠商、銷售人員或其他資訊來源所給予的訊息所形成的印象，所謂「顧客滿意度」就是消費者在購買之後的感受與事前預期之間的比較。如果消費後的感受超越預期會得到的滿足的程度愈大，顧客滿意度就愈高；相反的，如果產品的表現不如預期，消費者會感到不滿意。顧客滿意度愈高，就愈有可能再次購買，甚至成為持續性購買的忠實顧客，更重要的是，顧客使用後的良好反應，將會轉化成一種口碑，免費的增強該品牌的正面形象。

通常，消費者在蒐集資訊時，個人來源的資訊採信度會高於商業來源及公共來源，因此，創造和維持顧客滿意度，可以說是行銷管理者最重要的任務。

3.3.5.2 購後行動

如果消費者對購買的產品感到滿意，那麼就可能有下次再購買的意願；相反的，若是對購買的產品使用後感到不滿意，不但不會有再次購買的意願，而且可能採取某些行動來表達他的不滿，如圖3-5所示。某些情況下或某些消費者，會採取不反應、不計較的態度，但是以後可能就不再購買該品牌的產品；而某些消費者，可能選擇將其不滿的感受向朋友、同事或社會上其他人傳達，其結果可能對該品牌產品的形象及其他人購買的意願造成不利的影響；再者，消費者可能將不滿的情緒向銷售人員抱怨，而採取的方式依激烈的程度又可分為口頭抱怨、退貨或向公司申訴、訴諸法律或求償等。

在消費者意識抬頭的今日，消費者將不滿的消費經驗，訴諸

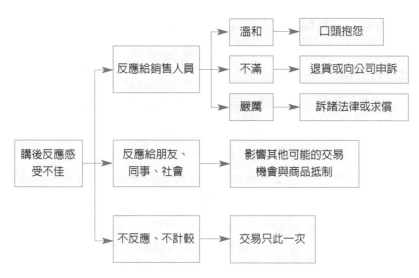

圖3-5 消費者不滿意五種情形

於法律、官方或民間的消費者保護機構，甚至藉由媒體的力量來
要求廠商賠償，已是司空見慣的事，如何能提高顧客的滿意度，
降低並避免顧客不滿意所造成的負面影響，是所有行銷者應該用
心思考的一項課題。

3.4 如何掌握消費者的需求

「需求」雖然相當抽象，但隨著環境變遷，企業必須不斷考慮
顧客對產品的需求是否有所改變；並避免因賣方五十年如一日，
了無生氣與創意，導致老顧客得知同類產品有其他的選擇，也許
就一去不回頭了。

　　但如何才能瞭解顧客的需求，產業界通常使用兩種方法——直覺判斷法與調查研究法（intuitive & research）來探求，這兩者儘管內涵不同，但並不相矛盾。

　　直覺法可能是行銷者多年經驗與智慧的累積，而調查法也可能是需求真相的真實反映，所以如何執兩用中實在是主其事者的智慧考驗。

　　不管主事者是偏重直覺判斷法或調查研究法來認識客戶的需求，實際上這些方法主要是讓業者回答以下三個問題：

　　‧顧客在哪裡？

　　‧顧客要的是什麼？

　　‧企業能提供的貢獻為何？

　　其次，關於顧客要的是什麼？務實的作法是業者應在本業經營上，對經營know-how有所創新，使客戶感受到其進步，而這點在服務產業尤其具革命性的意義，舉例來說，中南部不少新開發的重劃區，從事服務業的業者（餐飲、KTV、Motel、小鋼珠等），往往走大型化與豪華化，建材不必好，但金碧輝煌；同時，不必強調永續經營，一年投資，二年回收，三年就可以收攤；相較之下，國營企業及大型民營企業的經營目的與成立宗旨就有相當大的差異，因此更需要隨時強調經營上的創新。

　　另外，業者除了設法掌握消費者的需求，注重產品的獲利能力之外，也應該加強社會責任的自我要求，例如，油品公司應該配合環保的要求，在油品研究方面，致力於如何加強觸媒脫硫的功能；在潤滑油方面，對於二行程機車用油，致力開發更低排煙度的機油配方。這些努力，看似與獲利無關，但實際上，對社會

責任的追求及貢獻，終將反饋而成為企業品牌形象的基石，進而左右消費者的選擇。

事實上，不論是研究自然科學與社會科學，最終目標還是在關切生活的環境，而重視人文的情懷，在營利之外，作最大的貢獻，更是每個公司所應追求的品味！

Marketing Move

酒與歌

　　林素珍，1984年生，高中畢業後站櫃賣鞋、賣成衣，有三年多的工作經驗，愛好音樂，尤其喜歡聽江蕙的專輯。

　　問她為什麼獨鍾江蕙的歌曲？她說：本來常聽蔡幸娟的，可是，經過一段不順遂的感情之後，很多孤單傷感的時刻，都是江蕙的歌曲陪伴她，尤其當「酒後的心聲」唱出──我無醉、我無醉、無醉，請你不免同情我……那種淋漓的唱腔似乎在剎那間與自己的悲傷合而為一。

　　再問她說：「會不會喝酒」？猶帶稚氣的臉不好意思的說：「喝過一次，但吐得一蹋糊塗。」

　　在本省每年銷售額達億元的台語歌壇，像林素珍這樣的女聽眾，是相當具有代表性的「樣本」，作詞家不能也不願忽略她們的生活情境與內心感受，因為她們這一群消費者可能正是歌手江蕙的「目標市場」。

　　至於國語歌壇，也有它的目標市場，像這幾年來相當暢銷的張學友與劉德華專輯，動輒全球銷售量高達三百萬張（不包括盜版），令人不禁要問，它是如何辦到的？

　　從行銷的角度來看，它最主要的作法就是鎖定目標消費群，塑造偶像型的歌手，並在文字作詞與曲風選擇上賦予目標消費群所喜歡接受的情境，再透過包裝與宣傳，使所有預定的市場顧客

都能收到訊息，並進而購買。

　　縱觀流行音樂的暢銷作品市場，愈來愈朝「歌手偶像化，曲風一致化」走向，這種現象正是重視消費者、瞭解消費者的明證；要成為暢銷專輯是不能「曲高和寡」的，獲利當然是最主要考量，因此必須用聽眾最熟悉、最能接受價值觀來營造意念；正如同江蕙一連串以「酒」為主題的暢銷歌曲，姑不論是否已為特定「上班」女性所偏愛；就另一種意義而言，對女性獨立與自由的意識似有鼓勵作用——女性也可「借酒澆愁」，女性也可以「不在乎」，正如同歌詞所描述的內容：「凝心不驚酒厚，雄雄一嘴飲乎底」。

　　流行音樂、時尚商品要想暢銷獲致良好業績，瞭解消費者購買行為絕對是必備的功課。

問 題 與 討 論

一、 產品購買形態分哪三類？

二、 請說明消費者購買決策。

三、 涉入程度與知覺風險有何關係？

四、 影響消費者購買行為的因素為何？

Chapter 4
市場區隔與運用

成功的企業隨時分析消費者的需求趨勢、品味趨勢以及不同
的生活習慣。

——美國寶鹼公司

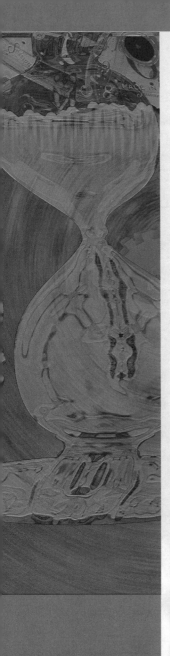

在現今極具競爭的環境中，走大眾化路線的大量行銷已經愈來愈困難，不僅利潤微薄而且競爭者眾，使得銷售量，不足以維持該有的成本。因此分眾行銷，產品區隔的概念漸行其道，不僅市場占有率得以提升也可以獲取該有的利潤。但市場區隔首先應瞭解區隔的變數有哪些，並根據區隔變數發展行銷組合與產品加以因應。

國際夢碎八百伴

　　走在台北東區SOGO商圈，閃爍的霓虹燈、交織的人群，勾勒出一幅消費主義的文明，面對大型百貨公司，常為它華麗、壯觀的建築而感到個人的渺小，消費者為了證明自己存在並不渺小，具體的行動便是「消費」。

　　觀察經濟景氣良窳，從百貨公司購買人潮有時可以看出端倪，事實上，百貨公司不僅是社會經濟的櫥窗，更是都市生活休閒的一個重要去處；回想三十年前，逛高雄「大新百貨公司」坐電梯上下是多少成年人至今難忘的回憶，而南部學生北部畢業旅行為來「今日百貨」遊覽就「SPP」；數十年來，多數百貨公司經營形態主要扮演二房東的角色，每月收取專櫃租金，每日滾滾現金入帳（月底開付廠商支票），生意似乎不難作，不過，百貨公司賣的是人氣需要「集客力」，一旦人潮不再，將如美人遲暮閉門易幟，台北西門町來來商圈的沒落就是一例。

　　百貨公司近年發生數起暴起暴落的例子，其中日本「八百伴百貨公司」的沒落相當具戲劇性，較為人鮮知的是八百伴百貨公司董事長和高一夫正是日劇《阿信》中女主角的長子。

　　八百伴百貨公司曾是日本社會頗引以為傲的公司，它雖名為百貨公司，但經營方向加入「量販」作風，賣生鮮、農產品等多樣。1980年左右，八百伴公司的國際化經驗，國內曾出書介紹它的成功之道，書中描述八百伴員工在巴西如何為公司從無到有打

拼創出一片天空。

除了南美，八百伴在台灣、香港、中國大陸及東南亞各國都投資，不幸的是，公司太過「愛拼」，結局不但「沒有贏」，還落得兵敗如山倒。

大部分百貨公司經營著眼的利益不僅是每日營收的現金，更看好未來該地段能吸引人潮造成商圈，進而帶動周遭產業繁榮，使百貨公司及周邊土地能翻身百倍；八百伴百貨當初也是這麼想著，它進軍台灣，在台中中清路投資開店，以日本式經營著稱，但囿於停車空間不足及賣場過小，始終走不出一番格局，不出三年就作不下去；而在桃園南崁一萬多坪賣場又太空曠，且台北消費者未能效法香港民眾渡海至沙田八百伴購物，不願經高速公路去桃園「瞎拼」。

新商圈無法形成，加上大賣場規劃失敗，更重要的致命傷來自公司過度擴張，資金調度吃緊，只好割讓股權退出經營；例如，八百伴進入香港從百貨公司開始擴展，全盛時期有五大事業群，可是不到五年虧損數億港幣，只好將事業拱手讓人；再如，八百伴大陸上海的合資企業，剛開始風光十足，但由於「關係經營不善」，民眾結伴參觀吹冷氣的多，吹完冷氣再到隔壁商店買便宜貨。

財務的致命傷，基於八百伴公司底子不夠紮實，而經濟不景

氣，使公司經營更見窘困。如果八百伴公司採取穩紮穩打的作風，因應不景氣採取適當的市場區隔，走出獨特的日系（SOGO、三越和高島屋）百貨公司的經營；然而，躁進的結果，1997年9月和高一夫宣布八百伴百貨以負債一千六百億日圓破產，申請破產保護，黯然下台一鞠躬。

4.1 市場區隔

　　市場區隔是將一個存在的大市場，考慮其同質性因素，將大市場切割成幾個小市場，以滿足市場消費者的需求，同時企業因市場的區隔增加獲利。

4.1.1 區隔的訴求

　　探討兩性的電視節目一直受到觀眾注目，曾經有一個非常叫座的節目《男人不要看》，不少人對它的名稱感到好奇、新鮮，紛紛探尋節目內容，結果反而蔚成熱潮，達到不錯的收視率。

　　探討該節目成功的原因，其中之一就是強調「性別區隔」，結果不僅女性收看，連男性也愛看。從這個案例，我們不禁要問，區隔除了是「性別」不同外，它還可以是什麼？

・區隔可能也許是十四～十八歲的春風少年兒的口頭禪——Cool Man。

・區隔也許是十九～二十二歲追風少年口中唱的——Don't worry, be happy!

・區隔也許是七年級獨立青年的口號——只要我喜歡，有什麼不可以？

・區隔可以是六年級都會女性的堅持——認真的女人最美麗。

企業市場區隔的目的，主要是設計相關與對應的產品或行銷

組合，以滿足這些不同階級的需求，並且以有限的資源，獲取市場上最大的利益；最佳的公司行銷組合，並非完全滿足所有的消費族群，而是有特色目標的市場區隔導向，集中火力在特定的族群，才能處於最佳的地位，因應市場變化的挑戰。

4.1.2 消費者市場區隔考慮因素

將消費者依性別、年齡、甚至生活形態、消費行為等，加以分析歸納，找出其族群的特徵，作為產品的主要訴求，是消費者市場區隔的作法。具體而言，這些變動因素包括：地理變數、人口統計變數、心理變數及產品有關之行為變數等四項，茲敘述如下。

4.1.2.1 地理變數

地理變數是以地理位置與形態，依據方位與行政區域的大小，來作為行銷區隔，如從事國際貿易行銷，會將行銷全球的目標，分為美洲市場、歐洲市場，或更細分為行銷英國、日本、澳洲、中國大陸等幾國，而國內銷售則可分為北、中、南、東部市場，而依據人口密集程度來分，則可分為都會型、鄉村型、新市鎮型，像汽車消費形態，歐洲古老街道仍保存良好，因此小型掀背式的汽車大行其道，如福斯的高爾夫、法國標緻的206，而美國道路筆直寬敞，福特的金牛座、Winstar休旅車深受喜愛。

4.1.2.2 人口統計變數

人口統計變數以人口統計中的各項變數，為區隔基礎，其中

包括：年齡與生命週期、性別、家庭形態、所得、職業與教育程度、其他等區隔變數來做市場分割，人口統計變數區隔是較易衡量的方法，因此是區隔消費者市場中最常作為區隔的基礎。

1.年齡與生命週期

人類的需求欲望以及消費能力，會隨年齡層的不同而異，因此常被藉以來區隔市場的標的，例如，百貨公司的樓層，區分為少女服飾、休閒運動即以年輕人為主，而上班族群則以穩重套裝或西裝，另開闢童裝部門，以滿足各年齡層的需求，目前開放的教科書市場，亦分為國小部、國中部、高中部三年齡層來編寫不同適合的內容，並發展補充教材、參考書、評量測驗卷。

2.性別

雖然很多物品可男女共用，但有時購買動機，需求特性的強弱亦可以用來區分，譬如化妝品市場、男性專用的品牌，逐漸獨特流行，而很多雜誌，也是以男性為主要訴求對象，如汽車雜誌，而香菸市場亦有特別為女性而發展出淡菸系列。

3.家庭形態

家庭人口數的多寡，單身貴族或都會頂客族，對消費形態的區隔亦是顯見的，大家庭中的成員，常會分攤全家消費品或重視家庭其他成員的需求，常在家開伙，以家庭聚會為主，因此大型的設備，如大尺寸電視、休旅車，皆以其為銷售對象；單身貴族、頂客族則是外食人口爭取的目標，交通工具以小型車，甚或機車為主。

4.所得

所得的多寡，代表在消費市場中的購買能力的強弱，高所得

者，使用的產品與服務自然與低所得有所差別，例如，新竹地區為因應科技新貴族群，推出智慧型、高單價住宅；而農村或工業區附近的透天厝，卻只是空殼屋；對汽車市場而言更是明顯，例如，豐田汽車集團有一般的國民車種如Altis、Camry、Vios，但另闢高價位的品牌如Lexus的RX330、ES330、GS430。

5.職業與教育程度

通常職業與教育程度息息相關，亦是區隔市場的主要依據，電腦、文具用品、美語補習班的市場中，以學生族群和上班族群為訴求的對象，因此皆以他們的活動為設置地點；農藥或動物用藥針對農村的生產者設置密集的經銷點；《商業週刊》、《今週刊》、《天下雜誌》等財經雜誌，則針對上班族群或教育程度較高者為主。

6.其他

其他區隔變數諸如宗教、種族、國籍亦可作為市場區隔之用，如風潮唱片的佛教心靈音樂系列；速食麵中也有專為以手食用者而設計麵條較短型，而口味以及調味包亦有所區別，如韓國口味較為酸辣。

4.1.2.3 心理變數

心理變數主要是以人格特質與生活形態的變數來區分，行銷人員發現人格特質與生活形態，引導個人的消費傾向已逐漸明朗化，因此可視為重要區隔指針，普遍為行銷市場所採用。

1.人格特質

人格特質，是指一個人的習慣和態度的總稱，B&Q特力屋的

消費形態，主要強調自我實現夢想的滿足感，哈雷機車的雅痞族，強調特立獨行的生活態度，有時產品亦會按照血型、星座等來區隔產品差異性。

2.生活形態

生活形態的區隔，主要是以消費者對周遭環境的觀察與感受而言，建設公司推案，經常以生活便利或遠離塵囂，甚或鬧中取靜環繞都會公園的四周，以吸引或滿足不同的生活形態的住戶選購。

4.1.2.4 產品有關之行為變數

產品有關之行為變數係指以消費者對產品的反應來區隔，可分為使用時機、利益、使用者狀態、使用率、品牌忠誠度、購買者準備階段及對產品的態度而言。

1.使用時機

產品的購買者，通常會依照需求的時機來購買或使用產品，因此可作為區隔市場的基礎，以旅行社來說，年節長假或學生的寒暑假期是國外出團的好時機，花卉市場與巧克力、香水，針對年輕族群炒熱情人節的氣氛，每年年底是家具市場大展身手的好時機，因此選擇好時機，則是容易增加消費者對產品的使用量。

2.利益

另外消費者如何從產品得到利益，亦是一項區隔的有力方式，登山者購買以特殊材質製造，可防水防風，卻能透氣的外衣，主要是強調其功能性而非美觀；New Balance球鞋一直重視做最好的慢跑鞋；BMW汽車追求駕駛者的樂趣，皆是產品供給使用者最佳的利益。

3.使用者狀態

許多產品的市場，可劃分為過去的使用者、初次的使用者、未來可能使用者，汽車製造商通常會開發多款式或不同等級的汽車，以滿足進階而想換車子的族群，並吸引首次購買新車者，甚或對機車族群招手，加入購車行列。

4.使用率

產品市場也可依照使用頻率的低、中、高來區隔市場，而通常市場的少數分子，卻可能是產品重度的使用者，而這群消費族群具有類似的人口統計變數、心理變數或媒體的接觸習慣，而且由於使用頻率的不同對價格或產品的要求，亦有所差異。當行銷人員明白使用率的區別後，即可清楚的設定價格、廣告與促銷活動。

5.品牌忠誠度

市場如以消費者對品牌的忠誠度來區隔，大致可分為：

- 始終如一型：指消費者只鍾情某一品牌，即使缺貨寧願等待。
- 隨風轉舵型：指消費者同時忠誠二、三個品牌，其互相替代的地位皆是相等的。
- 移情別戀型：指消費者由原先忠誠的品牌轉移至另一品牌而言。
- 漫無目標型：指消費者並不特別偏好某一品牌，購買時隨心所好，想來點不同的感覺，甚或以促銷來決定使用的品牌。

6.購買者準備階段

廣大的市場中，存在著不同準備購買階段的消費者，有些深知此產品，有些人曾經接觸過，有些人則只是聽聞過，有些人根

本還不知道有此產品，有些人已經想買了，有些人準備要買，有些人可能會買。不同階段存在的消費人數當然不同，因此行銷計畫也要有不同的對策與行銷組合因應之，例如，健康食品的消費者，是採取直銷策略，或大幅媒體廣告，或廣開媒體說明會，都有其使用時機。

7.對產品的態度

市場中對產品產生的態度，可分為狂熱的偏好者、持正面的支持者、無特別喜愛者、持負面的態度者和極具排斥者。香菸市場常以粗獷的牛仔搭配瀟灑的造型，瀰漫自由的氣氛，卻是反菸人士極力要求，禁止上媒體的訴求。

至於市場區隔究竟是否有其必要，首先要考慮以下兩個問題：

【問題1】區隔之後，各個群體的購買量，是否足夠支持廠商最基本的銷售利潤？例如，廠商以幼兒體重及性別來區分紙尿褲市場，這種區隔會增加銷售利潤或銷售嗎？購買者是否會依照廠商的區隔方式購買呢？

【問題2】廠商是否能有效的接觸，存在於該區隔市場中的消費者，並提供服務？譬如，廠商的產品主要訴求對象如果是年輕知識分子，那麼在台北市公館一帶開闢戰場，一定事半功倍，因為當地出入的人口中就是以年輕人與大學生居多。無怪乎，羅斯福路四段台大附近電腦公司林立，以此為兵家必爭之地。

4.2 有效市場區隔的條件

雖然區隔市場的方法很多，但並非所有的區隔方法都是具有效性，如果要使市場區隔的方法能達成功效，必須具備以下的特性：

4.2.1 可衡量性

市場規模的大小、購買力的高低，以及區隔特徵，皆可明確評估衡量，例如，某一地區三～六歲的人口數，可來衡量幼稚園是否值得再增設，但遊樂區增設地點，卻無法用當地人口數來估算。

4.2.2 可接近性

產品應能有效的接觸或提供服務，給該區的消費族群，例如，美語安親班、文具用品店，皆以學校附近為設置地點，而商業辦公大樓附近，簡餐、咖啡廳櫛比鱗次，亦是為了服務廣大的外食人口。

4.2.3 足量性

區隔後的市場其利潤和消費量，應足以維持該有的最低生存標準，並足以吸引廠商的投資，因此對於汽車製造商而言，實無法針對身高特高或較矮者設計新車型，也因為如此頭圍較大的機車族，至今仍無法買到適用的安全帽。

4.2.4 可區別性

消費市場可明顯加以區分出來，不至於混淆不清，而且對於行銷的組合有特殊的反應，譬如電腦和手機市場，對學生族群而言，功能性以及促銷降價活動，可打動其心，但對公司行號，以成本考量而言，實用性以及耐久性應是他們比較重視的。

4.2.5 可行動性

是指區隔後的市場，廠商的行銷計畫案，能有效的推動和執行，而且有明顯的成果展現，例如，每年2月、8月旅行社都會針對退休的公務人員舉辦國外旅遊團，行程和地點都經特別設計，活動方式也較輕鬆，普遍深獲好評。

4.3 區隔與市場評估

在實際運作方面，市場區隔是業者經過市場評估後，認為該市場是本身最適合進入的市場，而其評估過程通常包含市場調查、市場分析與市場特徵描述三階段。

4.3.1 市場調查

行銷人員在進入市場前，應衡量與預估每一個區隔後市場的

大小與發展潛力，並有數據加以佐證，而且是長期不斷的監控，
找出消費曲線，市場的規模，包括合格購買者的數量，例如，政
府規定十八歲以下不得飲酒，雖有違反規定者，但調查時應將其
排除在外，而且潛在的消費族群亦是不可忽略的，而且市場調查
的目標應放在是否有足夠的能力消費，並且瞭解產品應如何吸引
使用者的接近。

4.3.2 市場分析

瞭解市場廠牌（品牌）銷售與使用情況，需要相當時間進行
訪談，包括消費者使用行為、使用利益、零售商進貨情況，全盤
對市場之評估。

4.3.3 市場特徵描述

除了說明該市場的人口統計變數、心理、行為、甚至地理等
因素的差異外，重要的是處於該市場中的業者，其競爭優勢或特
殊的利益為何？如何使業者能在市場上領先其他品牌。

然而廠商做顧客市場區隔的同時，消費者也會做品牌或產品
區隔，例如，價格高低的比較，服務態度的優劣，及整體形象是
否受社會肯定等；因此，業者從事區隔活動，若能從企業與消費
者兩方面結合，才能產生實質的效果。

4.4 市場區隔方式

　　想要涵蓋全市場，除非是大型企業，不然著實是有其困難度，所以廠商必須自己衡量有利的條件，然後決定進入市場的策略，在此之前我們假設市場可能出現許多不同的集群偏好，則廠商可以採取以下的三種選擇方案以因應之：

4.4.1 無差異行銷策略

　　如果市場具有高度的同性質傾向，廠商可以用單一產品，以及單一行銷組合，去滿足所有的消費族群，期待以大量的通路，以及大量的廣告吸引大量的顧客，例如，青島啤酒、海尼根啤酒進入台灣市場，即是強調口味獨特，並且配合各地啤酒屋餐廳大打促銷贈品策略。

　　此外無差異行銷的另一個著眼點，則是成本經濟性的考量，因為產品單一化，則可標準化來單一生產，如此則可以較少的生產線，達成降低生產成本，以及倉儲成本的費用，在行銷廣告以及市場區隔調查研究費用方面，都可以減少支出，因此企業可把節省的成本反映到價格上，在市場上達成強而有力的競爭。

　　但無差異行銷只能滿足某一最大區隔市場而已，如果有許多廠商也同樣選擇無差異行銷策略，則結果將會造成此區塊的競爭激烈，為保有銷售量，則反而需付出許多額外費用，如廣告贈品或其他贈品而降低獲利率。

4.4.2 差異化行銷

市場經過分成若干個小市場後,差異化行銷乃是針對這些小市場進行不同的營運策略,企業進行差異化行銷之主要目的是想「把餅作大」,創造出更多營業額。

例如,汽車廠商針對最有利的區隔市場,同時生產不同的產品,而且搭配不同的行銷組合,以滿足不同階層顧客的需求,日產汽車集團在北美地區則以Infinity的品牌企圖打入高級車市場,而原有小型車則以 Nissan 品牌作為行銷。

4.4.3 集中行銷

當企業的各項資源極其有限時,只得集中火力在少數幾個區隔市場上以期提高占有率,因為廠商只專注於某個市場,所以可以有較強而有力的市場定位,也可以使生產銷售達專業化的效益,但集中行銷因市場集中於某一區隔,如果大環境改變,或是另外有強而有力的競爭者介入,則優勢情況可能一夕改觀,因此廠商初期可能採取集中行銷,但等勢力壯大後,大都會改採取差異行銷策略。

基本上,公司產出的產品若能市場上一體適用,應該是最符合公司利益,如可樂、汽水等飲料商品大體上大眾皆能飲用,然而國民所得愈高,產品只銷售一種對平均所得上萬美元的民眾而言,已不敷需求滿足,所以「無差異行銷」可能已行不通。

其次,在採取「差異化行銷」方面,可藉由擴大市場,例

如，鞋廠針對每種運動項目設計符合的鞋類，再如，通用汽車公司為旗下別克、奧斯摩比、凱迪拉克等車系依「售價、用途、個性」塑造專屬的個性；在今日顯然地，採取差異化行銷，較能符合消費者的需求，不過，增加成本是否符合利益，廠商當然要詳加計算。

　　除了上述無差異行銷、差異化行銷之外，第三種市場區隔方式稱為集中行銷，集中行銷的觀念來自於企業針對數個市場區隔（通常規模不大），在公司資源不分散情況下，依次攻占一個市場，因為專精於某市場，必為消費者所肯定，但廠商風險可能較高，比較知名的例子以德國福斯公司專攻小型國產汽車市場，如圖4-1所示。

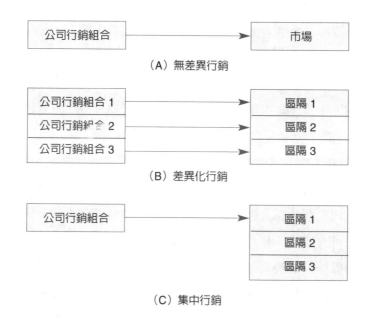

圖4-1　三種市場區隔方式比較

4.5 市場區隔與消費者

　　1990年，台灣開始流行飲用茶飲料，其中尤以開喜烏龍茶的銷售額直線攀升，達數億元，令業界相當「欣羨」。令人好奇的是，一家地方性的小工廠何以能在數年內開拓全國性的知名度？不少行銷顧問專家都認為除了其產品、配銷通路做得不錯之外，其宣傳廣告「新新人類篇」也功不可沒。

4.5.1 新新人類區隔

　　何謂「新新人類」？恐怕有很多人莫名所以。事實上「新新人類」源於日本廣告業及媒體工作者創造「新人類」一詞，二者皆是指1960年以後出生的「新消費群」，指一個「族群」具有以下的特質——未經過戰爭的洗禮、物質生活享受無虞、崇拜偶像、較具個人主義色彩、賺錢是為了本身的消費與享受、社會較不知關懷，同時對社會提供的參與管道也較有限。

　　「新新人類」這個議題在「社會學」上固然仍有許多待釐清討論之處，但面對「新新人類」與傳統族群大相逕庭的消費方式，很多公司也開始深入思考是否該開始培養這一個新世代及未來世代對公司的良好印象，以便使他們成年後成為「忠實的消費者」。

　　相對於「新新人類」的購買力，「銀髮族」市場亦逐漸顯露其遠景。雖然目前尚無具體統計資料，可供說明台灣銀髮族（六十或六十五歲以上）的購買力，但對於人類平均壽命提高，在本

土及歐美的研究均顯示出人口結構老化已是必然的趨勢。

研究另外顯示，目前台灣五十歲以上這一代的人比以往同年齡層的中老年人購買能力增加了七倍之多，所以醫療保險、旅遊休閒市場的從事促銷活動時，已經開始將銀髮族看作是不可忽視的消費群。目前，更有專門為「銀髮族」建造的大樓出現，標榜關懷、健康長壽等觀念。

至於夾在「新新人類」與「銀髮族」中間的「上班族」，其朝九晚五的生活形態亦可研析出他們特有的消費情境。

以日本為例，多數日本上班族雖然衣著體面光鮮，生活品質卻並不很理想；同時社會對男性的角色期待是希望他能成為一個優秀的「企業戰士」，因此，許多人在賣命工作之餘，不免有「過勞死」的憂慮，自嘲為「折舊族」；相較之下，西方人雖面對激烈的企業競爭，但卻普遍較重視休閒。這些特點都是潛在商機所在。

4.5.2 學者對區隔解讀

上述有關「人口市場」區隔，在行銷上的意義，已從單純的年齡上的差異進而融合心理性市場區隔（生活形態、人格屬性、社會階段）與行為性市場區隔（購買時機、追求利益、使用人情況、使用頻率、品牌忠誠度），因此學者Rao 和 Steckel認為市場區隔先取決於市場範圍之多項決定因素，如表4-1所示。

學者Kerin更相信區隔能帶來兩項利益：

第一項：區隔能精確決定消費者的行為與需要

表4-1　市場範圍與相關變數

市場範圍	決定因素	消費者行為的問題
新產品	產品設計	消費者的利益何在？
	定位	目前品牌如何被認知？
	價格點	消費者價格敏感度？
	消費者選擇	消費者需要的利益等級與特定認知？
已存在產品	產品修正	特定產品消費者需要的利益？
	定位	品牌與其他品牌在市場之認知？
	促銷	消費者與價格之敏感度？
	消費者選擇	何種消費者對我們的提供最能接受？

．區隔哪些人？

．他們為什麼要買？

．如何讓他們買？

．他們何時買？

．他們到何處買？

．為什麼他們願意買？

第二項：區隔使資源能更適當分配並決定行銷組合

．社會經濟特性——性別、收入、教育。

．購買與使用特性——最終使用者、購買規模、數量。

．產品服務的利益尋求——經濟、口味、方便、地位。

不過一般檢視總體環境的四項市場區隔（人口、心理、行為、地理）之後，緊接著就是要在本身產品區隔下功夫了。一般產品區分的原則不外乎是「價格」、「樣式」、「性能」與「質感」，只要能在眾多產品中區隔出本身產品的特色，並設法造成產品差異，必能吸引消費者購買。

4.5.3 另類區隔

值得注意的是，近幾年來，傳統的「實惠」、「耐用」等老式價值觀，在一般大眾購買力提高後，再加上「加強販賣」可以創造需求的消費觀，這兩者觀念推波助瀾形成一股潮流之下，傳統消費觀念已受到相當大的挑戰。

以年輕人趨之若鶩的美式Friday餐廳為例，其命名沿自──感謝上帝，今天是星期五了（Thank God! It is Friday, TGIF），可以休息兩天了。從命名可以想像該餐廳講求的是輕鬆與休閒，所以，若要在此類餐廳用餐「呷到飽」，可能需要多點一些餐品（單價並不低）。但儘管如此，很多人還是對它的「氣氛」情有獨鍾而赴該餐廳消費，足見「氣氛」正是它區隔市場的利器。

餐飲業的產品區隔重「感覺」，製造業產品區隔顯然比較務實。以台灣的製鞋業而言，產品區隔可以依功能、價格、年齡、性別、造型、材質等，如**表4-2**所示，產品區隔的項目區分愈多，企業的產品決策將會思考更多面向。

事實上，產品市場的區隔是否值得？是否有意義？還要考慮下列五種情況：

表4-2　製鞋業產品區隔

功能 （用途）	籃球、足球、棒球、慢跑等
價格	高價位、中等價位、低價位等
年齡	老年人、一般成年人、青少年、孩童等
性別	男用、女用
造型	新潮（氣囊、發光）、復古、中庸等
材質	橡膠、牛皮、纖維等

- 反應差異──每組區別變數反應都不一樣（如所得、教育）。
- 確認區隔──每組區隔有明顯變數使其不同（如擁有信用卡但使用／不使用者的差異）。
- 行動的區隔──行銷方案使區隔市場中的成員有所行動（如專業雜誌的促銷活動）
- 成本／利益的區隔──能使公司成本降低（如資源節約）並創造利潤（如針對目標）。
- 一段時間的穩定──區隔中的市場有一段時間的穩定必能產生績效。

　　從策略的觀點，區隔是創造企業優勢的一種方式，因為區隔的特性具有下列四項：

- 區隔為顧客帶來利益──顧客可以看得見或感受到區隔的好處。
- 區隔應具獨特性──區隔的利益不是其他公司易於達到。
- 區隔的市場可維持的──使其他廠商難以傚仿，並有進入障礙的存在。
- 區隔的市場可獲利的──市場區隔生產出來的產品（服務）是可獲利的。

　　區隔對企業經營具有關鍵思考的影響，不論在學理或實務上都有相當大的操弄空間，面對消費者忠誠度不易掌握、喜好易變的環境，市場區隔走出企業與產品特色已成為企業生存的基本條件。

Marketing Move

深夜感冒劑

從產品開發的軌跡來看，大多數產品在剛進入市場時，功能普遍比較簡單，適用的消費者也較廣，走大眾化路線；等到產品銷售一段時間、市場稍微穩固之後，除了產品功能改進外，也會加強區分產品的適用對象——將產品從「大眾」通用，變成「分眾」專用，這就是產品區隔的概念。其好處不僅可因應新商機的出現，擴大產品使用層面，提升產品價值；尚可增加購買人數，使公司收益更為增加。在美國感冒成藥市場中，除了膠囊之外，還有藥丸與感冒藥水。由於多數感冒藥品中有可待因（codeine），因此服用感冒藥品之後，患者通常會有輕微疲倦、嗜睡等症狀出現，必須由醫生處方；而感冒藥的藥效一般最多持續十二小時。

根據以上感冒成藥市場的特色，一家中小型藥廠維克公司（Vicks Chemical Co.）進一步研析消費者使用的情境，歸納為兩點結論：一、感冒者以晚間時刻（尤其深夜）感覺最不舒服，同時擔心藥局關門，無藥可「用」；二、消費者大多數不喜歡含有可待因成分的感冒藥。

維克公司據此將感冒藥依「市場區隔」加以研究後，選擇以晚上使用，且不含可待因的感冒藥水作發展主力，取名為NYQUIL（NY有Night之諧音）。推出不久，便受到消費者的青睞，銷售量可觀。

因NYQUIL的成功，使該公司信心倍增，緊接著又推出日間專用的DAYQUIL，可是市場反應卻出乎意料的冷淡，究其原因，發現日間感冒藥水原本競爭就相當激烈，銷售不易，而DAYQUIL只是眾多感冒藥水中的一種，並無區隔的特色存在，容易造成市場回應而滯銷。

所以採取市場區隔，乃是因應現代生活中，每個人都希望擁有更多的選擇機會，這種趨勢對廠商而言好處不少；首先，廠商只是將產品小作改變，但卻有機會增多用量，使收益變多，何樂而不為？其次，將產品作若干的區隔變成數個小市場，避免「所有雞蛋放在一個籃子裡」可降低單一風險；更重要的是，廠商可以針對本身實際的需要，對每一個區隔市場作不同層次的「照顧」，或是只針對一個目標市場參酌競爭狀況後採取攻勢。

問 題 與 討 論

一、 消費者市場區隔的變數為何？

二、 有效市場區隔的條件為何？

三、 市場區隔方式為何？

Chapter 5
目標市場與定位

生意無夠精，親像媒人貼聘金。

——台灣俗諺

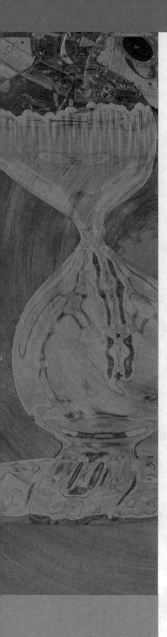

瞭解市場的區隔變數後,接著應對整個消費市場做有效的評估,俾能迅速進入市場,評估的重點應放在市場的整體發展潛力與本身的資源和目標相結合,就市場的整體發展潛力而言,試著分析市場規模是否夠大,目前是飽和狀態或是可有發展空間,風險性方面可否掌握等。其次,應考慮本身在現有的資源條件下,能否擁有進入市場的能力,其中包括資金、通路、技術,並且與公司的發展目標不會相違背,因此進入任何市場,外在因素與內在因素的考慮如能搭配得宜,則成功的進入市場將是指日可待。

艾德索新車失敗記

　　新產品的推出一向為企業發展的大事，但據瞭解，一般新產品上市成功率不過半，為什麼產品有的成功，有的失敗？

　　1960年代，福特汽車推出艾德索（Edsel）汽車的慘敗，或許有值得我們參考之處。據福特公司初步估計，推出艾德索將在中級車的市場占有率，保持約在3.3～3.5%之間，年銷量初步估計二十萬輛（保守的估計）。

　　艾德索新車的研發計畫將近十年，由於1970年代競爭情勢，通用汽車在中型車市場有Pontiac、Oldsmobile、Buick三個品牌，克萊斯勒則有Dodge與Desoto，而福特只有Mercury，所以積極籌劃新車迎戰。

　　美國一向在行銷理論與實務領先其他國家，在1960年福特公司即已委託哥倫比亞大學進行大規模市場調查與研究。調查部分訪問最近購買新車的八百位車主，訪問有關使用上的問題，樣本涵蓋美東與美西；產品研究則包括車子屬性、定位與命名相關研究，甚至，將二千個名字篩選至十個名字，車子屬性則以聰明車適合年輕主管或專業人士家庭使用為主。

　　1957年9月4日，福特公司正式將Edsel推出，陽春車售價約在三千美元左右，除了第一週銷售較佳外，第二、三週就不被看好；總計至1958年底，艾德索售出約三萬五千輛，與原估計年銷量二十萬輛有相當大的距離。

Edsel新車在促銷上的努力也花了相當大的功夫，在介紹期就花了五十萬美元，促銷在廣告經費的分配大致是雜誌20%、電視與廣播20%，戶外看板10%，報紙廣告40%，10%雜項支出；除此之外，特別製播四十萬的節目邀請當紅明星法蘭克辛納屈與比爾寇斯比表演，可是叫好不叫座。

看似周詳的新車發展計畫為什麼達不到銷售目標呢？可能的答案是：雖然作了事前的行銷規劃，但與現實脫節，新車銷售的目標市場不明確。

最後Edsel面對銷售不佳的局面，結局如何善後呢？福特公司為刺激買氣，重振汽車聲威，曾再採取改型、降價的策略，但都無法挽救頹勢，終究是黯然下市。

一些專家分析它的失敗之處，大環境尚存在以下不利因素：

首先，是美國總體環境的改變，行銷規劃人員未注意到，事實上1958年美國開始經濟不景氣，該年其他汽車公司銷車量也不佳；同時，美國民眾偏好大車的習慣轉為喜歡開經濟車，這點給予外國進口車很好的機會，日本車即視為一大利基。

再者，一些消費者報導，刊載新車不利的消息，福特公司也未有效因應。例如，批評Edsel車頭設計有如一個大嘴巴，男性不會喜歡這種設計等。

其他，針對內部因素、銷售組織、促銷及定位等，專家也都

認為相當有問題。

　　最後，一年二十萬輛銷售預測是如何作出？造成銷售差距如此之大；同時，與第一線基層人員如何溝通銷量數目？以上數點，皆是造成行銷史上行銷規劃大挫敗的主要關鍵因素。

5.1 從區隔到目標市場

　　一項產品上市之後，漸漸爲大眾所熟識，經過相當時日愛用者增多，廠商漸達到大量行銷的目的，這時候要再增加銷量變得比較不易。不過精明的廠商根據市場購買者的特性分析，發覺個別消費者的需求「同中有異」，爲求更多的商機，因此採取市場區隔的方式，由一變多，成爲數個市場；再將區隔後的市場發展不同的行銷訴求，以因應不同的顧客層；所以，在市場上我們便可以看到：

- ・萬寶路香菸繼生產紅色（普通尼古丁含量）包裝香菸之後，再發展出金色（少量尼古丁）包裝產品。
- ・軟性飲料爲不愛「甜」的消費者區分爲高糖與低糖。
- ・汽車市場依車子用途，區隔大型車、小型車、商用車與RV車所需要的配備。
- ・擔心肥胖的消費者除了喝一般牛奶外，可以選擇低脂高鈣奶品。

5.1.1 目標市場特質

　　採取市場區隔的手法爲因應現代生活，每個人都希望擁有更多的選擇機會，這種趨勢對廠商而言好處不少；首先，廠商只是將產品小作改變，但卻有機會增多用量，使收益變多，何樂而不爲？其次，將產品作若干的區隔變成數個小市場，避免「所有雞蛋放在一個籃子裡」可降低單一風險；更重要的是，廠商可以針

對本身實際的需要，對每一個區隔市場作不同層次的「照顧」，或是只針對一個目標市場全力以赴。

所以，市場區隔後即進入目標市場，而目標市場具備以下特質：

- 市場有足夠購買力：如「嬰兒（出生至一歲）奶粉」市場。
- 市場有成長潛力，看好遠景：如「手機」電話市場。
- 企業足以有效服務此一市場，滿足市場需求：如「二十四小時」便利商店。
- 不是企業一廂情願想像存在的市場：如「生老病死一貫化」萬能公司。

5.1.2 目標市場行銷

每當小包裝米價微微上揚，就引起民眾的關切，試問：你知道家裡吃的是什麼米嗎？是西螺米還是池上米？相信能真正辨出不同品牌味道的人還真不多，主要原因還是米的味道吃起來差不多，也就是產品「同質性」甚高。

從食用米的例子說明，有些產品由於「同質性」很高，一般說來是不需要加以區隔的，因此便無目標市場的問題。

台灣曾發生輻射鋼筋事件，至今仍餘波蕩漾，雖然多數人慶幸家中用的不是輻射鋼筋，但是仍然不知道家中使用的是什麼鋼筋？是進口的品牌？還是國內中鋼做的？原因也是鋼筋的同質性高很少再細分品牌，廠商沒有市場區隔的問題就不會選擇何種目標市場。

不過，除了同質性產品外，一般產品廠商會在產品區隔之後，再選定一個或數個市場作為他經營的主力——目標市場，因為考慮以下數種情況：

首先，是考慮公司的「規模大小」，適合在何種領域發展。

其次，由於抽象的「市場潛力」觀念。常態下，一個公司剛推出新產品之際，通常不會同時推出數個產品以供顧客選擇，因為初期產品發展的重點在發展顧客的「基本要求」，整個市場都是「目標市場」，經過一段時間後，如果該市場未來發展遠景可期，廠商自應介入並應注意未來市場動向。

最後一項是屬於策略戰術層面的考慮，競爭廠商雙方由於考慮本身在業界的領導地位，而採取產品攻防戰，如：飲料食品界的黑松與統一，多年來只要對方有新的產品，他方亦必然推出產品迅速跟進，這已經不單純只是看好市場與否的問題，而是本身在產業中的「地位與身段」，不容許本身在任何飲料食品及任一產品市場中缺席。

目標市場選擇意指企業評估本身的資源、能力與優勢後，採取進入何種市場的行動，而目標市場大致可分為下列三種，茲分別敘述如下：

5.1.2.1 集中化單一市場

對行銷來說，這一個市場的成本最低，企業用單一產品、單一行銷組合去迎合所有消費族群，以本身的力量集中進入一個領域，它重視的是大部分購買者的需求與期待，業者以大量的廣告以及通路建立市場占有率，由於只有單一產品，因此使生產成

本、存貨成本以及運輸成本降至最低。但是市場如有同質性產品
介入則戰況必定激烈，甚至於江山易人，例如，可口美番茄汁在
愛之味番茄汁進入市場後頓失寶座，再則如果消費者的喜好改變
或者新型產品問世也可能造成很大衝擊。

5.1.2.2 選擇性多元市場

在此選擇的考量主要針對多個區隔市場以公司現有的資源和
長期目標同時進入數個市場，雖然區隔彼此間少有關聯性，或甚
沒有綜效，但是每個市場都可能爲企業帶來利潤，而其最大的優
點在於風險的分散，其中一個市場失去競爭力，但某些市場卻仍
可得到利潤而使企業賴以生存。

5.1.2.3 全面涵蓋性市場

當企業本身的規模龐大足以滿足市場上所有顧客的需求時，
則採取全面涵蓋性市場策略。

1.產品同質性的高低

在市場中同質性愈高的產品，它強調的是使用者共同的需求
而非差異性，因此企業只要針對大多數的購買者來設計行銷計
畫，例如，食用米市場基本上針對家庭主婦爲銷售對象，所以促
銷方案最常以價格戰爲主，不過食用米如果也能以優越的品質建
立消費者信心可能是更佳的銷售作法。

2.產品的生命週期

產品導入初期或成長時期，通常爲滿足普遍各階層顧客並且
考慮成本，此時產品線少、生產成本、倉儲成本、運輸成本較低，

通常採取無差異行銷；一段時間後，但產品進入飽和階段，競爭者眾價格戰激烈，相對的利潤較微薄甚或是微利時代，企業只得採取差異化策略以求生存，例如，一般傳統家用電器面對眾多廠商的價格戰及導入更高級的科技，使傳統家電採差異化市場作法。

3.市場中競爭者的策略

同一區隔市場中的競爭者由於競爭激烈，可能採取低價策略吸引大多數的消費者，而其餘較小市場則可採取差異行銷策略以滿足特定之消費族群，因此在進入全涵蓋的市場時，對手的策略以及本身的條件資源優勢皆是採取何種行銷方式的考量。

5.2 目標市場的調整

目標市場來自於市場區隔之後的選擇，但是市場並非一成不變的，它有賴行銷專業人士隨時注意，並適時修正以回應市場的變遷，例如，航空界就有目標市場調整這樣的案例。

由於世界經濟景氣普遍不如預期中的理想，造成搭乘頭等艙的客人數量減少，所以頭等艙這個「目標市場」變成獲利不佳；一般而言，頭等艙的位置與服務是機上最好的，而面對營運不佳的窘境如何改善呢？

經過航空公司管理階層評估後，採取務實的作法——取消部分班機上的頭等艙，然後把這些空間抽出來，讓商務艙或經濟艙的客人享有較大的空間，稱之為「豪華經濟艙」以吸引顧客；新作法實施之後，頗能贏得顧客與社會的好評。

　　由上述案例可知，目標市場規劃不當（過分窄化），不僅會導致生產成本增大（無人購買），它在廣告推銷、行銷調查方面的成本支出也會比生產單一產品成本還高。

　　那麼，目標市場應細分到何種程度，才符合廠商的最大效益呢？

　　有時候得看廠商專業的能力如何而定；例如，在奶粉市場，一般瞭解區分為——成人專用、兒童專用、嬰幼兒專用、醫業專用、孕婦或哺乳期母親專用等數種奶粉市場，但是，若選擇在嬰幼兒專用奶粉中發展，可能又可區隔出一至四（或一至六）個月、四個月（或六個月）至一歲，一至三歲（或四歲）等適用情況，至於進入該市場與否，完全視廠商對商機如何闡釋了。

　　最後，「目標市場」的作法固然是廠商對如何經營廣大市場所採取的一項工具，但是，在目標市場外的顧客就不爭取嗎？答案當然是「否定」，尤其台灣的產業以一般中、小企業與服務業居多，在有限的消費市場若再採取「自我設限」，無異是自斷財路，因此，目標市場並不等於自我設限制的市場，行銷的理念與實際作法不僅要從實務上驗證，同時也要有彈性，才不會流於理論與實際「脫節」。因此，下列三項問題值得關切：

5.2.1 瞭解區隔市場間的互動關係

　　市場上有許多區隔是極具相似性的甚至於難以分別的，例如，某些產品的定位並非一成不變，因此廠商應設法瞭解其他區隔市場中消費族群的習慣，競爭者的策略、成本、通路、可能增

加的費用。藉以擬定超越市場區隔的藩籬為現在既有的市場另闢一條新的路徑。

5.2.2 市場區隔受法令道德規範的影響

產品區隔市場的選擇亦受法令與道德規範的影響，酒類與香菸的廣告，嚴格的限制篇幅和廣告時段、訴求內容，例如，某香菸廣告大打牛仔奔馳荒野的瀟灑形象，吸引青少年成為吸菸族群，就曾受反菸人士的大聲撻伐，但不可否認的青少年市場的確是一個不小的市場。

5.2.3 跨越區隔市場不應自斷後路

市場上騎驢找馬的心態普遍存在，無可厚非的是超越現有市場是每個廠商的目標，但跨越區隔所討論的因素必然不盡相同，很多轉投資事業後來拖累本業，甚至落敗的下場，因此適當的調整是極為鼓勵的行徑，但如要全盤改變原有的區隔市場，應審慎考慮不應貿然為之。

5.3 區隔、目標市場、定位之整合

廠商自我評估後決定應否進入目標市場，一旦進入市場後，依照競爭者狀況，通常該市場業者可分為領導者、挑戰者、專業者與隨從者。這四者的目標市場會存有一些差異，如**表5-1**所示。

表5-1　競爭者與目標市場作法

競爭者區別	目標市場作法
領導者	全方位市場
挑戰者	先從局部市場擴展至全面市場
專業者	特定專業市場領域
隨從者	投機性格，通常選質差、價廉市場

　　領導者在目標市場上的作為幾乎採取全方位市場作戰，不過挑戰者若也是以全方位市場為主要考慮，那麼兩者競爭的情況將會很慘烈。

　　市場區隔（Segmentation）、目標市場（Target market）與市場定位（Positioning）在行銷理論上把這三部分合稱為「目標行銷」，又稱為STP，但如何將三者整合？業者需要相當審慎的思考，其思考方向有一定的邏輯，各變數並有其考慮重點，圖5-1已列出其流程及項目。如何整合區隔、目標市場及定位其結果會有不同，因為每種產業與產品各有不同狀況，考慮的層面也各有不同，所以更凸顯目標行銷在策略規劃的重要性。

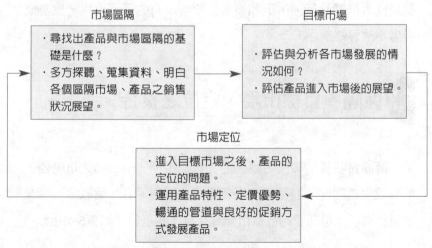

圖5-1　區隔、目標市場與定位整合模式

Marketing Move

行銷短視話產業

　　近年來台灣每年都有熱門產品推出，這種現象從電視廣告密集的播放量似可看出一些端倪，例如，1996年瘦身廣告大行其道，鼓吹婦女自己身材自己救；1997年各銀行搶灘信用卡市場，免年費，消費值又可換贈品；1998年大哥大手機大放送，一元手機不是夢；試問上述三項產業，令消費者印象最深刻的是什麼？就以最近的一個大哥大廣告「銷售員篇」而言，二名業務員在鄉間找路，老鳥業務員儘管經驗豐富，仍拼不過新來的業務員找到地址，全拜大哥大之功。不過，這是哪家大哥大品牌的廣告呢？

　　如果你無法回答這個問題，但記得廣告故事，那表示故事喧賓奪主，整個「廣告定位」可能有問題，畢竟業主賣的是「品牌」而非「故事」。

　　一般談到產品定位，強調的是產品對消費者的價值是什麼？如，瑞典富豪汽車（VOLVO）在消費者心中定位是安全，7-11超商定位是方便的鄰居，海倫仙度絲洗髮精（Head-shoulders）是去除頭皮屑的尷尬等，諸如此類，使消費者對產品的「利益」大致了然於心，這證明產品的定位成功。

　　然而，定位的觀念不只是產品而已，定位存在更深邃的內涵，由哈佛學者李維特（Levit）所撰寫的〈行銷短視症〉（marketing myopia），就是在定位方面相當重要的著作，該篇文章討論

的兩大重點：除了產品定位之外，更重要的是產業定位。

在產業定位方面，李氏呼籲不要「讓產品來定位產業」，因為產品沒有「絕對永遠」不變的優勢，只有因應競爭環境「相對」上的優勢。事實上，在今日快速變遷的外在環境，產品不斷創新，消費者的偏好難以預測，如何定位產業確是不易。

此外，李維特更以「美國鐵路經營的失敗」為例，說明為何在1950年包括歐洲貴族及美國國民看好的美國鐵路業，後來竟然淪落到須靠美國政府支援才能生存，原因是美國鐵路定義自己是經營「鐵路」而已，而不是「運輸業」，當消費者有鐵路之外的「客」、「貨」、「休閒」需要，美國鐵路無法提供這種滿足，而只能任由其他運輸業將顧客從美國鐵路公司身邊吸引過去，而為什麼美國鐵路會弄不清楚這種狀況呢？

因為美國鐵路在他們心中的經營定位只是「鐵路」；換句話說，是心存鐵路的「產品導向」，而不是定位消費者的「行銷導向」，定位偏差影響產業發展是如此深遠。

其次，李氏談到產品定位的問題，他以美國福特汽車的創辦人亨利‧福特為例，認為亨利‧福特的貢獻不在設計半自動裝配線（生產單一黑色、T型車）、降低成本、使每輛車賣五百美金，並能一舉賣出百萬輛；相反地，是因為亨利‧福特瞭解消費者心中的「價格定位」，決定每輛車只售價五百元，以便可銷出數百萬輛，才設計了半自動裝配線。

至於李氏著墨甚多的石油業，他認為美國石油界對行銷業務有如對待「領養的子女」心有偏頗，對石油科學、技術與大量生

產花下巨資從事研究、開發，但對顧客行銷做得不夠，充其量，只不過是在蒐集情報而已，下焉者只是設計一套動人的廣告企劃主題、提出促銷方式、或研究同業市場占有率，上焉者分析顧客對加油站（公司）服務滿意與否，對消費者實際需要的滿足尚有一段差距。

李維特對化工與石油、陶磁等產業批評沒有行銷眼光的作法，這些被論及的產業不僅不以為忤，在若干程度上這些產業也從善如流改變行銷的作風。

重生產忽略行銷，很容易使人誤以為行銷與生產是相互對立的，事實上，行銷與生產就如同人之雙手，左手與右手須相輔相成才能完成工作；衡之李維特、杜拉克氏等早期學者對行銷與管理的貢獻，令人佩服的是他們從學識培養出來的行銷視野（vision）與管理智慧，在學術與實務的價值毫不多讓運用量化所從事的學術研究。

問 題 與 討 論

一、 目標市場的特質為何？

二、 目標市場的選擇方式為何？

三、 請說明區隔、目標市場與定位整合內容。

第三篇　行銷組合策略

Marketing Management:
Strategy, Cases and Practices

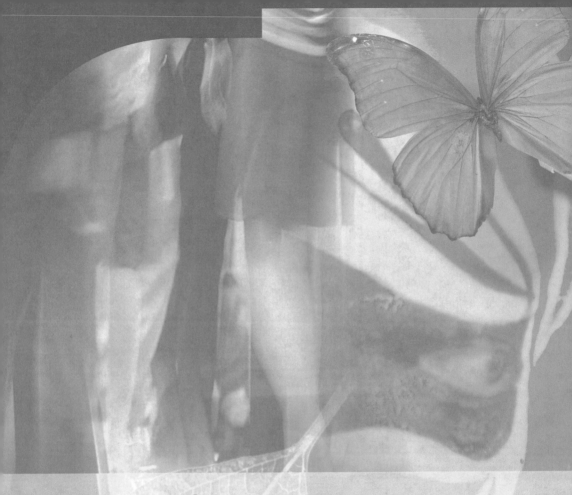

Chapter 6
產品管理與創新

我們賣的不只是化妝品，而是出售「美的希望」。

——路華濃公司

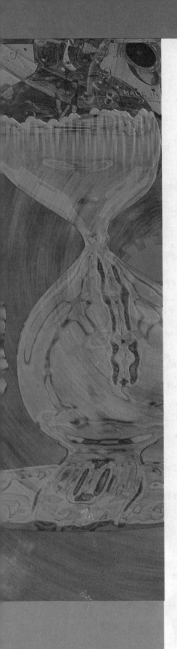

行銷4P中，產品策略是行銷組合中相當重要的一環，產品扮演的是火車頭的角色，所以如果產品本身不夠好，即使其他行銷活動如何生動，發表會如何成功，也無法使消費者產生忠誠度。消費者初次購買產品可能因廣告或促銷來完成，可是如何讓消費者再次購買（或稱之為重複購買）呢？這關係著產品本身的魅力還有產品是否能夠提供給消費者的滿足、用途或利益，譬如說消費者願意付較高的價格到星巴克去享受喝咖啡的閒適，去感受咖啡的浪漫及活力，而不是只去喝咖啡。

本章節就針對產品的層次、產品線的延伸、產品的管理以及企業如何規劃產品生命週期各不同階段的行銷策略還有新產品的創新定位的多方概念來探討產品的決策在行銷組合中有多大的影響。

從傳統到現在

　　近幾年來富裕的台灣社會，呈現個人可支配所得大幅成長，因此人們具有強勁的購買力，連帶使消費者決策模式的研究五花八門，如消費者選擇產品與個人的知覺有何關聯，為什麼消費者會有品牌移轉的現象，這些研究都相當實務。

　　消費者在面對五花八門的商品時，因選擇多樣化，變得更難下決定；算算這數年間較熱門商品，雖然用途不盡相同，但最大特色是重視產品不斷的創新（創新並不全然是推出新產品），與運用高明的企劃（講究策略與應用4P的優勢），這些產品有吃的、玩的、擦的、抹的，其中有些產品甚至在台灣早期即已存在，如今只是改頭換面重新包裝而已，試以大家較耳熟能詳的四項產品——健康食品、塑身產品、炫風卡與流行飲料為例，說明傳統的產品如何現代化。

　　健康食品在台灣好賣的程度，銷售額據統計一年達到二百五十億台幣，可見台灣民眾多珍惜自己的健康，這些產品包括：靈芝、鯊魚軟骨、斷食療法、黑豆、花粉、卵磷脂、冬蟲夏草等，產品真是琳瑯滿目買不完，效用令人眼花撩亂。

　　為什麼這些健康食品有「市場」？一般分析，主因是一般台灣民眾長久有「一生的健康從吃藥開始」的預防觀念，復加上媒體炒作，間接直銷經營（高價位、高利潤）上班族又可兼職，使得不少人趨之若鶩；事實上，目前預防勝於治療的觀念，已被時髦的

「增加免疫能力」這個醫學名詞所取代，更加強服用健康食品的正當性，健康食品這個市場存在少說有二十年，至今仍歷久不衰。

至於社會經濟的成長，使人的物欲從基本的生理「需要」提升到心理上的「需求」，因此明艷動人大概就是這種觀念最典型的寫照。從每天接觸的報紙媒體中，少不了「瘦身」的產品廣告，瘦身不標榜減肥而是「塑身」，使身材玲瓏有緻是最理想的境界，這些產品包括有瘦身中心、減肥香皂、減肥茶、按摩霜、瘦脂保養品及健身器材等，而這個市場也早已爲「減肥產品」打下基礎。

第三類產品是使不少國小學童風靡的炫風卡，從台灣大量出口至中南美、歐洲與其他亞洲國家，掀起玩具無國界的熱潮，使孩童玩的不亦樂乎；炫風卡看似「尪仔標」常與零嘴食品（Junk Food）一起搭檔販售，根據相關資料顯示，台灣統一百事委託生產的炫風卡，日產量最高達到一千萬張，因爲小孩喜歡收藏，大人吃零嘴，小孩玩炫風卡，而廠商獲利絕對不差，這個童玩市場更是目前青壯族的回憶。

至於一年銷售額約有四百億的飲料市場，更是食品公司積極爭取的市場大餅，有的以怪名字取勝，如取名爲「老虎牙子」，原來是以中藥「刺五加」爲原料，大陸地區將刺五加稱爲「老虎獠子」，台灣於是稍作變化就有了老虎牙子的名稱，還有標榜不必「切檸檬」而能獲取維他命C的飲料，也都獲得市場一定的銷售

量，因為「呷涼」是古早即存在的市場。

上述所舉的健康食品、瘦身產品、炫風卡與流行飲料，傳統數十年來一直存在我們的消費市場中，為何現在依能暢銷呢？還有，從這些產品附加上的新創意，從大環境是否可以看出趨勢呢？這些產品經整合比較發現，流行產品行銷趨勢至少有四項關鍵因素，分別是：產品創意、販賣通路、定價與廣告媒體運用，茲以表6-1說明，希望有助於暸解產品行銷關鍵互動的關係。

表6-1　產品行銷關鍵因素

行銷關鍵因素 ＼ 產品因素	健康食品	瘦身產品	炫風卡	流行飲料
產品創意	從傳統補身強健之說至現代社會訴求增加身體免疫能力。	從傳統減肥單一訴求至現代社會對身材塑身與玲瓏有緻的曲線要求。	童玩結合食品銷售。	以不同口味新潮名稱創造需求推陳出新。
販賣通路	以主要傳銷方式擴展客層往下延伸。	店鋪銷售。（如瘦身中心）	傳統三階段通路。	傳統三階段通路、量販或便利超商。
定價	高單價高獲利。	套裝產品，採會員（月、季、年、終身）所費不貲。	薄利多銷。	市場追隨定價法（不超過二十元）。
廣告媒體	以文字媒體為主要訴求——補身強健、免疫及強調產品療效。	以視覺媒體為主，透過廣告影響閱讀者對美與身體的認知改變。	以視覺媒體為主，鎖定兒童觀看時間訴求食品與遊戲的興趣。	以視覺媒體為主要訴求飲用的歡笑。
結論	以「需求」的心理面使現代人感覺自己的不足，需要再加強照顧自己的健康。	以「需求」的心理面使女性感覺窈窕身材並不是夢想，並透過模特兒做見證。	互補銷售手法，食品結合童玩，使食品銷售增加，並帶動卡片的銷量。	不斷研發新產品，配合企劃文案，刺激消費者的買氣。

6.1 產品釋義──何謂產品

什麼東西叫做「產品」呢？

‧一瓶香奈兒 No.5 香水。

‧一場中華對日本的亞運棒球賽。

‧一次北海道的紫色風韻──薰衣草假期。

‧一項塑膠袋限制使用政策說明會。

是的，以上四則都是「產品」。

「產品」是在交易的過程中，所能滿足「消費者需要」的東西。「產品」是由各種有形的（tangible）例如，人類生活中，對食、衣、住、行、育、樂的需求和無型的（intangible）滿足對方的需求，屬性所構成的複合體。產品提供了功能、社會和心理等各方面的效用和利益。所以產品可以是一個觀念、可以是一種服務、可以是一種貨品或者是活動，也可以是這四者所組合而成的。

產品規劃會影響到其他行銷組合要素（定價、分配通路和推廣）的規劃，所以產品是行銷組合的重點，產品包括設計、包裝、生產和銷售的商品及服務；任何產品開發的成敗，不僅關係著投資者的利益，也影響資源利用效益及商業品質提升的問題。在行銷的個案中，歸納產品成功與失敗的原因，首要關鍵就是要符合「顧客的需要」，如果產品缺乏這項功能，那麼如何吹噓、作廣告、到頭來還是徒勞無功。

所以，如何發展出符合消費者需求的「商品」概念，再將它

製造出來,並且能夠在競爭市場「存活」站穩腳步,乃是行銷的目標。

6.1.1 消費者的觀點

產品的定義,從不同的角度解讀答案或有不同,若以消費者的購買行為為基礎,產品可分成三類:

6.1.1.1 便利品

消費者不會花太多時間和金錢去比較和選購這些產品,便利品具有習慣性的購買、購買動作很快或會定期去購買,一般在傳統雜貨店或便利商店裡的物品多屬於便利品,因為滿足消費者的基本需求所以便利品的銷售點較多。

6.1.1.2 選購品

對產品的適用性、價格、品質及式樣會蒐集及比較其他的品牌或訊息,因為滿足需要所以購買決策通常會比較長,如汽車、電視、冰箱等。

6.1.1.3 特殊品

由於有品牌偏好,不願意其他品牌替代,所以較不會花時間比較,只會花時間等待或去尋找出售地點,如名牌服飾、特定的進口車或名牌音響組件、專賣店等,不過這些特殊品會因廣告或其他銷售行為,而在消費者心中塑造了難以取代的特殊地位。

6.1.2 產品特徵的觀點

若依產品之特徵，可將產品分成以下三大類：

6.1.2.1 耐久品、非耐久品、服務、可拋棄品與收藏品

- 耐久品（durables）：通常購買的頻率很低，因為耐久品是有形的實體物品，它通常可供重複使用很多次，而且售價通常都很高，或者需要特定的售後服務，如電視、汽車等。

- 非耐久品（consumerables）：非耐久品顧名思義就是消耗品，係為有形的實體物品，但它通常僅能供使用一次或數次，售價通常都不高，如麵包、糖和食鹽等。

- 服務：服務可供出售的活動，利益或滿足感，如法律顧問。

- 可拋棄品（disposables）：很多消費者為讓生活更加的便利，因此對可拋棄品有很大的需求，如小嬰兒的紙尿褲、可拋棄式隱形眼鏡。

- 收藏品（collectibles）：某些消費者對於特定的物品，認為有典藏的價值，因而從事購買行為，如蟠龍花瓶古董。

6.1.2.2 工業品

一般把工業品分成材料及零件、資本財、供應物及服務等三項：

- 材料及零件：材料及零件係指完全進入產品製造過程的工

業品，它們是經過加工程序的產品，這類產品又可分為原物料（raw materials）、零組件（parts）、物料與耗材（supplies），原物料為農、林、漁、牧、礦，零組件為馬達或其他可組合為產品的一些組件，物料與耗材為一些消耗性用品（如鐵釘、螺絲）。

‧資本財（capital）：資本財係其總成本中有一部分皆須攤入製成品的產品，它是指從事生產時所需的一切設備，並且分為主要設備及附屬設備兩類。主要設備有：廠房、機器等，附屬設備為輔助性質（如事務性機器）。

‧供應物及服務：供應物及服務係屬其成本完全不攤入製程品的項目，供應物又可分為一般用供應物（如潤滑油、煤、打字紙、鉛筆）和維修性供應物（如洗窗戶、修理大打字機）和商業諮詢服務（如法律顧問、管理顧問、廣告企劃）。

6.1.2.3 消費品

專供個人所使用，且使用後會減損其份量或有年限的考慮，如上述所提的便利品、選購品及特殊品即歸為此類。

目前市面上很多產品同時會銷售到工業市場與消費市場，而以「產品」的角度應如何來區分「工業品」及「消費品」呢？

我們可以用「市場」的角度來區分「工業市場」與「消費市場」，因為目標市場的不同，所以同樣一項產品，買方是消費市場或工業市場，其購買決策行為就有很大的差異，產品是買來自己使用還是要買來作為生財用具，其購買行為及使用目的就不同。

例如，同樣是購買牛奶，若是供個人消費飲用，稱牛奶爲「消費性產品」；若是蛋糕店買牛奶當作原料加工以營利爲目的，這牛奶就被視爲「工業性產品」。

把產品區分爲「消費性產品」與「工業性產品」的用意，主要是使廠商更能明白購買者行爲，以便從不同的購買動機中，深入瞭解顧客的需要，進而能更接近顧客，提供使顧客滿意的服務。

茲將工業性產品與消費性產品基本的區別比較如下，如**表6-2**所示。

表6-2　工業性產品與消費性產品的區別比較

項次	場別／比較項目	工業性產品	消費性產品
1	顧客來源	較少	較多
2	購買規模	較大	較小
3	重複採購	機會較多	機會較小
4	景氣相關性	較高	較低
5	採購動機	公司利潤與績效	本身滿足
6	行爲決策	公司	個人
7	售後服務	較重要	較不重要
8	購買行爲	多數爲組織購買	個人

6.2 產品的層次

產品依據其外觀功能與內在效用，一般可將產品分成五個層次，包含核心產品（core product）、基本產品（basic product）、期望產品（expected product）、擴大產品（augmented product）與潛在產品（potential product），如圖6-1所示。

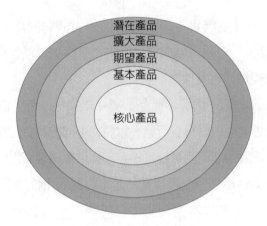

圖6-1　產品五個層次

6.2.1 核心產品

指產品為購買者帶來什麼好處或滿足何種需求，是顧客購買時真正的渴望，所以可能與心理層面有關，例如，針對婦女愛美的需求可以從化妝品、保養品、豐胸、瘦身一連串內心的美麗夢幻搭配出不同的產品組合。

6.2.2 基本產品

基本產品指產品能達到核心產品基本功能的產品屬性，也就是所謂的陽春型產品，基本產品是傳達一個產品的基本功能，沒有其他額外附屬的功能，所以較難以滿足消費者需求。

6.2.3 期望產品

期望產品是代表顧客心中對產品的期望,這個期望是超過對基本產品的需求,一般在同一產業裡,不同的競爭品牌常會運用不同的行銷方式來滿足消費者對產品的期望。

6.2.4 擴大產品

擴大產品是指為了與競爭者有效的競爭,所發展出的差異化產品,希望消費者的期望可以因產品屬性的不同而增加原先消費者所期望的滿足。

6.2.5 潛在產品

潛在產品是指產品的未來可以有新的型式或功能,而這些屬性有可能是有待努力或是消費者未想到的,潛在產品是產品的創新基礎,有創新的產品才能提升企業的競爭力。

6.3 產品的核心價值

每年母親節、父親節、情人節或聖誕節來臨的時候,你是否會挑選鮮花、領帶、巧克力等東西來表達對親友的關懷與感謝呢?

每一個人選擇花、糖果等這些東西的動機並不相同,但在節

日贈送的時候意義卻完全一樣，重在表達心意，至於實用與否反倒成爲次要。這種將購買產品的眞正目的或利益，統稱爲「核心利益」；依據核心利益產生的產品即爲核心產品。

「核心利益」的觀念相當抽象，但是卻普遍存在於每一件產品之中，只是很多時候我們消費者沒有仔細去分析忽略了它的存在。例如，著名的經濟學例子「價值的矛盾」，就曾提到類似的觀念，有些產品實用價值很高，但是價格卻相當低廉，如「水」；但有些產品「黃金」、「鑽石」實用價值較低，卻往往標價驚人，購買者仍是趨之若鶩？經濟學所提出的解釋是有關邊際效用與總效用增減學理。

換個角度，若從行銷的角度反推，消費者購買黃金、鑽石產品的「核心利益」可能是「理財增值」，或「炫耀」。

6.4 產品的延伸

產品延伸是建立在核心產品的連帶關係上，在瞭解產品的最內層觀念——核心產品之後，將核心產品從工廠製造出「有形」的東西就稱爲「基本產品」，若製造出來「無形」產品，性質上可能以「服務」產品居多，上述兩類皆是產品觀念的第二個層次。

至於消費者購買「基本產品」額外所附帶的好處或利益，稱爲「擴大產品」。擴大產品不僅包含基本產品的要素，還附隨著產品的服務及保證，擴大產品最有名的口號就是「一次購買、終身服務」，這種觀念尤其存在高科技的資訊產業中，電腦業者往往強

調，買電腦不僅僅是買電腦本身，尚且還包括售後產品的維護及修理，至於目前能否提供現成的電腦程式或作業系統，則更是買賣雙方的一種默契。

至於以產品導向從事銷售活動要考慮以下五個重點：

· 產品如何維持品質水準？

· 產品功能特色如何廣為人知？

· 產品線有哪些項目？

· 產品組合包括哪些產品線？

· 產品如何分裝與包裝？

不論是高科技產品或一般產品，幾乎所有的產品都可以透過一些行銷的創意或手法加以差異化，台灣號稱「科技島」，據估計電子產品出口產值已占全部外銷總額的一半，電子產業有關產品包括：積體電路（IC）元件、封裝與測試、印刷電路板（PCB）、監視器（Monitor）、影像掃描器（Scanner）、光碟片（CD）、光碟機（CD-Rom）、磁碟片（CD-R）及網路設備等，產品之間同時存在上下游連結的關係。

除了電子業，以熱門的化妝品而言，幾乎有一半人口會考慮使用它，目前台灣化妝品似乎以「生化」、「色彩」、「美白」為三大訴求重點，市場產品相當多樣化熱鬧滾滾。別看化妝品瓶瓶罐罐，進口商估計台灣化妝品產業每年至少有二百億的市場，要做好化妝品的銷售，行銷觀念要很強，因為這個行業變化很快競爭激烈，同時，產業經營的特性是——對行銷趨勢的掌握保持敏銳，專櫃銷售數字很快反應成敗，SKII品牌的成功，除了代言人成功的塑造品牌意象之外，更重要的是掌握女性的產品使用趨勢——

美白加生化。

　　產品擴大對於一個成功的企業來說，似乎是極其自然的事。產品的延伸讓產品變得更加開闊，因為產品線延伸的目標應該是擴大、加深一個產品和目標消費者之間的對話（dialogue），增加產品的活力，進一步強化產品價值，而提升產品的權益。

6.5 產品線與產品組合

　　產品如何滿足消費者的需要，首先須妥善規劃完整的產品線及各種可能的產品組合。

6.5.1 產品線

　　產品線是指產品可能擁有相同的特性，而這些相同的特性大略可分為產品的功能、售價、購買者及銷售通路等所組成的一群產品項目，例如，電子電器公司通常有電視機、電冰箱、音響、冷氣等產品線，每個產品線之下有不同的產品項目。

6.5.2 產品線的管理

6.5.2.1 產品線延伸策略

　　當企業為提升產品線的經營競爭力時，會試圖將其產品線進

行延伸，一般產品線延伸策略有下列三種：

- ·向下延伸：產品線採取低價位或低品質的方式為經營範圍，例如，賓士汽車推出Smart汽車。
- ·向上延伸：產品線採取高價位或高品質的方式為經營範圍，例如，豐田汽車推出Lexus。
- ·雙向延伸：同時進行向上延伸與向下延伸，例如，早期美日政治家族可能同時往聯邦與地方選舉邁進。

6.5.2.2 產品線填滿策略

由現有的產品線範圍增加產品項目使其延伸，以提升產品線的完整性及競爭優勢，但須避免蠶食的狀況發生，而造成現有產品的銷售量下降。

6.5.2.3 產品線縮減策略

現有的產品線擴張過度或因新產品的出現，而導致產品利潤及銷售量的下降，縮減產品線可減少製造成本上的浪費，並有較充裕的人力、財力投入較看好的產品線，以增加企業的競爭力。

6.5.2.4 產品線調整策略

意指產品線內產品項目的更新，因市場環境的變遷產品已無法滿足客戶的個別需要和各種市場上的需求，產品線必須適時的更新或調整才能掌握市場先機，創造企業的利潤。

6.5.3 產品組合

　　產品組合是企業內所有產品線的總稱。產品組合廣度是指行銷者擁有不同產品線的數目，較廣的產品組合廣度，可使行銷者對其經銷商有較強的談判議價能力，對經銷商的控制力也較大，這是產品組合廣度較廣所帶來的經營優勢。產品線深度則是指產品線中產品項目的數目。例如，聯合利華公司的產品組合廣度中擁有洗髮精、沐浴及洗面乳等產品線，各大產品線之下又各自以不同品牌劃分品牌產品線，並設有專人負責。

6.5.4 產品包裝

　　在產品競爭日益激烈的情況下，包裝的學問愈來愈大，所擔負的角色其重要性也與日俱增，由於產品同質性高，包裝就經常成為創造差異化與區隔市場的重要利器。

6.5.4.1 包裝的功能

　　包裝主要的功用包括保護、宣導、易於辨識與新產品規劃。
- 保護：包裝最明顯的就是容納產品，產品的形狀可能為液態、顆粒狀或其他易破裂狀態，必須加以保護，避免運送過程中受損。
- 宣導：產品和品牌形象常需依賴包裝來宣導，其產品內容、使用說明和成分，皆有賴包裝對消費者加以宣導，以及在購買後能正確的使用產品。

· 易於辨識：包裝可提供產品辨識，因為包裝外型都是非常
類似難以分辨的，因此廠商必須突破傳統，開發有創意的
包裝造型、材料、顏色、形狀，對消費者與競爭者公司皆
有其易於區分的作用，並進而強化企業形象，提升銷售。

· 新產品規劃：新包裝的造型、色彩和平面設計都能夠充分
顯示品牌的核心價值和定位，而且新包裝具有吸引消費者
轉換品牌、提高愛用者品牌忠誠度，以及強化品牌銷售業
績的效果。

6.5.4.2 包裝的種類

包裝的種類可分成三種：

· 初級包裝：與產品直接接觸的包裝，例如，香水瓶子。

· 次級包裝：指初級包裝外的包裝，例如，香水紙盒。

· 輸送包裝：指儲存與辨認或運送用的外包裝，例如，DHC
送貨時的紙箱。

6.5.4.3 包裝用標籤

標籤是任何產品均必需的部分，標籤通常分為兩種：

· 說服性標籤：指推廣產品，強調產品的好處與功能，例
如，市售洗面乳。

· 資訊性標籤：可幫助消費者適當的選擇所需的產品，降低
購買後的失望，例如，新買衣服有標示尺寸、材質、洗滌
方式等。

6.6 產品生命週期及行銷策略

一般而言，產品像人一樣有其壽命，至於它的壽命長短，視產品在市場受歡迎程度而定，正常產品的銷售狀況可以推演「產品生命週期」（Product Life Cycle, PLC），並可分爲介紹期、成長期、成熟期與衰退期。

6.6.1 介紹期

在介紹期，眾多的消費者與經銷商還對產品陌生，因此，介紹期在產品推廣與通路上要花相當多的促銷廣告費用，介紹期的產品大多是基本功能的產品，因此，新產品的正式上市，要設法讓消費者對產品熟悉、接觸近而購買產品，如此產品銷售量才會慢慢展開，但是因無法確認市場對產品的接受度，又加上新產品的上市需要大量的企業資源及資金，此時，不敢奢求利潤（若能攤平成本已屬萬幸），而是要發覺潛在顧客的興趣及市場的需求。例如，相機、攝影機在產品進入市場時，只提供較爲簡單的功能，現今相機與攝影機均以發展至擁有數位功能。

6.6.2 成長期

產品歷經介紹期後，漸爲市場所接受，才開始邁入產品生命週期的成長期，這時銷售量會快速成長，競爭者也開始進入市

場，因競爭者增多的關係，產品型式會提供給消費者較多的選擇，這階段的推廣重點為凸顯品牌的差異性或鼓勵消費者購買，隨著快速的擴展市場，產品有更多展售的機會，以及產品的差異化滿足消費者的需求，產品利潤開始大幅呈現，市場一片活絡狀況。

6.6.3 成熟期

在成熟時期，產品競爭的情勢逐漸穩定下來，新的競爭者已較少進入市場，一般而言，成熟期是產品生命週期歷時最久的階段，因產品擴展至一定程度，且為一般消費者所熟悉，又因部分廠商因無法競爭而退出市場，產業的集中度提高，使得銷售成長率走向平穩，利潤與銷售在此階段維持一定的時間。此時行銷策略應為保護既有的市場及爭取競爭者的市場占有率，也因產品競爭的關係，產品價格也需作最適當的調整，以提高市場占有率。

6.6.4 衰退期

在衰退期階段，消費者對產品逐漸失去興趣，此階段的顧客大多為產品忠誠者居多，且很多競爭者開始退出市場，產品銷售量走向下坡，利潤亦出現大幅縮減，在此階段行銷策略應著重於行銷組合，以維持適當的利潤，並為產品找出「新用途」或「多用量」，否則可能漸為其他產品取而代之。

在上述四個不同的階段中，各有不同的問題點，也各有不同

的機會點，因應之道各不相同。如**表6-3**所示。

從產品生命觀點來看產品的成長，是一個相當樂觀的期待，只是各個階段出現的時間有多長是個問題，例如，高科技產品、個人電腦、通訊產品等成熟期比起其他消費品來的短，若不加強研發，很快產品會在市場上被淘汰。

表6-3　產品生命週期與有關變數

生命週期 變數	介紹期	成長期	成熟期	衰退期
一般變數				
購買者	創新的／高收入	高收入／大量市場	大量市場	遲緩的／特殊的
通路	少	很多	很多	少
接近性	產品	商標	商標	特殊性
廣告	知曉	卓越品質	最低價	心理描述
競爭者	少	很多	很多	少
定價變數				
價格	高	稍低	最低	上升
邊際獲利	高	稍低	最低	低
成本降低	少	很多	緩慢	無
誘因	通路	通路／消費者	通路／消費者	通路
產品變數				
結構	基本	第二代	區隔／精密	基本
價格	差	好	卓越	有缺點

6.7 新產品的發展

任何一項產品都會由高峰期走入終結期，這也是這項產品的壽命週期將盡，此時應開發新產品，或將舊產品做革新改進。

6.7.1 產品推陳出新

開發全新的產品，所投入的投資成本很高；相對地，產品重新設計、包裝將可大量降低產品本身的製造費用，例如，「老歌新唱」就是一種舊產品透過新包裝後的新產品模式。

6.7.1.1 消費者需求已改變

消費者的需求會隨環境的變遷有所改變，縱使產品已經被市場證明受歡迎。但是為了配合市場需求的改變，重新設計過的產品將輕易取得消費者的青睞與喜愛。

6.7.1.2 競爭的形式已不同

在同一個市場上，競爭對手將會針對相同產品推出不斷的改良產品，企業本身如果沒有產品改良的憂患意識，一定會流失原有的市場。

6.7.1.3 產能綜效運用

新產品的設計將會降低企業原本的產能閒置狀況，甚至新產品的技術水準、產品成本、製造成本、人力、物料將大幅降低。一方面可賺取更多的利潤；另一方面可形成競爭力，形成市場優勢。

6.7.2 新產品的發展過程

負責新產品發展的單位對於發展產品的過程，都必須謹慎小

心，企業常運用兩種方式取得新產品，第一，透過所有權的取得，如買下公司專利權或許可證；第二，發展創意研發部門。不論運用何種方式開發新產品，理論上會經過下列階段：

6.7.2.1 新產品創意的產生

企業時時面臨競爭，公司在面臨消費者的偏好，技術及競爭者的迅速變動下，很難完全依賴現存的產品，加上其他競爭廠商的壓力，促使公司必須發展新產品。但是亦有許多新產品一投入市場即夭折，因此它必須經過一種合理化過程才可能使產品被市場接受。

創新的來源有很多，每一個創意對企業而言都具有不同的吸引力，因此企業必須對這些創意加以評估及篩選，否則企業將發覺一大堆的構想與企業的經營形態無法符合。

6.7.2.2 新產品創意的篩選

經過創意的產生階段後，第一個新產品過濾的機制，就是創意的篩選，而篩選的主要目的就是要選擇出與企業的利潤目標、成長目標、新產品策略一致的創意。

6.7.2.3 新產品的評估

新產品創意經過篩選後，必須進一步讓創意成為更具體的產品概念。而這個新產品的構想（product idea）只是從企業角度認為可以提供市場某項產品的構想而已，它可能符合了企業的新產品期望，但並不表示消費者就能接受此新產品的構想。將消費者

的觀念加入新產品的構想後就成為產品概念，如此的新產品評估才具有意義。

6.7.2.4 商業分析

商業分析的目的在於預估新產品的未來的銷售、成本、利潤，商業分析分為兩部分：另一部分是估計新產品的投資報酬率；一部分是估算新產品的成本，如果能符合企業的經營目標，就能繼續發展此產品，否則就取消新產品的上市。

6.7.2.5 新產品的試銷

經過新產品的商業分析後，企業通常會選定代表區讓新產品在市場上進行試銷（market testing），以確定消費者對新產品的接受度及反應，但是試銷也有幾項缺點：花費高額的生產成本、競爭者利用其他促銷方式減少新產品上市的通路、競爭者也可能取得試銷資訊而仿製產品提早上市。

6.7.2.6 新產品上市

新產品的發展的最後階段就是「上市」，新產品若試銷成功，企業會快速的讓新產品進入市場，在決定推出新產品時，需考慮下列三點：

- ·顧客的需要：為顧客解決問題，並滿足顧客的需要。
- ·上市時間：在市場上領先推出新產品，如此可獲得品牌、通路的第一優勢。
- ·上市地點：新產品是否需選擇某些較具吸引力的市場，或

可成為大眾化市場，皆需列入新產品的行銷計畫裡。

6.7.3 新產品的市場定位

產品定位（product positioning）是指行銷人員為了要在消費者心目中建立品牌的差異認知，一個好的行銷策略，必定對其所出售的產品及銷售的市場均需有明確的定位。有效的產品定位是讓產品在市場上占有一個適合的位置，而這個位置就是消費者品牌的認知地圖（perceptual map）。產品定位的最終目的就是在消費者的心中占據無可取代的位置。而產品的定位策略是根據「市場導向」來進行，也就是新產品是否有充分且完整地考慮到顧客需求、產品設計、行銷策略以及行銷通路運用等，且鎖定最符合公司能力之目標市場以進行適當之定位策略。

然而不管哪一種方式發展新產品定位，新產品能成功的關鍵因素還有下述三點：

6.7.3.1 廣告促銷

新商品投入市場之後，準備多少預算促銷並與敵對相抗衡。如果根本沒預算，又無法讓消費者知道它的好處、蹤跡，勢必陷入苦戰。

6.7.3.2 競爭力

對市場裡各個廠牌之間的市場占有率如何解決？資料是否正確？通路如何擴展？定價是否恰當？

6.7.3.3 商品吸引力

對於原物料來源掌握如何？新商品具有獨特嗎？品質、樣式、價格與目標市場是否契合？

6.8 創意行銷

創意為人類的生命力帶來創新；創新尤需要豐富的創意來證明有效作事方式（亞特富萊，3M便利貼的發明人），所以說雖然創新的產品是企業競爭優勢的關鍵因素，如果沒有創意的行銷推廣，將產品商品化，創新只能算是一項「束之高閣」的產品，因此，創意是今後企業成敗的不二法門。

創意行銷不僅限於產品推銷，凡是人、事、物都可利用創意點子來塑造，例如，西方音樂天后──瑪丹娜，甜美的歌聲加上挑戰傳統創意行銷手段（情色、內衣外穿、同性戀等話題），不僅吸引新聞媒體搶先報導，更是風靡全世界目光，成名數十年仍在舞台上活躍；而東方百變天后──梅豔芳，也不遑多讓，優美的聲音加上百變的造形，總是令人耳目一新，吊足每一位影迷的胃口，期待梅豔芳下一次表演。

6.8.1 激發創意點石成金

由於科技的進步，造成產品彼此間的性能愈來愈相近，現代社會中的品牌競爭除了比售價（誰的成本低）、比品質（誰的口碑

佳）外，更要在商品形象、促銷、通路等相關策略上較勁。

至於策略的較勁，更需以良好的創意作規劃基礎，才會對消費者有「非試不可」的吸引力，根據心理學家的研究，一個人不能同時處理七個以上的概念，也就是說，一個人很難同時列舉所記憶某種商品的七種品牌，沒有突出的創意無法打入消費者心中。

因此創意行銷已變成現代行銷術中「點石成金」的利器，只是很多人不禁要問創意行銷究竟內涵為何？

- 雞塊，你的名字是麥克（麥當勞）還是上校（肯德基）——速食店產品「擬人化」。
- 上班族怕操勞過度喜歡食用的「何首烏延喜湯」——祖傳燉煮變成易沖包。
- 賓士汽車推出購車免付巨額頭期款「菁英優惠專案」——將產品使用者往中下層延伸。
- 電信局推出「流動電話亭」——即使沒有手機，在人潮眾多地方也不怕找不到公共電話。
- Nike公司的麥克·喬丹球鞋限量搶購策略，不但引起消費者的興趣，還可以高價位的售出。
- 只租不售的全錄影印機，出租影印機的利潤千倍於販賣影印機的利潤。

6.8.2 創意增強不求人

從以上六例看得出創意行銷對業務拓展確有獨到之處，那麼如何激發創意，以便對個人工作生涯或產品創新有所幫助呢？

　　一般而言，創意的自我練習可用以下四個方法增強：

6.8.2.1 十字比較法

　　十字比較法（Cross Thinking）係指使用水平與垂直兩種方式思考。例如，水平思考可考慮產品的競爭者可能的作法為何？自我產品本身優、劣勢分析；而垂直思考可考慮產品成熟度如何？能否升級或改走低價位？

6.8.2.2 逆思考

　　逆思考（Adverse Thinking）係指從不同立場主客易位考慮對方的立場。例如，易開罐的拉環拔下後，是否仍然會造成顧客使用的不便？

6.8.2.3 冥想法

　　冥想法（Armchair Thinking）係指放鬆心情，認定一個主題後讓思緒即興去探索。例如，汽車就會想到安全、舒適、馬力、外觀，然後家用、休閒、商用？接著價格、配備、市場區隔等，依此方式往下聯想，也許新創意便可浮現與具體化。

6.8.2.4 強迫關係法

　　強迫關係法（Forced Relationships）係指列舉出數個構想並考慮彼此間的關聯性。例如，為手機設計強大的功能時，考慮除了聽、說之外，是否與網路結合，增加看（SMS、MMS、Web）與寫（PDA）功能，或者與銀行合作，增加刷卡付費的功能等。

　　就創意行銷的實例而言，傳統的手錶往往只有日期與計時的

功能，並以鐘錶行為主要銷售據點；不遇，目前手錶的銷售已演變為直銷、量販、網路行銷、郵購或當贈品使用。

至於手錶的功能設計就更充滿創意與多樣化，不再只是計時而已，還具有馬錶、計算機、雙時區、MP3等強大附加功能，其次加上可替換的數種錶帶與錶圈，以便使女性可隨時搭配時裝款式；而過去以精準、高價著名的瑞士鐘錶業更推出專走平價、時髦、趣味、個性化路線的Swatch錶，將手錶定位成親密的個人裝飾品，成功的使原瀕於沒落的瑞士手錶轉型。

6.9 創新產品與企業成長

翻開產業歷史來看，多少名列世界百大的知名企業起起落落，只有少數幾家屹立不搖，為什麼會如此呢？究其原因不外乎企業不斷地創新，獲得企業在未來競爭優勢的關鍵因素。尤其以高科技業產品最為明顯，若企業一直沒有產品、服務或是製程的革命創新，並將這些產品、服務或製程導入市場，很容易被競爭對手追過，錯失商機，甚至被市場所淘汰。

很多企業的領導者都很支持創新理念，但很少領導者會一路堅持下去，為什麼呢？因為他們無法見到立即的回饋，無法有量化的結果，投資在穩賺的生意上、有穩定的回收，總比將錢丟入深不見底裡好，以輝瑞大藥廠為例，每一百個新藥構想中，通常只有十個可送至處理階段，最後只有一個能通過必要的測試和核准送達各地藥局的貨架上，這個過程可要花上十五年的功夫猛砸

資本，所以杜邦公司資深研發副總約瑟夫·米勒就曾說過：「創新事實上是風險管理」。

6.9.1 創新的種類

創新（innovation）和發明（invention）有著緊密的關係，然而卻是不同的兩種意義，發明是一種事件，而創新可以是一種過程，一項發明通常可以帶領多數的創新，但發明很少能商品化，美國行銷專家Earl Wilson曾戲謔地說：「發現電的人或許是富蘭克林，但是，最後真正賺到錢的人，卻是發明電錶的人」。

創新意謂著將構想開發或商業化之間重要的關聯，創新的種類可分為跳躍式的創新與漸進式的創新。

6.9.1.1 跳躍式的創新

跳躍式的創新（Radical Innovation）通常是以發明為基礎，它可以改變或是創造一個新的產業，例如，蒸汽機的發明，造成工業革命；貝爾實驗室所發明的電晶體，就為電子產業開創了一個新紀元。

6.9.1.2 漸進式的創新

創新的規模相當小，但對產品、服務或製程而言是相當重要的改善，漸進式的創新（Incremental Innovation）幫助公司維持市場的競爭地位，例如，手機的演變，由早期黑金鋼手機（電影上常用來打人的工具）到現代彩色螢幕照相手機。

　　創新是企業想領先群雄，走在產業前頭的最好方法，它能創造新的方法來提升利潤和未來的營收，所以企業高層要積極將公司資源投入，要把創新當作商業策略的核心關鍵因素，是一種長期投資並容許失敗結果，每位主事者都應該認真看待創新，把創新視為塑造商業策略的競爭武器，而不是把全部重心放在降低成本、減少開銷或者是製程效率的提升等「治標不治本」的方法，再配合波特——一般競爭策略、安索夫——成長策略，才能開創一個有利可圖的事業。

6.9.2 創新的構思

　　一項新發明的問世、一項新產品的誕生、一項舊產品的改進、一項新製程的改良、一項新創意的行銷，無不由構思開始。構思基於對現實的不滿足，想盡辦法改善，其方法如下：

6.9.2.1 蒐集市場需求的訊息

　　構思的來源於需求，誰瞭解需求，誰就可能創新更多產品，例如，日本精工錶發現，信奉回教的穆斯林教徒，每天一定要在固定的時間祈禱，一天共要祈禱五次，於是研發一款能將世界上一百一十四個城市的當地時間轉換成回教聖地麥加的時間，而且在固定的時間會發出聲響，一天共鳴五次，以提醒教徒進行祈禱，此錶一上市，立刻受到中東人士的歡迎，而日本精工錶也順理成章的打入了中東市場。

6.9.2.2 蒐集構思所需的資料

現今報刊雜誌、科技圖書、網際網路的發達，促使資訊快速的傳遞，可從這些資訊當中找尋構思的靈感，同時也避免與其他人重複構思，尤其是專利文獻，凡是一項新的發明，都會把實質的內容、技術背景、用途、要求保護的權項和必要的資料數據放在專利文獻裡，人類現有的技術的90%都可以在專利文獻中找到。每年都有有效期終止的專利，還有不受專利權保護的發明，都可以充分利用，加快產品創新，每年商品創新發明展，也是一個蒐集情報的好去處。

6.9.2.3 現有產品改良的構思

之前有提過一項新產品的誕生，要耗費企業龐大人力、物力、財力才能完成，因此不斷改良舊產品，延續產品生命週期，是企業最省成本的作法，日本的經營之神松下幸之助深知「改良」的道理，因此創業之後，一直秉持「改良舊產品、大量生產、降低成本、低價售出」的經營策略。

例如，早期洗衣粉雖已呈現市場飽和的狀態，但一直受到消費者抱怨，最不滿意的地方是，笨重、攜帶不方便、洗淨力差，而花王針對這些缺失，開發出「一匙靈」濃縮洗衣粉，把舊有的洗衣粉縮小至原體積的四分之一，而且只要用舊洗衣粉四分之一的量，就有同等效果，由於它包裝輕巧、攜帶方便、不占空間、洗淨力特強，難怪上市後立即大受歡迎。

6.9.2.4 現有產品組合的構思

把現有的產品兩個、三個或更多相加起來，有時會產生令人

想像不到的效果，變成複合式的創新。例如：

- ·腳踏車＋電動馬達＝電動腳踏車
- ·手機＋照相機＝照相手機
- ·溫泉＋中藥材＝藥用溫泉
- ·茶＋牛奶＝奶茶
- ·蔬菜＋果汁＝蔬果汁
- ·錄音機＋電話＝電話錄音

創新是一種發明、發現及改善的行動，不僅要有打破舊習陳規的勇氣，更要有超越傳統的智慧，創新的經營理念須表現在企業的產品、技術、製程、管理、服務等各方面，不過唯有前瞻進取的企業，才能夠在這些方面不斷創新領先發展。

Marketing Move

賣汽車要賣滿意

H汽車公司在台灣成立以來,認為公司的商品雖然是汽車,但是為了永續經營,必須建立顧客滿意的產品銷售模式。

公司主管認為CA(Customer Action)是以滿足顧客的「期待」為基礎,訴求與顧客建立良好的「關係」並贏得「信賴」,以培養忠誠客的日常基本「接觸服務」活動。

CA的精神是「顧客滿意,公司才會獲利」,其內容如圖6-2所示。

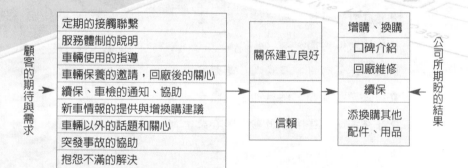

圖6-2 顧客滿意、公司獲利圖

以下是該汽車公司爲顧客服務的準則：

一、關心顧客的滿意

　　　我的熱忱──獲得顧客滿意。

　　　顧客滿意──促進公司利益。

　　　公司獲益──增進員工福利。

　　　臉上常保持笑容，親切態度對待您。

　　　隨時爲顧客著想，常說謝謝對不起。

　　　電話禮節要注重，常保環境整潔儀容佳。

　　　動作迅速免久等，一次OK心歡喜。

二、及時滿意即時樂

　　　微笑應對好心情，迅速供應眞滿意，
　　　積極協助心感謝。

　　　臉上不忘笑呵呵，服務人員是顧客。

　　　電話三響眞耽擱，供應迅速是職責。

　　　庫房整潔隨手得，善用電腦客喜樂。

三、車新人馨我歡心

　　　我的熱忱──讓顧客有家的溫馨。

　　　我的微笑──讓顧客天天都開心。

　　　我的解說──讓顧客開車很安心。

　　　清潔環境，氣氛佳。布置美觀，視覺好。

百貨齊全，沒煩惱。車輛整潔，心情爽。

操作詳述，開車安。配件齊全服務好。

態度親切，顧客讚。

四、顧客滿意我獲利

CA——是行動不是活動。

CA——是權利不是義務。

CA——是實務不是口號。

・一照二卡三邀請四禮五電六拜訪（口訣）

計畫先做好，執行沒煩惱（有效率）

定期做聯繫，顧客跑不了（不拋棄）

生日記祝賀，介紹少不了（好顧客）

續保要促進，保證錯不了（進斗金）

車檢切通知，千萬別忘了（要做到）

五、接待迅速——顧客省時又方便

態度親切——顧客眉開眼又笑。

技術優良——顧客誇得不得了。

接待迅速，等待少。技術一流，人稱讚。

結帳明確，糾紛少。環境清潔，病菌逃。

設備齊全，動作快。休息空間，寬舒亮。

交車無誤，真正好。零件充裕，無煩惱。

問 題 與 討 論

一、 何為產品的層次（內涵）？解釋並舉例說明之。

二、 何為消費品的分類，解釋並舉例說明之。

三、 何謂產品線及產品組合？比較其差異性並舉例說明之。

四、 品牌的意義及構面為何？

Chapter 7
品牌的建立與發展

一個國家有名的商標愈多,這個國家就愈強。

——隆納德‧雷根(前美國總統)

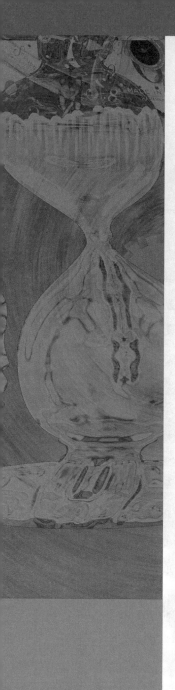

在全球經濟已經逐漸從工業經濟邁向知識經濟，無形的智慧資產「品牌」是企業一項最寶貴的智慧資產。品牌在行銷的決策上是非常重要的，品牌不只是一個名字，有可能是個符號、商標、一個廣告畫面、一個親身經歷的動人故事，甚至是一段優美的歌詞或名言，消費者可能不記得品牌的名字，但是他們卻會記得那個體驗、那份感動，或那個跟品牌有關的故事。

要如何讓「品牌」在消費者心中留下深刻的價值，是企業該不斷去思考及行銷的哲學。品牌不僅是產品銷售的代名詞、產品的品質、企業整體的形象更是該企業與消費者建立的一份情感，所以品牌要如何命名？是要延續舊產品的名稱或是要完全創新呢？品牌的價值要如何發揮？如何讓品牌在市場上建立知名度，並在消費者心中留下印象，皆有賴企業的智慧從事品牌經營。

品牌流行與魅力

品牌流行如何能歷久不衰？隨著時間的流逝，某些產品幾乎已由特定品牌代表它的使用與功能。在台灣，從具有百年歷史的明星花露水到群雄並起的民營電信廠商，這些早期的品牌到現代企業集團的流行品牌，它們的過去與現在發展，是否給予行銷人員某種啟發？

明星花露水創於清光緒年間，據說在1960年代國內香水市場幾乎是獨占事業，且可能是不少女性最愛香味，沐浴前倒入幾滴花露水，就是快樂的「芳香浴」，當時香水算是一種奢侈品；但曾幾何時，明星花露水卻淪落為部隊檢查浴廁的「除味劑」。

在提到綠油精，很多人都記得其輕快的旋律，綠油精實際上是提神外用藥的「品牌」，但後來變提神的產品的代表。綠油精在1960年左右上市，由廣告歌曲打響產品便宜又好用，廣受喜愛，至今為止每年尚有二億元以上的銷售額，業者還準備進攻量販店。

早期台灣留學生出國，為免異鄉漢堡食不下嚥，總會帶一個大同電鍋，使大同電鍋幾乎是國產電鍋的代名詞，為什麼大同電鍋迄今仍歷久不衰？主要原因是它能煮、能燉、能蒸，現代可能很難想像在早期民眾煮飯尚用煤球，木柴取火的時代，推廣電鍋可能還須當場試煮；不過時光流轉，不少現代家庭廚房幾乎由日本象印及虎牌電子鍋所盤據。

至於標榜的健康活力的保利達B，在1950年後期成立，一直是藥酒市場的代表人，不料被港星發哥一句「福氣啦」撂倒，受傷嚴重的程度由原先的市場領導者掉在三洋維士比之後，幸好每年營業額還能維持五、六億；最近推出老二品牌「保利達P——蠻牛」準備再次攻城掠地以提振市場的占有率，不過維士比爲了保持「本土味」，請來「台灣心聲」汪笨湖代言，帶來另一波銷售熱力。

看完早期的品牌風光到今日的些微沒落後，再看看國內目前較「辣」的產品品牌，茲以兩個產品市場舉例：一、信用卡市場；二、民營電信市場。

信用卡的品牌行銷，競爭激烈，戰火到街頭「擺攤」比苗頭，煙硝味十足，國內銀行現在沒有信用卡部門似乎代表服務與形象「遜」。據統計，國內發行卡量達一千萬張，信用卡品牌中有標榜消費者Smart，或區別女性、男性專用，眞正把品牌行銷玩的火熱，持卡人眼花撩亂，不知是要免年費換贈品還是分紅回饋才好。根據《突破雜誌》1998年1月號統計，國內三大信用卡品牌分別是——美國花旗、中國信託與英商渣打銀行。不過，也有研究指出信用卡使用者是一個高度「品牌轉換」（brand shift）的消費情形，消費者很容易「換卡」使用，用卡忠誠度不高，頗值得注意。至於電信市場營業額算千億，目前台灣人口一人一機不算誇

張，目前多家民營電信公司一連串的促銷競爭，逼得中華電信備感壓力，尤其是老二品牌──台灣大哥大不斷積極造勢，而遠傳易付卡也爭取不少客戶，使得市場占有率呈均分的局面。

要成為品牌優勢就要從產品創新做起，一個產品無論多麼完善，都會隨著時間的推移而逐漸在市場上失寵。因此唯有不斷的創新才能保持產品的永久吸引力。產品創新是企業的動力，也是品牌成長的泉源，固守成規遲早會被日益變化的市場所拋棄，因此產品未創新，品牌亦無用。

品牌時代的來臨已是一個無法過阻的事實，尤其是國民所得遞增，教育水準提升的現代生活，所以品牌的解讀不僅止於流行或是品味而已，品牌已是資本主義高消費時代的表徵，從日本與美國先進國家熱門品牌在亞洲吃香的情況，更說明品牌趨勢在未來將是：品牌魅力凡人無法擋。

7.1 品牌源起

大多數的產品或者事業機構都有品牌，不過什麼是品牌？根據美國行銷協會，品牌（brand）可以定義為一個名字、符號、標記，或設計，或是這些的組合，用來指認賣方的財貨或服務，並與其他的競爭者區別。

嚴格來說，「品牌」不僅是產品的名字或者是商標，它也包含了商品與服務，因此也有人認為品牌是一種承諾可用來傳達商品在消費者心中的價值，因為品牌能讓產品產生附加價值而且在顧客心中留下深刻的產品形象。

7.1.1 台灣流行品牌

你是否還記得一些曾獨領風騷的牌子？如今他們不是已不見蹤影，就是已改頭換面在市場上呈現另一番氣象。

- 黑人牙膏改走國際路線變成美國籍，同時改頭換面成「黑白郎君」模樣。
- 白蘭洗衣粉，已被荷蘭籍公司併購，成為外商旗下產品。
- 脫普洗髮粉曾一度代替一元硬幣流通市場，現已成歷史回憶，幾乎不再生產。
- 乖乖食品點心，入口脆化的滋味，產品一度消沉，目前已再度重現江湖。

為什麼有些產品在市場上已無蹤影，但在消費者的心目中，

但仍留有深刻的記憶？最主要的原因，就是因為品牌設計良好，使消費者留下獨特而鮮明的印象。那麼如何才能使購買者留下「獨特又鮮明」的品牌印象呢？這可能得需要良好的品牌設計，才會比較出該產品的特色。

7.1.2 品牌創立目的

品牌的出現源自於中世紀，當時西方的一些工匠，組成類似產業同業工會的組織，自律要工匠在自己的產品上打印標誌，以免購物者發現產品不良時無法找替換商家。

也有人認為品牌源起於古代西方藝術家，創作藝術品時留簽名的傳統，但不管品牌起源的說法如何分歧，可以確定的是，加上品牌戳記後，對產品的銷售量，銷售價都有提升的作用。

「品牌」是行銷策略的王牌，企業擁有閃亮的王牌就能創造產品的差異性，建立消費者的偏好與忠誠，讓企業搶下市場大餅，並讓產品在市場上傲視群倫。

品牌能滲透人心，讓消費者在內心與腦海裡均認定它為某項產品的代名詞，一個無法與消費者產生親密關係的品牌，注定在市場上風吹雨淋而且也無法受到消費者的青睞，因此，廠商創立品牌至少有三項目的：

- 品牌能強化產品品質保證，使消費者不論在何時、何地購入該品牌產品，產品均具一定功能，以台灣日系車種銷售而言，豐田（TOYOTA）一直保有極高的市場銷售能力外、車輛品質不斷受到專業雜誌的肯定，使品牌形象烙印

在消費者腦海中。

・品牌能增加產品附加價值，使消費者除了得到產品功能性的滿足之外，能額外感受「服務滿意」或「身分地位」的尊重，例如，台灣一般以為所謂名牌手錶就是勞力士錶（如果再鑲鑽就更高級）。事實上，世界頂級的五大名牌手錶售價數十萬元、百萬與千萬手錶大有人購買，不僅買名錶的藝術品味，象徵帶錶者的身分與地位。

・「認真的女人最美麗」，進而以「認真的男人最有魅力」又吸引不少男性消費者申請，這兩則廣告用詞 （slogan）美化了申請人的個性與虛榮感，相當程度發揮心理層面的作用。

7.2 品牌行銷

　　品牌行銷（brand marketing）的歷史尚未滿百年，然而我們已生活在一個品牌氾濫的世界。從食品、服飾、汽車等，我們生活上所購買或消費的許多產品幾乎都有一個品牌。企業或廠商每年投入許多資金來建立品牌的形象。

　　良好的品牌不僅有助於產品的銷售，消費者也願意為可靠的品牌付出更高額的價錢。因此，品牌不再只是一個指認商品的名稱，而是廠商所擁有的一項重要資產。那創立品牌有哪些條件呢？

7.2.1 品牌的條件

基本上,品牌要熱門至少要靠三個重要條件,首先,產品要有名字,給品牌一個名字就如給品牌一張臉,要與消費者拉近彼此的距離,就要給顧客一張深刻又親近的臉,一些產品名字取得好,銷售數字如坐雲霄飛車,櫻花軟片本來不敵富士軟片,但是改名為「柯尼卡」之後,時來運轉,銷售量及扶搖直上。

因此,公司為產品命名,最好運用某些經試驗的原則,以免品牌名稱不佳痛嘗敗績。其原則如下:

· 名字能暗示產品的功能,例如,中油公司出產的「賽車級」車用機油,它的名稱由來,就是「車用機油」與「賽車」結合所造成的聯想,可能是品質相當優異,使用效果好,會使消費者有興趣購買,再如,福特「千里馬」汽車,素為工商界人士所愛用,名字能暗示車況,應是銷售成功的因素之一。

· 名字能暗示產品的品質與成分,例如,「蝦味先」食品,消費者未吃口中就有鮮蝦的感覺跑出來,再如,中油國光牌「9000SL」合成機油,受到汽車業的肯定,因為9000系列是歐洲品質要求的一個指標,SL是最新車用機油的規範,自從產品上市以來,好評不斷。所以名字若能暗示產品的品質和成分,消費者一開始接受就簡單多了,此外像捷安特的名稱使用在越野腳踏車上也恰如其名。

· 名字簡短好寫又好念,如花王、乖乖食品、一匙靈等民生用品都非常成功,使消費者朗朗上口。

- 名字新奇、易記又帶有美感，如藍山咖啡、「琴」香水口香糖等飲料消費性用品，使人聯想浪漫、超俗的使用情境，並滿足心理的感覺；電腦品牌Acer有 "yes, sir." 的諧音隱喻。

- 英文名稱、數字名稱成為流行，或者中英文翻譯也能順口，例如，諾基亞（Nokia）、TOYOTA、Nike、7-11。

以上五點只是命名的一些基本參考，事實上，有些公司在為產品命名時，更利用心理測試方法，隨機找來民眾作為測驗對象，找出產品在市場上為大眾所能接收的程度。測試的方法較常見的有「聯想測驗」、「學習測驗」與「記憶測驗」三種，嬌生公司生產的婦女產品就是運用這些測試的手法，將名稱從「美貼適」不斷改到「摩黛絲」，結果經過修正後的名字與產品特性較吻合，上市後銷路似乎不差。

企業可以將公司名字加到產品上，也可以創造出品牌家族，或只定位在產品的層次，但他們的成功之道都是要打響「知名度」。例如，像電腦晶片 "Inter inside" 不論是代表一項產品或加上公司名稱都無礙於它在市場的知名度；然而當初英代爾並不是用 "Inter inside" 進入市場，而是以「386」為代號，卻苦於打不開知名度。再加台塑集團，它的品牌就是「台塑」，廣義來說更涵蓋南亞與台化所有產品的聯想。

其次要有標誌，擁有品牌標誌，產品在任何情況下都易於辨認。如代表米高梅電影公司的「獅子」，麥當勞食品的「金色大拱門」，花花公子「兔子」等可以辨識的圖識。

第三則是將廠牌標誌經過法律註冊成為商標，只有該公司獨

家享有使用該項名稱或標記的「權利」，以免其他廠商魚目混珠。

不過，是不是產品一定要有品牌才能賣得出去呢？台灣在1970年代，很多產品都是沒有品牌的，尤其是與民生相關的用品鮮少有品牌，生產者和中間販賣東西，也直接以桶、袋、箱計算，根本沒有包裝，同時也不加任何銷售者的標記。

進入1990年代，台灣經濟使人民富裕，社會對品牌產生認同，例如，三好米、國王米等；水果更以產地分別命名，如巨峰葡萄、西螺椪柑、加州柑橘、梨山水蜜桃等；連瓜子、蜜餞等輕食都以「家傳之祕」或「三十年老店」的滷味掛上品牌，才能開拓市場。

7.2.2 品牌獨特價值點

廠商擁有的品牌若能在眾多的商品中脫穎而出，使顧客一眼看出容易辨識並不簡單，一般業界規劃品牌使大眾留下深刻印象，尤其塑造品牌的獨特魅力，常用的方法就是要突出該品牌的「獨特價值點」（簡稱DVP）。廣告是最常用的強化商品的獨特價值點作法之一，例如：

· 日立牌冷氣機的獨特價值點在於「聽了再買」。

· 池上米的獨特價值點在於「未受污染」。

· Extra口香糖的獨特價值點在於「預防蛀牙」。

· 麗仕洗髮精廣告強調「像個國際巨星」的風采。

· Kilin啤酒的廣告則強調「自然舒適、暢快痛飲」的感覺。

所以不管是商品本身的形象或是其他因素，要創造魅力品

牌，在市場上取得競爭優勢，都需盡力突出品牌的價值點，這個
價值點必須是別人前所未有的創新，不僅如此還得要做到永遠領
先，才能創出佳績。

　　品牌想擁有獨特的價值點，就要凸顯品牌差異，成功的品牌
不僅與競爭者區隔市場，也能讓顧客留下深刻印象；廣告是一項可
運用的邏輯策略，它可將品牌發揮到極致，因此如何運用廣告來塑
造品牌的獨特價值點是企業和廠商都該思索的問題，所以成功的
廣告，必須是有效的廣告，而有效的廣告，在於廣告能否建立自有
品牌。

7.3 品牌的價值

　　從到處可見的品牌（商標），消費者或許會想到品牌就是一個
產品或是代表一系列的商品或者是品牌也可能等於公司。事實
上，品牌可能是上述任何一種象徵，而且它們都代表著品牌的價
值，品牌除了只是被消費者識別外，也是企業或廠商讓產品能在
市場上暢銷和熱賣的策略之一，以下我們就來剖析品牌的價值有
哪些。

7.3.1 品牌權益

　　對消費者而言，隨著經濟的發展和科技的進步，市面上的品
牌多到不計其數，在消費者面對這麼多的品牌時，要如何簡化購

買者的購買決策並且節省購物時間和精力，已經是各企業或廠商愈來愈重要的課題。

對企業來說，品牌不只是產品，它還代表著企業形象與作為，而且也可以幫助廠商區隔市場，有了品牌，企業才能去爭取不同的顧客群體；在對市場而言，品牌會督促企業重視產品的品質管制，維持產品的水準；有了品牌的精神，企業才會不斷追求獨特的產品特色和產品定位，而且也能提高創新能力及延伸企業主張。

而品牌權益（brand equity）就是指品牌的價值，這幾年來品牌已被許多企業視為一項重要的「策略性資產」（strategic asset），它是可創造企業競爭優勢與長期獲利力的資產。

那何謂品牌權益呢？企業要如何創造品牌權益？品牌權益包括：品牌知名度、品牌忠誠度、品牌聯想與品牌感受品質，然後運用 4P 的每一個環節傳遞一致的訊息。

7.3.1.1 品牌知名度

品牌知名度指的是一個品牌在消費者心中的強度，它包含了品牌辨識和品牌回憶。品牌辨識指的是當消費者在某種提示下知道或者是聽過這個品牌，也就是消費者對品牌印象的記憶能力。品牌回憶指的是消費者記得並且能說出某種品牌的產品，而且是不經任何提示便能回想起這個特定的品牌。

品牌知名度在消費者購物時占有極優勢的地位，因為較容易被放置於消費者選擇的名單中而且會影響消費者購買的決策，例如，當消費者在無法區別品牌差異化，卻又必須從事購買行為

時，品牌知名度常常是決定購買的主要條件，所以品牌知名度和市場占有率之間有絕對的關係。

7.3.1.2 品牌忠誠度

品牌忠誠度是指名牌產品在市場競爭中具有傑出表現，高度、廣泛地贏得了消費者的信賴和愛戴，而持續的占據市場，並享有較大的市場占有率。市場競爭者的增加，不僅提高市場上品牌的複雜，也讓企業再建立品牌與維持品牌地位時愈來愈困難，對企業而言，品牌價值的產生，往往來自於消費者對這個品牌的忠誠，而品牌忠誠度和消費者的使用經驗有密切的關係，提高顧客品牌忠誠度的方法，就是加強消費者與品牌的關係，高知名度、受肯定的產品品質都是能讓消費者提升品牌忠誠度的策略，而且消費者的高度品牌忠誠，是讓其他競爭者進入產業的最大障礙，再者對某品牌有品牌忠誠度的消費者往往能塑造良好的口碑，也能吸引新顧客上門。

7.3.1.3 品牌聯想

品牌聯想指的是消費者連結到某一品牌的所有事物，也就是說消費者提到某一品牌就能聯想到其周邊資產，這對於品牌價值的建立是有很大的幫助的，在眾多的品牌中脫穎而出，差異化和消費者的使用經驗都能為品牌聯想提供基礎，以麥當勞為例，一樣是漢堡，可是麥當勞就能提供吃漢堡時的歡樂和食用漢堡時的感覺。

品牌聯想尚具有一個很好的價值，就是可以透過品牌聯想來

做品牌延伸,因爲好的品牌延伸更能加深品牌的效果,例如,迪士尼的「米老鼠」品牌對消費者「歡樂」、「兒童化」的聯想可以用來搭配童裝、文具等產品,就是迪士尼品牌的延伸。

7.3.1.4 品牌感受品質

品牌感受品質表示消費者對某項產品的感覺,例如,雙B汽車(BMW & Benz)給予消費者感受的高質感與性能,LV皮件的觸感,亞都麗緻飯店的服務等,都是消費者對產品、企業有形商品與無形服務的品質評價。

7.3.2 品牌意識

現今的行銷,已從產品本位轉移到消費者本位,很多行銷學者,比較品牌與購買習性關聯性,發現現代人的生活相當忙碌,所以很多時候購買物品都是被「品牌意識」所左右,也就是說消費者在意的是──產品有沒有知名度?在社會一般口碑如何?而這些品牌憑著什麼力量來吸引消費者,左右著消費者的購買行爲,使消費者對之情有獨鍾。

例如,無數女子與香奈兒產生美麗的邂逅;Nike讓熱愛運動的年輕人爲之瘋狂;新力成爲時尚與科技的代名詞或者在保養場換車用機油,有些消費者會指定使用外國品牌,一旦問他(她)選用的原因,他(她)卻不一定回答的出來。

品牌名稱與標記,正如個人的聲望與頭銜一樣,具有「介紹作用」,品牌幫助消費者「認識」產品,進而「有興趣」知道詳

情，再採取購買「行動」；在台灣，外國品牌往往象徵品質較好、產品較優的印象。

　　1996年年初，台灣各地曾發生大規模的病豬口蹄疫事件，造成很多主婦買豬肉，要指名「台糖」肉品，這就是「品牌」的功能適時發揮功效；其他還有優良食品GAP標誌；代表環境保護的綠色環保商標等；由此觀之，愈來愈多的品牌標示影響了我們的生活，顯示愈商業化的社會，產品為了易於辨識、建立形象、利於促銷考量下，已很少沒有品牌，如嬰兒衣物用品為麗嬰房創造了亮麗的嬰兒品牌，其他像農產品、水果等常見外國的品牌積極促銷，因此，品牌的潮流不僅已是消費品購買使用的認知考量，也是廠商擴展商機不能忽略的重點工作！

7.3.3 經營品牌形象

　　打響品牌知名度之後，再來重頭戲，就要開始經營「品牌形象」；經營品牌形象就是經營消費者的心理世界，想辦法在消費者內心留下一個美好的印象。一般經營品牌印象是企業投入資金力捧品牌，目前作法是將品牌有關的工作者，共同投入創造「品牌價值」，至於品牌有關的工作者包括：企業主、廣告公司、銷售通路等。

　　以麥當勞速食而言，它的金色拱門標記、麥當勞叔叔人物，以及不斷更新的贈品玩具，為麥當勞品牌帶來極佳的獲利，這種效果可能不是只有企業主與企劃人員獨立完成的。

　　因此，只要品牌形象經營得當，就能造成品牌「資產化」，至

於品質資產值多少價格，一般只是大約數，沒有眞正從事購併是不易引人注意的，例如，可口可樂品牌價值估計可達美金三百億元。

7.3.4 品牌定位

當企業決定顧客是誰，就可以開始爲品牌定位。品牌定位的目的是有效地建立產品與其他競爭品牌的差異性，將品牌認同與價值積極的傳播給目標對象，並在消費者心中擁有與眾不同的形象，讓企業與消費者之間產生共鳴，品牌策略可從消費者、競爭者與自我三個觀點進行分析。

7.3.4.1 消費者分析

該定位直接以產品的消費群體爲訴求對象，突出產品專爲該類消費群體服務，來獲得目標消費群的認同。把品牌與消費者結合起來，有利於增進消費者的歸屬感。

7.3.4.2 競爭者分析

市場如何分隔？企業如何改變競爭者在消費者心目中現有的形象，找出其缺點或弱點，並用自己的品牌進行對比，從而確立自己的地位。例如，海倫仙度絲洗髮乳強調有去頭皮屑的效果，這就是針對消費者傳達單一的功效，突出產品的特性，與競爭者區別市場。

7.3.4.3 自我分析

自我分析是表現品牌的某種獨特形象和產品內涵，讓品牌成為消費者表達個人特質、生活品味的一種媒介。如果汁品牌酷兒廣告娃娃就是右手叉腰，左手拿著果汁飲料，陶醉地說著「QOO……」，這種頭大身體小的可愛形象，還有裝大人的心理，讓小朋友看到酷兒就像看到了自己，因而博得了小朋友的喜愛。

品牌對消費者來說，就是一個存在心理的印象而已，品牌印象會因每個消費者內心世界的不同而不同。所以廣告人常說：「品牌純粹就是一個心理認同」，其是大哉斯言。

7.4 品牌經營策略

也許很多人都聽說過這樣的笑話：坐了十幾個小時的飛機才到美國觀光，結果買回的產品在當地美國品牌之下，竟秀有一行小字"Made in Taiwan"。其實這個故事應該不是憑空杜撰的，在美國走平價線凱瑪百貨公司，所銷售的東西很多就是來自亞洲，當然其中不乏是由台灣製造，生產物品的台灣工廠，卻可能永遠不知道它的貨品被銷到美國；因為它的角色只是「代工」，也就是俗稱的OEM。

「代工」一詞，代表從事生產但不掛自己的品牌，只掛「銷售者」的商標。從事代工的好處是不必負擔龐大的行銷費用，不需擔心沒有國際行銷的能力，同時比「自創品牌」風險低；至於缺

點則是從事代工無法掌握市場，永遠受制於人，因此如何從事品牌經營是廠商須思考的課題。

7.4.1 品牌延伸

企業經營品牌得當，可以使企業品牌從本業跨入異業，例如，BIC原本是筆類的品牌，可是在打火機與刮鬍刀市場也看得到它的行蹤，而這三類市場皆屬於使用後可丟棄的產品，並保有品牌的形象——方便與便宜。因此，集團企業從事多角化時，若能將本業品牌經營成功，進入其他異業成功機率便相對提高。

以宏碁集團而言，前董事長施振榮認為「電腦品牌」要重視微笑曲線（smile curve），強調台灣本土資訊業若要全球市場占一席之地，就必須向微笑曲線的左右發展，如圖7-1所示，才能賺取更高的附加價值，像右邊要擁有零組件做製造技術能力；向右發展則是打開行銷通路，若不幸落在曲線中間最低點，則變成專門做代工OEM，代工雖然好做，缺點是利潤不高。

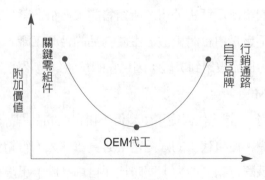

圖7-1　微笑曲線

7.4.2 品牌運用方式

　　商品具有「名稱」與「標記」之外，現代行銷尚運用「品牌」，加深消費者印象，品牌運用至少有二種方式，分別敘述如下：

7.4.2.1 單一品牌策略

　　生產者只選用一個品牌，並將它使用在任何該公司生產的產品之上，例如，「台糖」、「聲寶」、「大同」等老牌子都是沿用此種作法，它的優點是不必再多花廣告費，反正牌子老，有其品質信譽的保證；不過萬一產品線尚有任一產品不慎出了差錯，很可能因連鎖反應，造成該品牌信譽重大的傷害。

　　具體的例子，在美國曾發生可樂罐子裡找到針筒類的東西，這類事件所造成的震撼，使讓產品品牌形象一下子跌到谷底。隔不久，不約而同台灣某品牌的礦泉水也發生瓶內有類似絲狀物存在，這一來也讓該產品老闆不得不在傳播媒體上大力澄清，這都是「單一品牌走天下」的風險。

　　不過惠普在正式合併康柏電腦一年之後，將原康柏所有的商用產品都逐漸轉為HP品牌，惠普的品牌策略就認為所有的企業產品都採用原始的一個品牌名稱會比較好賣。所以「單一品牌策略」就在考驗企業的智慧。

7.4.2.2 多品牌策略

　　企業會採取此策略應該是跟它所處的產業有關，在快速消費

品市場較會出現「多品牌策略」的企業，因為快速消費品的市場是非理性的市場，它必須依靠更多的品牌，來獲取消費者的心，例如，P&G公司推出一系列不同名稱的洗髮、美髮用品，所以從企業的角度出發，「多品牌策略」終極的目標就是銷售收入和利潤最大化。

Marketing Move

成功的自我經營

　　1998年6月時奇美企業許文龍董事長曾於媒體表示，奇美將會裁掉銷售人員，將所節省的費用用於購買傳真機給客戶。

　　不少銷售人員初聞這則新聞不免感到有些沮喪，不禁自問推廣、銷售人員的價值何在？事實上，推廣、銷售人員若細究這則新聞的內涵就不會感到太難過，因為奇美的產品是中間產品，訂購廠商皆為大量產品，所以可藉助傳真機或其他通訊科技由加工廠訂貨即可；至於其他工業品零售、消費品或服務業若沒有人員推廣或銷售，公司將很難經營。

　　也許有人會問道，那麼銀行推行的電子銀行或無人銀行也不要營業人員，這又如何解釋呢？事實上，電子銀行或無人銀行只是將比較例行性、低層次的工作交由科技產品代替一般行政人員的工作，如果碰到一些新金融商品，如外匯投資、個人專屬理財等業務則更需要更高級的推廣人力呢！

　　從一些推廣、販賣與服務行業中，發現若干曾受媒體報導的推廣銷售人員，在其人格屬性具有高度「自我經營」特質與品牌經營有異曲同工之妙，自我經營在此的定義包括：自我激勵、人際來往與健全的人生觀。下列為人肯定的業界代表（簡略化名），茲分析其成功關鍵因素，如表7-1所示。

表7-1　成功銷售人員案例

名字	行業別	個人資料	成功關鍵因素	人生觀	備註
張生	人壽公司經理	1.1976年經商失敗。 2.1977年6月成交第一個個案（拜訪二十五次才成交）。	1.接受挑戰持之以恆推銷。 2.前台表演精采，後台支援充分。	1.要樂觀，不向挫折認輸。 2.人觀全程、事觀全局、物觀全貌。	保險業年資二十二年，保戶有三千多位。
謝瑛	金店台灣分公司經理	1.中年轉業（公務員）。 2.1994年台灣分公司成立，1997年業績十億。	1.突破傳統經營方式。 2.顧客與員工同等重要。	1.壓力不會消失，但是可以輕鬆的控制。 2.一個要兼顧家庭與事業的女人，要加班只有早上最適合。	1.早上五點鐘上班從事規劃與決策。 2.爬山、走路、看電視降低壓力。
李經	房屋仲介公司總經理	1.工商專科畢業，奧運拳擊培訓選手、地攤老闆。 2.1997單店營收十億。	1.談判技巧與洞悉人性。 2.賺錢的意志、良好體能與熱忱態度。	1.努力就有成功的機會。 2.當老闆的責任是帶領員工走過不景氣。	出版行銷著作。

　　除了此三位較傑出之三位銷售經理有不凡的「自我經營」外，頗具盛名的亞都總裁嚴長壽先生似乎也是「成功品牌」的象徵，他在高中畢業後進入美國運通旅行社，從小弟一路成爲總經理，頗受賞識，後再赴亞都飯店擔任總裁，這些歷程更印證自我經營是成功關鍵之重要性，他的著作《總裁獅子心》（From Messenger to Manager）可看出從事銷售的用心與熱忱，由於亞都飯店的經營成功，更受倚重擔任總管台北圓山飯店的企業再造工程，所以成功的人生與品牌經營得宜道理不遠。

問 題 與 討 論

一、 品牌創立的目的為何？

二、 品牌如何命名？

三、 品牌權益的內涵為何？

四、 品牌運用方式為何？

五、 品牌如何定位？

Chapter 8
服務行銷

在今天，僅僅顧客滿意是不夠的，你必須善待他們，好到使他們心甘情願為你說話才行。

——肯‧布蘭佳

傳統的行銷理論，其重心在於如何吸引新顧客，但開發新顧客所需的成本可能是留住舊顧客的好幾倍，因爲要使顧客轉換品牌或消費習慣是一件高代價的事，因此如何使舊顧客滿意，並且願意替我們創造新顧客群，實是當今行銷理論中極重要的課題。

許多公司已經明白留住現有顧客的重要性，研究顯示只要減少約5％的流失率，即可改善25％至85％的利潤，足見留住原有顧客的重要性，而留住顧客的方法有兩種：一、築起高的轉移障礙；二、給顧客極高的滿意，即使競爭者訂價較低或者設置轉移誘因都無法使原顧客輕易轉移。

本章內容主要探討服務與行銷的關係，藉著滿意的服務以留住原有的顧客，創造忠誠顧客，並且希望藉由原有的顧客吸引新顧客，形同公司的事業夥伴。

服務行得通

PM 6：30香港，李志雄快步走到SOGO百貨公司旁的公車總站，剛好目送往沙田的公車吐一口黑煙離去，疲乏又無奈的他，看看各個站牌已經排了十幾列的長蛇，每張空乏的臉孔正刻畫他們勞累的一日，此刻似乎不管什麼膚色的臉容都述說著相同的期待——下一班車趕快來，車上有位子坐，我要回家吃（作）飯。

同樣的時間，PM 7：30（時差一小時）曼谷，阿蓮（大陸移民）熟練的擠上了往City Plaza的小公車，原本可以站十來個的車廂，擠了兩倍的人後更顯出沙丁魚的擁塞，她不管車上幾個阿飛頭手伸出窗外呼嘯，兀自盤算那「印度阿山」要她代工作西服是否划算？阿山每套西服含布錢向旅客收美金一百，三天交貨，但只給她美金三十元不到的工資，四月潑水節後她也許可以要求調高工資，台灣旅客據說愈來愈多……。到站了，阿蓮再次用力撥開人群，跳下大口吐黑煙的公車，衝過馬路跑到對街，消失在逐漸轉黑的街道。

PM 6：30新加坡，李漢河（華裔）嘆了一口氣，拿起外套準備收工，他邊走邊想，自從夜間動物園開放之後，動物園的工作變成兩倍，但園方也不增加人手，這就是新加坡式的效率，還好搭地鐵十來分鐘便可回到牛車水的國宅，晚上泡壺好茶看包青天斬郭槐。

還是PM 6：30台北，李峻走出公司電梯，準備到醫院掛夜間

門診，看了一天爛稿子，年紀漸大，上了公車總會打盹，這一、兩年來搖晃的公車總讓他在半夢半醒之間感覺回到老家貴州，他可真懷念那地無三里平呀，台北市民抱怨又硬又平的道路，他倒是不介意。老陳上次貴州返鄉探親回來說貴州不少道路鋪了又硬又平的柏油路，讓他悵然所失，他看著車內電腦顯示上下車的看板，電腦合成的聲音提醒他，三軍總醫院站到了。

亞洲不同的人種，不同的城市組成不同的國家，但在邁向現代化的道路上卻遭遇相同的問題，如大眾運輸、公務員效率、都市規劃、健保等。

五十年前甘迺迪傳世的名言：「不要問你的國家為你作什麼？要問你能為國家作什麼？」似還擲地有聲，五十年後的今日，當民主政治隱然成為主流，面對民眾的需求，公職人員加強服務的理念已取代要求人民自省，不論政治人物或服務公職不斷被要求更具體的作為來改善人民的生活。

8.1 服務的概念

　　管理大師彼得‧杜拉克認為企業最重要的工作，是創造顧客並留住顧客，因此第一線的銷售人員，著實肩負起極其重要的責任，其中滿意的服務一項，是提升顧客價值感最好的利器，因此在行銷的整體概念中，實應包含產品與服務兩項，而此兩項實難分割，甚至於有考慮服務重於品質或價格者，例如，購買汽車的消費者，會選擇購買國產車，大都是考慮其售後維修及保養的服務因素，因此任何的交易行為，實無法與服務分開，親切、熱忱、細膩的服務，在各行各業中，都是形成顧客價值感、滿意度的一環，也是影響他們再度購買，或是帶來新消費者的可能性。

8.1.1 服務特性

　　一般提到行銷中的服務實與服務業不同，服務業其產品，在行銷過程中扮演著極其重要的角色，如理髮業、補習班，但服務則不論任何行業、產品皆必具有的過程，其特性如下：

　　‧不可分割性（inseparability）：產品與服務在銷售的過程中，是一種相互的結合體，意涵服務同時被提供與消費，提供服務的員工與顧客的互動關係很重要，因此一項銷售過程的完成，其產品本身除能滿足顧客的價值感外，服務的好壞實關係後續的交易結果。

　　‧無形性（intangibility）：服務本身，無法用實體的東西來

表徵，不像房屋銷售，有樣品屋，汽車有實車可供試乘；換言之，服務是一種行為或表演，無法事前感覺、觸摸、試用，因此消費者很難事前評斷好壞。

·易變性（variability）：服務的可塑性是極大的，可因人、因事、因地、而異，因為員工不同，提供服務的時間不同及地點不同，顧客或許都會有不同的感受，所以服務標準化是一項挑戰。

·無法保存性（perishability）：服務本身具有時效性，一場動人的音樂會，或花車遊行，如果錯過了，場景與原音無法再重現，不像有形產品可以依需求儲存產品。

8.1.2 服務的心理面

為提升品牌的競爭力，除了產品的行銷策略須因應社會的改變，採用有創意的作法外，近幾年來行銷界更提出所謂的「顧客滿意度」指標，提醒經營者用「心」服務，爭取消費者的肯定。

顧客滿意講起來容易，但做起來卻不簡單，若把客戶滿意與不滿意的例子相較，不滿意的例子總是較多，且常發生在我們周圍。

你是否有以下消費經驗：

·到書店買書遍尋不著，煩請小姐代勞卻遭白眼或推說找不到。

·興沖沖參加旅遊，旅行社卻不接受刷卡買機票，令消費者少了一層保障。

·看到中意的服裝卻沒有合適的尺寸，銷售小姐也冷冷地回

答：「賣完了」。

‧坐計程車不想聽call in的政治談話，不料遭司機反唇相譏。

為什麼我們會覺得這項服務好或不好？簡言之是因為我們有「期待」，而當「期待感受」與「實際感受」有太大落差時，就會令消費者感到心理受傷害，這就是服務不好。

然而，部分銷售人員或許並不認同銷售本身就是一項含有服務的作法，所以忽略了消費者不舒服的感受，這說明「服務文化」的建立仍不夠成熟。

8.1.3 有形產品與無形產品

顧客購買產品後，是否滿意除了取決於對產品的期望，售後服務是不可忽視的一環，雖然服務本質上是無形的，也不能如物品般具有所有權的移轉，但不可否認的，任何產品皆須輔以無形的服務，才能使交易臻於完美的境界；而服務亦可區分為，有形產品的服務與無形產品的服務兩種。

‧有形產品的服務：服務會隨著產品的交易而產生，如家電用品、汽車，雖然服務的比重，因產品的類別而有所差異，但卻是因實體有形的交易後，產生服務關係。

‧無形產品的服務：這類的服務通常不見實體的交易行為，例如，理髮、法律顧問、音樂會。

要重視消費者的感受，業者最好要清楚本身行業與顧客之間不具體化的「無形服務」有哪些？

基本上，要注意以下二點服務特性，首先，定位自己的技術

是專業或非專業，例如，提供法律諮詢與擦皮鞋的服務，兩者的
滿意服務與作業要點當然不同。

其次，考慮完成服務的主要媒介是機器或是人，例如，若用
機器洗車，設備要好、要新、避免對車身造成刮傷、掉漆；若用
人工洗車，除了讓車身亮麗之外，可適時提供車身美容（美姿、
美儀）與加油站訓練員工應對也不太一樣，雖然兩者基本上都要
與顧客溝通。

至於有形服務內容又包括哪些呢？基本上，以下三點值得業
者關切：

· 產品與服務的關係，公司的服務誠意能作到什麼程度？消
費者的需求是什麼？期望為何？服務收不收費？收費訂定
標準又是什麼？

· 硬體服務的設計，例如，080免費服務電話的設立，專門處
理客戶申訴與抱怨的部門等。

· 軟體的搭配，如工作人員處理客戶抱怨的流程，一般與特
殊服務項目如何聯繫，提供顧客什麼樣的承諾等。

製造業與服務業提供的產品形式雖然有所差別，但廣義而言
只要業者與顧客產生互動（語言、碰觸、感覺）就有「客戶服務」
的情境產生，因此，成功的現代行銷應該注意顧客消費時的情緒
反應，而且不是一種口號。

航空公司喊出「以客為尊」時，也只有顧客在接受服務時才
心知肚明自己的份量。

當我們明瞭服務所包含的無形與有形兩種內涵後，也許你會
發現這些設計最重要是靠「有心」在作堅持。

8.2 服務品質

企業獲利能力的高低，取決於產品的品質與服務的品質，才能提高顧客的滿意度，企業主管應將改善產品品質，及服務品質視爲最重要的課題，現代服務行銷以顧客爲中心的服務導向，已爲企業所重視。

8.2.1 服務品質評估

通常我們將產品品質評估之難易，分爲主觀品質、客觀品質與信任品質三種。

- ·主觀品質評估：是指在購買前，就已確定產品的種類、價格、甚至於顏色、樣式，如汽車、高價手錶、電器等高價製品。
- ·客觀品質評估：是指在購買後，才能察覺品質的優劣，如產品的耐用度。
- ·信任品質評估：是指在購買前後的品質難以評估比較，如汽車修理，房屋設計改裝。

8.2.2 服務品質缺口模式

服務品質是顧客心目中對提供服務者的品質評量，是主觀且抽象的觀念，服務品質常被用來討論的理論以PZB模式又稱服務

品質缺口模式較爲著名。

　　根據PZB理論，主要是說明整體服務的過程，每一個接觸點都有可能出現「缺口」，提供服務者即可針對缺口予以改進，服務進行出現的缺口共有五項，如圖8-1所示。

　　缺口1：消費者「預期的服務」與服務業者對「消費者所期望服務品質的認知」之差距，如果服務業者越瞭解消費者的想法，缺口即可縮小。

　　缺口2：服務業者對「消費者所期望服務品質認知」與將「認知轉換爲服務品質的標準」之差距，主要是服務業者認知與實際執行之落差，產生原因來自組織人手限制、資源不足或不夠用心所致。

　　缺口3：服務業者將「認知轉換爲服務品質的標準」與「實際服務的傳送」之差距，產生原因可能來自組織服務人員未能遵照業者所制定的服務作法與方式。

　　缺口4：服務業者「實際服務的傳遞」與服務業者「對消費者的外部溝通」之差距，產生原因可能來自組織對社會的溝通與實際的服務有落差。

　　缺口5：消費者「預期的服務」與服務業者對「消費者所期望服務品質的認知」之差距，產生原因屬於消費者對整體服務的感覺高於服務業者對服務品質的認知，使消費者感覺不愉快。

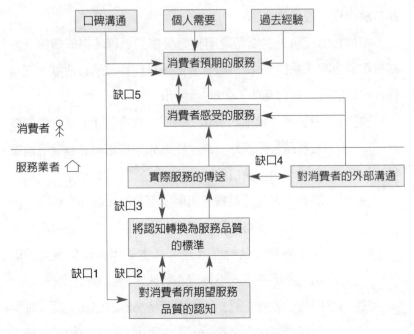

圖8-1　服務品質缺口模式

8.2.3 服務品質決定因素

服務品質的優劣有以下的決定因素：

- ·服務的可靠性：指提供服務是令人可以信賴的。
- ·服務的反應性：是指服務的時效與速度的快慢。
- ·服務的親切性：該顧客感到被重視有賓至如歸的感受。
- ·服務的信任性：員工的知識或專業程度深獲信任。

8.3 顧客關係與體驗行銷

　　企業最終的希望，乃是與其顧客產生強力的連結，提高消費者對企業產品的忠誠度，現今產業的蛻變日新月異，產品品質與服務品質的全面提升，乃是保持企業穩定成長的不二法門。

8.3.1 顧客流失的損失

　　顧客流失是企業最不願見到的事實，其中不乏多項原因，包括價格、品質服務，甚或喜好的改變等，因此企業應設法去瞭解顧客流失的原因，並提出改善方案，如果是不可抗拒的流失，則另當別論，如搬離該區或轉換行業，否則應盡力滿足消費者的需求，力求降低流失率，因爲流失率實是直接的影響營業收入與公司的利潤，因此企業應有翔實的統計表已確實的估算流失率與流失損失。

　　顧客流失分析則有以下幾個重點：

· 每年流失率與流失的情形。

· 各單位、營業處所、地區經銷商、個別的流失率爲何。

· 流失率與價格間的關係。

· 整體產業平均的流失率爲何。

· 流失的顧客何處去，並瞭解其原因。

· 探討產業中最低流失率的公司，並瞭解其原因。

8.3.2 留住顧客的重要性

在行銷理論中，一直以來都強調如何吸引顧客，強調開發市場，實不知開發新顧客的成本，可能是留住舊顧客的好幾倍，要使顧客接受新品牌是件高成本的事，無論是廣告或促銷方案的建立，皆是減少企業原有的利潤而且成果無法預期，根據研究只要減少5%的流失顧客，就可以改善25%至85%的利潤，想要留住顧客其實不難，重視的方法有二：

- ·建立移轉的高門檻：無論在技術或資本成本方面，顧客如要轉移勢必損失享受技術或品質的優勢，再則移轉的過程如須付出不少的成本支出，則會減緩或打消移轉念頭。
- ·給顧客高度的滿意：顧客的考量點絕對是全面性的，雖然競爭者以低價促銷或贈品來吸引顧客，誘使轉移但通盤衡量的結果，顧客仍可能保有忠誠度，使買賣雙方得到最大的滿足。

8.3.3 愛用者俱樂部

台灣為了使金融服務邁向國際化，解除設立銀行的限制，在銀行紛紛崛起後，舊有的金融機構開始感到競爭的壓力。

面對新銀行推出新的金融商品、親切的服務態度，公營銀行也開始改進革新，例如，建立明顯的CIS制度與顧客溝通、中級主管輪值服務台回答顧客詢問、存放款利率較有談判空間等，其中，最重要的是提出一套服務指標自我偵測，瞭解顧客不滿意之

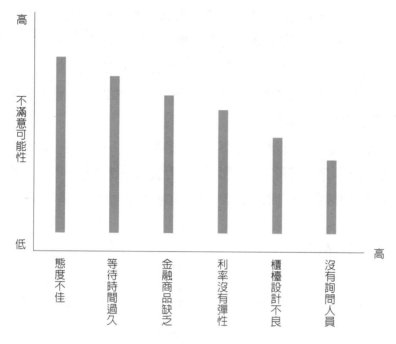

高

不滿意可能性

低　　　　　　　　　　　　　　　　　　　　高

態度不佳　等待時間過久　金融商品缺乏　利率沒有彈性　櫃檯設計不良　沒有詢問人員

圖8-2　金融業可能引起顧客不滿意的項目

處，以便改進，如圖8-2所示。

　　其實，走向多元化社會，不僅服務業須重新思考如何使顧客更滿意，製造業何嘗不也應該更積極研究產品的改進，讓顧客有「用心」與「創新」的感受呢？

　　《顧客也瘋狂》一書在介紹服務顧客的理念已經不是局限在「顧客滿意」的層次，而須把層次提升到讓客戶為公司瘋狂的地步，就如同影迷、樂迷崇拜偶像一般「死忠」，甚至成立「愛用者俱樂部」。

　　仔細分析，貫穿該書最重要的理念有三：

第一，多方模擬想像顧客使用產品時的障礙，並加以排除。

第二，把自己的經營理念與顧客的需求相連接。

第三，訂定目標，但實際施行要比訂定目標高一點。

你覺得以上說法如何？美式服務的理念能認同嗎？這三點在台灣目前實行困難嗎？

若能將滿意的服務理念應用在組織部門，各部門運作必然更會順暢，因為部門間「投桃報李」相互支援服務之故，所以，連研發部門針對「研究開發」工作也要有顧客導向的服務精神。

8.3.4 關係行銷

關係行銷觀念的來源，最早是由1960年代北歐諸國的工業行銷而起，其主要為探討工業產品如何在廠商之間的關係中達成交易行為。直到1983年由Berry在服務行銷中提出關係行銷並且將其定義為在多重組織中，吸引、維持及提升與顧客的關係。

Berry在〈服務業行銷〉一文中提出關係行銷的觀念，認為在服務業傳遞服務產品之過程中，取得新的客戶只是整個行銷過程中的一個環節，如何將顧客緊緊抓住，並建立顧客對企業之忠誠度才是服務業行銷的重心所在。而後的許多學者更進一步研究關係行銷，可以發現許多學者認為關係行銷是講求長遠關係，以彼此的信任和承諾為基礎，達成雙方皆可獲利的目標。

Berry 和 Parasuramany在1991年將關係行銷區分為三個層次，實現層次愈高，企業所能獲得的潛在報酬也就愈多。在第一個層次中，主要強調以財務性價格誘因吸引客戶，但是無法為企業創

造長期的競爭優勢，因為價格是最容易被競爭對手所模仿的，所以無法建立長期的顧客關係。第二個層次則是強調以個人化的服務將顧客轉換成客戶，這種經由個別化的溝通和顧客建立社會性連結，藉以表達感謝與友誼的方式較不易被競爭對手所模仿。第三層次的關係行銷則是將第一與第二層次結合起來再加入結構性結合，與客戶建立長期而穩定的關係，提供競爭對手所無法提供的服務，為企業創造長期且實質的競爭優勢。

8.3.5 體驗行銷

消費者在消費時不僅注重產品的功能與服務，亦期待消費時能獲得新奇或特別的消費體驗；因此，學者Schmitt整合傳統行銷的論點，以個別顧客的心理感受提出體驗行銷，作為管理顧客體驗的概念架構。

體驗行銷主張產品或服務可以為顧客創造出體驗，方式為提供感官的、具感染力、創意與情感關聯的經驗，作為一種生活形態行銷及社會性認同的活動。而它們通常是肇因直接觀察與參與，不論它們是真實的、夢幻的、虛擬的，沒有個體的體驗會是完全相同。

以誠品書局為例，其空間設計、名片、手冊、海報以及網站，都屬於感官的刺激，讓顧客產生不同的體驗。在情感方面，誠品書局採用了各分店不同的主題，讓顧客對各分店產生不同的情感，並且提供沙發及椅子，讓顧客安心且舒適的閱讀。至於思考與行動，誠品書局各分店會舉辦主題活動，但是彼此會相互支援活動，讓顧客在參與活動的同時，藉由標語來思考自己正在閱讀什麼。

Marketing Move

創意與服務管理

　　在日本興建一座加油站（不含土地成本），在1990年代初期估計約需一億兩千萬日幣（約新台幣三千四百萬元左右），可是由於市場競爭相當激烈，獲利情況並不理想。以汽、柴油而言，每公升獲利約日幣四元，煤油每公升獲利也不過日幣三元，其他油品每公升獲利也在四元左右。

　　在日本眾多石油公司中，日本石油公司（Nippon Oil Co.）每年販賣汽油排名首位，汽、柴油量估計約占日本市場15%，該公司在加油站經營方面本身擁有一千八百個加油站，而其系統中亦不乏有一千個加油站的大經銷商，而小經銷商亦有數百個加油站，也就是說大經銷加油站下又有小經銷站環環相扣，這種銷售體系與台灣加油站經銷相當不同。

　　據該公司分析其汽、柴油銷售客層中，個人約占60%，法人（公司、社會）則占40%。而個人前往加油站加油當中，付現金約占60%，使用信用卡約占40%。

　　同時該公司發現，消費者付款的方式，付現金的消費者成長率高於簽帳卡的客戶，面對這樣的趨勢，如何提出令顧客滿意且具創新的服務方式呢？

　　經過內部研討後，該公司推出Card System加油卡制度，使用該卡在日本石油公司所屬的加油站，不僅可以簽帳亦可以付現金。此外，日本石油公司更以此卡進行促銷活動，以此卡累積點數，每消費三千日元算一點，消費滿三十點贈送約合五百日元的

禮物一份，而消費滿八百點送一台車上型電視（即須消費二百四十萬日元，合台幣六、七十萬），據說該制度推出以來，不少消費者已達到申請電視的標準。

　　申請成為Card System的會員要繳交一次的申請費日幣三百元，該公司並將申請者分門別類，以便為將來進行更妥善的服務工作，經過企業分類後，加油卡區分成八種，見圖8-3所示，不過，由於顧客區分太細，該公司財務部門發現在服務成本及服務管理上有些困難，未來或許需再作調整，但「加強服務」的方向與「掌握客源」是不變的政策。

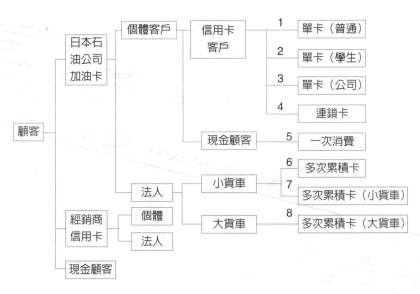

圖8-3　日本石油公司加油卡制度

問 題 與 討 論

一、 請說明服務特性對行銷意義為何？

二、 何謂服務品質管理？

三、 PZB服務品質觀念為何？

四、 服務品質的構面為何？

Chapter 9

價格策略

事上鮮有不為減價而心動的消費者，
即使只是削價二毛錢。

——美國諺語

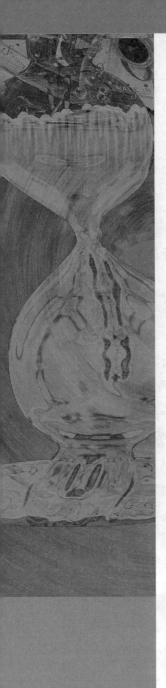

定價向來是行銷組合4P（產品、促銷、通路、定價）中最困難的一環。尤其隨著市場日益全球化，定價的問題也變得愈來愈棘手。許多企業不是索性放棄，就是一廂情願地採用產業慣例或成本加成法（定價＝成本＋固定的獲利率），再不然便是消極地當個「市場跟隨者」，跟著競爭者走。然而，要成為「高明定價者」，往往就得採取截然不同的態度：必須將價格視為達成行銷與財務目標的利器，並充分發揮其威力。

A&P的割喉戰

　　一般消費者採購物品，價格往往是購買與否的主要原因之一，在所得較低的地方，產品是否「低廉」與產品流通速度益形顯著。行銷學在理論發展過程中，很多觀念是從經濟學分出來的，因此，經濟學所提到的價格與供需理念自然成為行銷學的部分觀點。

　　然而，學理上的地價理論，需運用各類計量模式，造成實務業使用的困難，因此，定價方法仍憑主管判斷居多。在此情況下，業者相互的競爭，「削價」常淪為最決定性的武器，這種削價長期而言，可能會造成廠商嚴重虧損，所以往往得不償失，是一種惡性競爭；在行銷案例上，這種採取「利潤破壞」的方式使全美一度量販店排名第一的A&P公司利潤流失，公司大量失血，經過十年的嚴重虧損，最後黯然遭受併購的命運。

　　A&P公司（全名為Great Atlantic & Pacific Tea Company）1859年由哈福特成立，經過一百多年經營，1971在全美量販店的總營業額約五十五億美元，領先排名第二的Safeway（五十三億）與第三的Kroger（三十七億）。儘管A&P公司營業額與市場占有率在1971年拔得頭籌，新的CEO（Chief Executive Officer）上任後，隨即整頓公司並宣稱將實施WEO（Where Economy Originates）政策，對旗下數百家大賣場所有產品大降價，使原本產品平均利潤從二成左右，減到只有一成的利潤。

　　新的CEO標榜嶄新的經營理念——量販店是一個以量爲主導的生意，銷量應以噸計。

　　在實施WEO辦法前，公司曾在數個地方做過WEO策略的測試，結果是客户反應熱烈，效果超過預期，各店平均營業額上漲至少一倍以上，客户源源不絕；就是因爲試賣的成功，所以公司放心大膽在所屬千個量販店實施。

　　此外，配合WEO政策的推動，總公司明顯在廣告及採購方面有些改變，除了大量刊載廣告外，收音機與電視機亦大肆宣傳A&P公司產品價格比其他競爭者低；在商品方面，由原本一萬多種產品減至八千多種，因爲大量產品進貨才能獲得優惠的進價；另外，A&P也推出自己的品牌銷售。

　　面對這種血拚，競爭者有什麼反應呢？據歸納主要有兩個方式：

- 配合A&P公司的大幅降價，而跟著降價，只要消費者攜帶廣告能説出A&P公司何種產品比他們便宜，這些公司就降價，但這些公司也變得獲利大幅縮水。

- 針對A&P公司大幅降價，有些公司不跟進，甚至某些產品不跌反漲（當然也有些產品跟著降價），主要策略用在加強服務方面，例如，特定點免費公車載送、延長購物時間等。

　　A&P公司實施WEO策略一年後，1972年的營業額增加八億美金，達到六十三億元的高峰，不幸的是，獲利首度出現五千萬的虧損數字，原因顯然是被過低的獲利率所侵蝕。

　　從1972年起，A&P公司就惡夢連連，陷入虧損的泥沼，到1974年獲利赤字更達到一億五千萬。此後，公司雖不斷更換高階經理人員亦無濟於事，一項誤判的降價決策，落得連生存都有問題，A&P賣場門面現已找不到昔日龍頭老大的風光，目前該公司早已被跨國集團收購，經營依舊慘澹，錯誤的經營策略落至此下場算是少見的淒涼。

9.1 價格的基本面

消費者對於價格的微妙心理與認知，讓賣家在價格上有很多的把戲可以玩：台北於1957年率先推行不二價，勸導商家確實標價，經濟部於1966年推行不二價運動，對不標價的商店加以處罰，最重可勒令歇業。可見價格對消費者的購買行為具有相當強的威力，價格一般而言只是用來交換商品或服務的貨幣數目，市場上所有的商品都有其價格，而消費者接受這個價格，才會產生交換行為。對消費者而言，價格常成為購買產品的重要參考因素，當消費者在評估產品價格時，消費者是以產品價值作為評估標準。

價格的調整非常有彈性，因此常用來快速因應競手的變化及市場上的需求，例如，颱風過後往往菜價飆漲，似有人為操控哄抬，一個高麗菜甚至賣到兩百元。

不過，產品如何定價？廠商又根據什麼樣的情況去考慮售價？目前常見的定價方式有三種，分別為成本導向定價、消費者導向定價與競爭者導向定價。

9.1.1 成本導向定價法

此種定價方法最主要是以成本作為定價考慮基礎。

9.1.1.1 成本加成定價法

成本加成定價法（cost-plus pricing）是將產品成本加上特定

的比率或數字，即取得產品售價，較能保證廠商不虧損；一般而言，計算成本價格時，必須先估計要生產的產品數量，計算固定成本和變動成本，再加上想賺取的利潤即可。單位價格＝總固定成本＋總變動成本＋預期利潤／生產的個數，在各種主要的定價方法中，廠商都情願採用成本加成法，因為這是最簡單易行的。

9.1.1.2 損益平衡的價格

要算出詳細的單價，財務會計單位一般會算出損益平衡點（簡稱BEP），而它的組成包括固定成本（FC）與變動成本（VC）；固定費用是不論企業營運數字高低，必須固定支出的，一般固定成本會包括以下數項：

　　‧廠房、辦公租金。

　　‧員工薪水。

　　‧貸款利息。

　　‧機器維修清潔費。

　　‧廠房、機器折舊。

　　‧保險費。

　　‧廣告宣傳費。

　　‧授權費。

而變動成本會隨營業額變化而成高低變動，並非一成不動，變動成本亦包含下列數項：

　　‧運費。

　　‧業務佣金。

　　‧加班費。

‧出差費。

‧壞帳。

另外還有一些雜費（如郵電費）也列入變動成本。

根據計算公式：售價＝固定成本／售出數量＋變動成本，可得出單位售價，茲以下列案件說明：

【案例】

甲公司欲算出新開發產品單位售價為何？已知該項投資每年將耗費40,000元的固定成本（含折舊），預計每年平均售出50,000單位，而每單位變動成本為1.2元。

【解答】

將數字帶入公式：

售價＝40,000（元）／50,000（個）＋1.2（元）＝2元／個

值得注意的是在少樣多量的生產方式下，公司計算每項產品的成本後再將本求利，這種方式並不難。可是，如果產品有數十種，生產排程又不同，造成使用人工與機器時間互有差別之下，那麼會計部門與現場部門對產品成本也許就會有不同的估算方法。

除了成本之外，價格還要考慮供需問題，就大環境而言，民生用品與大宗物資價格的變動，將帶動整體物價的波動，因此，政府會成立相關機構，使影響大眾的產品價格，儘量維持在一恆定的狀態。

若就一般服務業而言，產品本身的吸引力、顧客的偏好，才是廠商定價的重要依據，這也就說明為什麼電影首輪票價兩百多塊；「錢櫃」KTV一小時包廂消費數百元。可是，只要「業者高

興，消費者喜歡」似乎也沒有什麼不可以。

9.1.2 消費者導向定價法

消費者導向定價法可稱為需求定價法，或稱為差別定價法，主要是公司調整其銷售價格，因應不同顧客群（單一顧客購買或群體購買價格不同），當消費者在評估產品的價格時，是以消費者所感受到的產品價值作為標準，因此，在設定價格時，就可以根據消費者對產品價值的認知，並視不同地點或不同時間來訂定彈性的產品價格，例如，保養品的廣告訴求不同、或包裝不同，價格就有不同。

9.1.3 競爭者導向定價法

至於競爭者導向訂價法是參酌競爭廠商在市場的價格為依據，當競爭者改變產品價格時，其他廠商就會跟進，使得價格和競爭者價格一樣，或者保持一定的距離。

不論採取何種定價方法，定價的目的不能忽略產品定價對顧客的附加價值。附加價值最重要的觀念是在於運用「非價格因素」，常見的創造價值方式有加強產品使用上的人性面考量與設計，或提供精緻、周到的顧客服務，例如，電風扇增加IC裝置可自動開啟與關閉，若能設定恆溫裝置，功能就更優良；再如推陳出新的電腦軟體，改善使用者的方便和親和性，也是一種「非價格因素」，目的在提升產品的競爭力。

因此，如何設法使附加價值（V）極大化，觀念上可考慮 V=Q／P，P為售價，Q則可能表示產品的功能績效、使用成本、使用難易度、可靠度、服務與相容性等，若分母增大愈快，分子即使變大一些，商數還是可被接受。

然而折扣的誘因對消費者一定會有吸引力，但運用價格殺價絕不是企業生存唯一方式（倒閉大拍賣除外），更不適合所有形式的企業，譬如量販店產品售價比超市低廉，這個行業性質在通路上採薄利多銷或許可以配合，但此作法未必適用石油產品；若以美、日先進國家加油站為例，Chevron、Shell、Mobil的高級無鉛汽油大多比其他小石油公司售價高，它能維持高價乃是這些大公司的國際形象與品質獲得顧客的信賴。

9.2 定價考慮因素

對於某些廠商而言，價格訂定很容易，只要把成本加上所需的利潤就可以了。但問題是，價格的訂定真的簡單到只需把成本加上利潤就能銷售於市場上嗎？

生產業最大的優點是以低成本為競爭利器，服務業也是，以台灣目前的金融服務業、銀行業的利率、保險業的保費，如果業者沒有提出差異化產品來服務顧客時，價格競爭就成了主要的策略，但低價未必無往不利，高價也未必窒礙難行，就看企業如何靈活的運用價格，攻城掠地了。

9.2.1 利潤的因素

一件標價三千元的名牌襯衫，究竟有多少利潤呢？據市場估計，衣著類的稅前毛利大概是售價的四成以上，珠寶則有五成以上，民生用品最少也有兩成的利潤。這種以成本爲定價，加成若干的定價方式，一般稱爲「成本加成定價法」。

成本加成定價法雖不失其簡便，在競爭產品中定價是相當微妙的一項決策，如果從消費者觀點看的話，價格先是一般產品的比較，再從認知產品的價值、企業形象做最後定價。

悅氏礦泉水爲何比進口沛綠雅價格低，美好挺襯衫又爲何比進口的BOSS便宜，因爲消費者認知與對企業的形象不同，所以願意付較高價格購買。

9.2.2 系統化考慮定價法

系統化的分析，一般企業定價考慮不外乎兩構面六變數，如表9-1所示，並說明如下：

表9-1　定價兩構面六變數表

兩構面	六變數
內部（企業體）	1. 利潤目標（目的） 2. 標準成本
外部（環境）	1.價格認知 2.產品競爭 3.經銷代理 4.供需狀況

9.2.2.1 以企業內部（企業體）而言

1.利潤目標（目的）

企業對定價抱持何種態度？希望為公司創造多少利潤？利潤極大化是一種理想；有時定價會考慮市場占有率而做利潤下降；另外，一般產品會配合它的生命週期，公司會擬定不同階段的利潤目標，如**表9-2**所示。

2.標準成本

標準成本指在某一特定期間內，製造單一或一定數量產品的預定成本。亦即，在現時或預計作業情況下，一項產品的計畫成

表9-2 產品生命週期與價格要素表

	介紹期	成長期	成熟期	衰退期	備註
市場狀況	本產品為新產品剛進入市場	本產品漸漸打開市場銷路	本產品量產達到最大化	本產品功能或特性已有所不及造成銷量下滑	
成本	最高	中	低	低	曲線由上往下降
銷售量	少	漸上升	最高	由多趨減	
定價作法	成本加成法	價格比較法	價格攻擊者或追擊者	降價促銷	
定價考慮關鍵	1.維持損益平衡即可 2.為搶占市場占有率或有可能造成短暫虧損	比較其他產品價值並考慮產品定位及相關策略而定價	以競爭廠商為價格調整考量	管銷及設備成本攤平後視狀況可再調降	
行銷目標	鼓勵消費者認用	擴大市場占有率	獲取高額利潤並維持占有率	減少支出市場持續獲利	

本。成本可分固定成本（租金、利息、主管薪資、能源），作為定價的底價或OEM（代工）的價格考慮。舉例而言休閒布鞋的生產固定成本為六百日幣，四成的消費利潤，銷售價格為二千四百日幣，但為爭取更多的消費群，廠商欲將銷售價格降為一千六百日幣，因此推算需將成本進行有效的計畫和預算降為四百日幣，並作出正確的商業決策，從而獲得最大利潤。

9.2.2.2 以企業外部（環境）而言

1.價格認知

除了考慮同業產品的一般價格區間外，再斟酌本身產品品牌的知名度、品質口碑，給予消費者的整體價值，不僅只以「成本」為考量的方式來定價；商場上的攻防中，許多公司原本想用低價作為訴求，但低價戰一打，對手常以以牙還牙的方式反擊。於是一場價格混戰難以避免，而其結果常常是兩（多）敗俱傷。

所以在一個動化的市場，我們要考量的不僅是廠商本身，尚須考慮顧客、競爭者及其他外在因素在特定時空下的關係，更要思考因時間改變而產生的動態變化可能性。在不景氣時能承受的低價為何？最高價能定出多少？

2.產品競爭

對消費者來說，競爭絕對是好事，公司間產品競爭愈強烈，消費者就享有更多產品選擇的優勢，產品愈多樣化，價格也可能更便宜。所以評估競爭者產品的定價、企業規模、產品功能、特色，之後再比較本身的優劣勢後制定價格。

3.經銷代理

考慮大盤商、中間商與零售商的合理利潤、再倒推各通路的價格為何？當然「販售能力」與「現金交貨」會再獲得價格的折讓。

4.供需狀況

從供需的角度思考「替代產品」彈性大小，從需求的角度而言，瞭解消費者的需求多高，再綜合需求與供給面大致可獲得一段價格帶。例如，台灣飯店業曾因SARS疫情衝擊，導致業績普遍下滑，各大飯店在等不到觀光客的情況下，陸續展開房價大幅降價促銷活動，知名五星飯店甚至推出最低住房價，不到新台幣三千元即可供應早餐、晚餐和下午茶，造成一些轟動。

9.2.3 其他定價策略

除了系統化的考慮定價方式外，其他定價策略廠商可能還會再斟酌下列三項因素：

9.2.3.1 領導者定價

對市場有影響力的廠商，例如，衛生紙的「舒潔」，飲料界的「味全」、「黑松」、「統一」、電器用品的「新力」、「國際」、「聲寶」，這些大公司對市場價格都有相當的影響力，因參考大廠的定價對小廠而言是一個安全的選擇，避免與其他廠牌定價格格不入。

9.2.3.2 權變定價

節日上西餐廳，餐宴價格為何與平日定價不同？農曆年出國旅遊價格總是平常的兩倍？這些都是廠商的「權變方式」，希望在熱門消費時段多賺一些；當然也有鼓勵消費者在清淡時間多前往消費，例如，大飯店的午茶時間，咖啡往往可以續杯並贈送甜點就是方式之一。

9.2.3.3 薄利多銷

量販店之所以成為流行的購物形態，而成為許多人週末家庭消遣活動，原因很簡單，只為了價格較「便宜」。量販店的宣傳定價方式是「薄利多銷」，但其實定價原是藉著顧客大量購買，使單一產品獲利增多。而消費者在小利的誘惑下，往往是「見樹不見林」，會不會買得太多？會不會多買不合用的東西？在通貨緊縮的年代「俗賣」依然是不退流行的銷售方式。

9.3 定價戰術

消費者會購買產品，有可能因為價格促銷，但也有可能針對品牌形象或品質的認同而購買，如何成功的將產品切入市場，訂定產品價格，擬定正確的價格策略，均考驗著企業的智慧。

行銷人員調整售價，通常是為了增加產品的吸引力，為了使產品看來對消費者更具有吸引力的定價方式，稱為「心理定價」，例如，上衣二百九十元，一雙皮鞋五百九十元，海霸王「午餐一

九九」、「晚餐二九九」，這樣的定價數字，大家都不會陌生。為什麼廠家故意把價格定的比整數（三百、六百、一千）稍低？道理就是使消費者產生價格落差，感覺比廠家訂的價格還低而願意購買，它運用的技巧就是人類對某些數字的敏感性較低，例如，二百九十元與三百元差十元，但消費者感覺是「兩百多」，還有麥當勞的「五十元有找」，都是運用這種「數字盲點」的技巧，因此又稱為「畸零定價法」。

第二種與心理有關的定價方式稱為「名望定價法」，顧名思義這一種方法就是廠商把產品定位在較高的價格水準，使消費者對產品產生有名望或高品質的聯想（貴就是好），而給予產品高度的認知價值。例如，許多香水、洋酒或高級進口車，將價格調高時，銷售量不降反升即是。究竟這些產品有必要那麼「高貴」嗎？倒好像很少人質疑。

第三種心理定價針對新產品或高科技產品新上市，某些喜歡新奇、新鮮的有錢消費者採高定價稱為「市場去脂法」，譬如電腦、流行服飾、或有聲字典等，就是針對人類好奇的心理定出高價，俟一段時間後，類似產品陸續出現，產品也日益普及，廠商就會自動降價以吸引更多的人購買。

其他尚有價格促銷術，最早期的作法是以「分期付款」作號召，後來消費者發現羊毛出在羊身上，消費者並未真的受惠；接著廠商又常常提出換季「幾折起」的遊戲，當消費者一旦麻痺於廠商的打折之後，也會學乖等到打折才買，不打折不買的現象，因此，廠商在使用這種打折手法時，亦要考慮不打折、不促銷產品如何「長賣」。

　　另外，標示「犧牲品」的促銷法，一般是從產品線中提出一、兩項標價低的產品作「數量有限」的搶購風潮，一些展覽會較常以此為訴求，例如，電腦、電器用品年度大展。

　　事實上，價格是可以成為攻城掠地的商戰利器，如果使用得當，它不但可以有效的區隔市場，定位產品並且塑造品牌形象，創造企業利潤。

9.4 定價策略

　　定價有原理、原則可循，但廠商定價不外乎從內外環境與競爭態勢作判斷，尤其在產品受到市場壓迫，對手定價相當敏感，這時候的競爭定價思考層面可能從以下數點衡量：

- ·商品品質──屬於高、中、低品質的哪一級？
- ·品牌知名度──差異化、公司形象為何？
- ·競爭者數目──如果市場競爭者愈多，可能要調整降價。
- ·商圈地點──通常鬧市、都會商圈商品售價總會比平常商圈來得高。
- ·市場區隔──高售價可能會更吸引高收入者前來購買，但也有時候太高，售價也會嚇走領薪階級。
- ·行銷目標──先成功打開市場呢？或只想維持一定利潤？

　　衡諸未來個人可支配所得增加的趨勢而言，通常產品標榜高價位不見得就賣不出去，再從追求高品質的生活情境來看，較高的價格往往代表高品質，產品較不會粗製濫造；所以，從台灣經

濟發展的條件愈來愈多的產品售價將以消費者的「心理面」為訴求，同時產品售價將走向兩極化，顛覆傳統的成本考量，所以「品牌定價」是定價趨勢。

然而，廠商往往以「血拼殺價」為訴求，「殺價」事實上與「減價」是不同的觀念，殺價採取「利潤破壞」（profit-destroied）的方式，不僅使獲利空間整個壓縮，同時是一項長期經營策略；至於減價並非破壞利潤，而是以產品促銷導向為著眼點；然而不論是採取「殺價」或「減價」方式，它除了不是保證產品銷路的萬靈丹外，還可能是產品毒藥，使用不可不慎。

所以定價會以品牌定價或品質定價，廠商競爭會以利潤破壞或減價都有關消費者的荷包，至於廠商則看本身對市場的操控力、消費者認為牌子是否為「大牌」作為定價考慮。

Marketing Move

可樂雙雄競價錄

　　20世紀初，可樂的發明人約翰‧潘伯頓醫生，手拿著鍋鏟在冒著蒸氣的大鍋翻弄、熬煮這種可治百病的藥水時，他絕對沒想到這鍋咖啡色的液體，後來居然變成美國的一種文化象徵；可能更難想像到可樂會演化出「可口可樂」與「百事可樂」兩種飲料，在世界各國打著一場又一場的「可樂戰爭」。

　　可口可樂公司是第一家把「可樂」定位為飲料的公司，初期是以大桶（加侖裝）為單位販賣，直到1990年左右才以瓶裝出售，並且自此銷售大好，不出幾年，這種瓶裝「黑色瓊漿」就橫掃全美，然後陪伴美國大兵經過兩次世界大戰，從此成為美國文化的代表。

　　百事可樂大約在可口可樂出現後幾年問世，初期也是以藥品——幫助消化的角色出現，不過，百事可樂由於是「老二產品」，剛開始是以模仿可口可樂的配方為主。在慘澹經營的四十年中，曾經有三度想要賣給可口可樂，但都被拒絕了，直到1950年董事重新改組後，兩雄較勁的局面才在各地展開。

　　日本由於戰後曾受美軍的管轄，所以比其他國家更早受到可樂的洗禮。1970年獨霸日本的可樂產品，無疑地仍是可口可樂，市場占有率接近九成，每個月銷售量約為九百萬箱（一箱十二瓶），其時百事可樂不過只有5%的市場占有率，相較之下，簡直

是小巫見大巫。

可是百事可樂「個子小、志氣大」，為了爭取更大的市場，因此策略運用價格戰，將每箱可樂以比原來定價「更便宜四元」折讓給經銷商，依照當然市場占有率估計，降價將使公司營收減少二百萬美元。

可口可樂對於百事可樂的降價行動相當困擾。因為如果可口可樂也跟進採取相同降價手法，那麼，在現有市場占有率之下，可口可樂每月估計將短收三千六百萬美元，考慮再三覺得不划算，最後採用提撥定額預算方式以三百萬作消費者回饋活動，贈送日本象徵吉祥的風箏。

三個月後，百事可樂市場占有率增加5%，可口可樂市場占有率變成85%，可見百事可樂使中盤商多賺一些利潤的降價策略奏效，也間接使它本身的業績扶搖直上。目前，據資料顯示，可口可樂在日本市場仍有60%的占有率，而百事可樂亦有28%的市場，且逐年在逼近中。

一般而言，消費品最好能保持一些價格彈性，以便能時時利用降價的空間刺激消費者不斷產生購買的欲望。以加油站為例，台灣的加油站為了彼此拚生意，也使出價格戰，競相降價求售，戰況比先進國家還激烈，使消費者感受到競價的好處。

問 題 與 討 論

一、目前常見的定價方式為何？

二、解釋名詞

　　・成本導向定價法

　　・消費者導向定價法

　　・競爭者導向定價法

三、定價考慮因素有哪些？

四、定價戰術有哪些方式？

Chapter 10
通路經營

未來唯一確定的事情，就是改變。

——彼得・杜拉克（企管大師）

有好的商品，好的行銷手法，如果沒有好的通路策略，一樣無法完成占有市場的目標。在便利商店與量販店興起時，就有專家大膽預言：通路革命已大勢底定。未料異業的結盟、網路、型錄、電視購物等通路竄起，又掀起另一波通路革命。只要能接近顧客，什麼方式都是通路。

在當今經濟體系，企業必須體認零售、配銷或服務作業，應擁有各種富有彈性的進出市場途徑，除了配合行銷策略搭配適當的通路外，針對不同的商品系列，採取不同的通路管理，如此可以大幅降低行銷成本，創造需求，使組織活絡起來，提高營業效率，完成組織銷售的任務。

行銷通路面面觀

　　近年前，台灣在金錢遊戲的推波助瀾下，呈現了所謂泡沫經濟的現象，消費市場一片欣欣向榮；在投資商機及購買能力增強之下，使原來提供商品的「經銷商」受到極大的衝擊。

　　其間尤其以「便利商店」快速崛起最爲引人注目。據估計目前全台已經二千多家便利商店，造成超商林立的主要原因之一，是由於7-11與美商合作成功的經驗使然，以致於吸引了更多投資者進入這個市場，其中有與外商合資設立的，如全家、安賓等便利商店；也有本地廠商自行創立的品牌，如巨蛋、萊爾富等。

　　便利商店通常以明亮、乾淨、整齊的特色，爭取顧客的好感，而且商店位置一定坐落在人潮匯集之處，相當服膺店址第一的開店哲學，使得傳統的雜貨店幾乎消聲匿跡。

　　其次是量販店的成立。量販店以低廉價格吸引顧客上門，造成傳統經銷商業績大幅滑落。它的經營方式是藉大量進貨以降低進貨成本，注重促銷（郵寄DM、發海報、店頭商品企劃）；並且以大店面擴張聲勢，如全國電子專賣店。這種量販店的設立，使得老式經銷商不得不改變經營形態，採取垂直整合、同業連鎖的方式與之對抗。

　　超級市場也受到衝擊。超級市場主要的客群是家庭主婦，賣場大概在三百坪左右，提供日常用品及生鮮蔬果。早期的超市大多數附屬在百貨公司地下一樓，較著名的如遠百超市。但近年來

　　由於生活水準提高，加上都會生活忙碌及雙薪家庭的普及，使超市成為都會居民購買日常菜蔬的主要場所。

　　台灣目前超市經營主要可分為香港、日本、台灣三大體系，整體看來三者經營方式差異不大；不過，一般反應日式超市較強調高級路線、價格稍高；港式超市則較多乾貨；而本地廠商則強調貨源來自產地不缺貨又便宜。

　　至於標榜提供個人需求的商店，是比較新的經營形態。它的客群是以上班族與年青男女為主，提供日用、休閒用品與輕食零嘴，如屈臣氏、小豆苗等。

　　最後一項是需要數千坪經營空間及較多資金的大型批發自助倉庫。它的興起有其配合社會整體發展的時代背景，例如，大型停車場，賣場商品多樣化、產品單價低、適合全家共同採購、含有休閒成分等，都是吸引中產階級前往購物的有利條件。因此，雖然某外商公司曾因違法使用工業用地被迫暫停營業，但台灣整體消費環境已經走向大型化、現代化確是不容置疑的。

　　除了上面四類有店面的販售形態迅速興起之外，你是否注意到，很多沒有店面的銷售方式也不斷衍生出來呢？不論有無店鋪存在，它的產生都是要你「買得更方便」、「買得更多」，最好，一次買個夠。

10.1 通路的功能

　　張小姐上班前，總會到住家旁的統一超商買早餐；下午她最大的享受是到公司同條街的星巴克喝咖啡。此外，她還習慣到康是美買保養品，到家樂福買日用品或是假日逛逛新光三越百貨。

　　從吃的到用的，甚至娛樂，張小姐每天穿梭在不同的「通路」裡。通路和消費者的生活息息相關，誰掌握了末端通路，誰就掌握了消費者，掌握了市場。若當消費者習慣往來的通路全屬於同一集團時，它在市場幾乎就立於不敗之地了。

　　近年來，台灣地區在自由化、國際化與資訊化的潮流中，企業面臨外在環境快速變動，對行銷通路（marketing channel）的掌握成為市場競爭成功的重要關鍵因素。行銷通路由過去在行銷組合中扮演後勤支援的角色，受到這幾年來配銷市場蓬勃發展的影響，使得通路成員間的關係受到重大的衝擊，促使行銷通路結構巨幅改變。在市場競爭中，掌握通路、接近顧客成為廠商獲取競爭優勢的重要來源，因此，行銷通路決策成為廠商行銷策略成敗的關鍵之所在。

10.2 通路與行銷

　　從行銷的理論與實務不難發現「通路」（channel）雖然名列行銷4P（產品、定價、促銷、通路）中，但由於「通路」只是後

勤支援，不像價格那麼引人注意，更不如產品扮演龍頭的角色，所以通路往往受到忽視，比較少有創新的表現；直到以7-11為首的便利商店創造高營業額後，商界似乎才感受到「通路第一」（Location is First）的重要。

10.2.1 產品行銷通路管道

如果回到以物易物的時代，也許你我必須拿著剛採收的青菜到海邊與別人交換生猛海鮮。可是，在貨幣交易的現代，人們可能會有以下的生活經驗：

- 轉開第四台購物頻道，主持人正鼓起如簧之舌忙碌的介紹生機食物料理機，並且當場示範操作機器功能，讓您覺得可以輕鬆享受著烹飪的樂趣。
- 東森得易購寄給您精美的郵購目錄，不僅商品花樣、尺碼齊全，價格也很公道，還有十天鑑賞期，要是不滿意，一週內還可以退貨。
- 報紙說布袋虱目魚大「俗」賣四尾一百元，可是住在北部大眾都很少在市場看到這種價格。

以上種種銷售方式，產品都不是從生產者直接送到消費者手中，而是透過中間機構的行銷。

通路，顧名思義即是「必經之路」，透過它才能通行無阻。狹義來說，它能克服生產者在產地的運送不便與時間距離的障礙、讓消費者進而購買，所以「行銷通路」在現代銷售中扮演極重要的中介功能。

　　至於通路設計之根本在決定「何種市場」是公司產品加入的主要管道，因此在決策之時，至少要從顧客、產品與中間商等三項變數考慮。

- 顧客：若顧客經常購買小批數量產品，廠商考慮採用之行銷通路應愈長，如傳統工具器械等雜項依賴批發商。
- 產品：較專業的產品或標準化之產品，公司依賴自己的銷售員銷售，因為很難找到具有所需技能知識之中間商；而往往有維修、裝置之產品由公司或有特許專授權之經銷商直接出售。
- 中間商：不同的中間商各有其優劣，如製造商之業務人員代表公司比較有說服力，但對每一顧客所做的銷售努力恐不如中間商之業務代表，至於有關信用條件、退貨權及每月固定銷售額則是與中間商必須詳加配合的項目。

　　通路從製造商、批發商（大盤）、零售商到消費者手中的過程，稱為「流通」；目前台灣流通業常見的組織有七種，如**表10-1**所示，它的區別源於業者對於經營定位與目標市場有不同的著眼，而創設適合的通路形態；而其銷售管道至少有四種方式，如**圖10-1**所示。

表10-1　台灣常見流通組織表

項次	名稱	釋例
一	物流中心	統一物流中心
二	便利商店	巨蛋便利商店
三	超級市場	遠東百貨附設超級市場
四	專業量販店	全國電子量販店
五	連鎖店	屈臣氏
六	大型量販店	家樂福量販店
七	折扣商店	軍公教福利中心

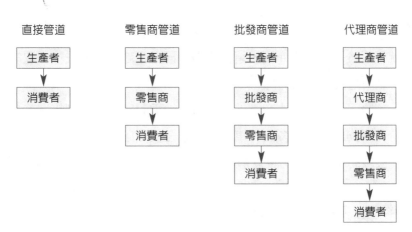

圖10-1　產品行銷通路管道圖

10.2.2 商圈規劃

　　銷售成功之道除了店面布置好壞與經營方式是否適當外，地點可能更是決定性的因素。

　　實務上在探討通路的重要性時常常以「商圈效應」來分析地點的優劣，不過，由於行業有別，著重的因素也不相同，一般對行銷通路與地點較具共通性的看法有以下數點：

　　・商圈及地緣的人潮來源，如考慮交通的便利性（火車站前、十字路口）、位於何種生活情境（住宅區、郊區、商業區），購買者大部分來自何處？

　　・商圈內同業數量及經營狀況，如包括同業之間商品的陳設、售價、促銷方式，經營所有人等情報資訊的蒐集。

　　・商店吸引商圈人口購買因素，如自我優勢分析、客戶消費情境瞭解（便利性、目的性、服務性、附加價值）。

　　除了這三點之外，當然還有其他因素的衡量，譬如，捷運系統完成後造就新的商圈，這個趨勢如同日本地下鐵完成後，造成車站附近商圈繁榮的情形類似。

　　除了捷運經過的商圈外，全省各地重劃區由於規劃較完善，有寬廣的馬路及較多的停車空間，較難展開店區，至於未來新商圈發展的理想處，仍會以都市外圍新闢的區域最看好。

10.2.3 連鎖經營分類

　　企業開設「連鎖店」或相同店家加入連鎖的操作模式，目前已是企業成長的重要因素，因為消費者購買的考慮對「品牌印象」的依賴與日俱增，因此舉目所見超商、量販、到批發倉庫很多都已採取連鎖的作法，而行業更涵蓋百貨、餐飲、眼鏡、美容美髮，甚至連豆漿、小吃店也加入連鎖行列可見連鎖業的興盛。

　　連鎖加盟比較傳統的作法可分為──製造商與批發商的結合（如可口可樂授權各國批發商），製造商與零售商的結盟（如福特汽車授權各經銷商），及服務市場的加盟（如麥當勞與肯德基速食）；不過連鎖經營的作法，由於不斷有新商機出現，一般較簡易的分類有以下四種：

　　・直營分店：由總公司自行至各地方布點，所有權即事權完全由中央決定，如寶島鐘錶、天仁茗茶等。優點是控制力強、執行力高、並具有整合統合的戰力；缺點則是布點需大筆資金與人才，所以擴張地盤有時會有「力有未逮」的情形產生。

- 共創連鎖：由彼此經營相同的獨立商店聯盟，創立品牌，集資成立一個運作中心統籌廣告及CIS的建立，如美髮業、眼鏡業等。優點是共創名號，但自行負責營運盈虧，自主性高；缺點是有時業者彼此的向心力不夠。

- 加盟店：一些原本規模不具知名的小店加入中、大型連鎖店體系，如，統一麵包加盟店。優點是很快能吸取到連鎖經營的know-how觀念，靠整體形象幫助發展。缺點則是自願連鎖業者除了需支付加盟金外，對總管理中心的約束即要求不見得會完全配合。

- 授權分紅：雙方再一開始即簽約，加入者表明完全接受授權者的規定與作法，有別於自願連鎖如麥當勞、7-11便利商店等。缺點是不符合中國人喜歡當老闆的獨斷心態；優點是不必自行摸索，一切可以蕭規曹隨。

10.3 無店鋪銷售與直銷

除了上述消費者可以到商店購物的「店鋪式」銷售，近幾年蓬勃發展的「無店鋪銷售」也日漸重要。「無店鋪販賣」的行銷理念是消費者不需經過中間機構（店鋪）就能從製造商處購買商品，歸納無店鋪行銷的運作方式也有七種方式，如**表10-2**所示。

以電子媒體銷售來說，電子商務成功主要因素除了網路相關配套措施外，重點在於「第一，優良的產品品質；第二，正確有效的通路策略與管道」。例如，水果，因為行銷時間非常重要，如

表10-2　常見的無店鋪銷售方式列表

項次	名稱	釋例
一	展示銷售	區域電腦展
二	通信銷售	產品郵購方式
三	人員直接銷售	美商安麗公司
四	電話銷售	信用卡推廣
五	聚會示範銷售	雅芳美容師推廣產品
六	機器銷售	自動販賣機
七	電子媒體銷售	網路購物

何在最短的時間，讓消費者「獲得」完整的資訊；而另一方面，如何以最安全、最簡便的方式，讓消費者拿到最符合價格效益的第一手、高品質的當令時節水果。在這種通路策略的作法下，農民的權益也會得到相對的保障與照顧。

在上述七種「無店鋪銷售」方式中，直銷可能是現今不少上班族有興趣從事的兼職，直銷藉由人員說明及展示商品達成交易，是相當古老的買賣方式；據估計，台灣每年直銷產品的營業額超過新台幣數百億。直銷，在以往很容易讓人聯想到「老鼠會」等不法組織，但是，經過法律的規範及本身銷售方式的改進，直接行銷目前又可分「單層直銷」和「多層傳銷」二類。

第一類單層直銷：它採取單純業務員的作法，人員由公司聘用，薪水由個人業績做決定，販賣的方式可以採用個別拜訪客戶的「訪問販賣」方式，或透過人員聚會的「聚會示範販賣」方式。第二類多層傳銷：它除了銷售商品之外，同時也致力於招收他人加入銷售行列，藉由「上線」與「下線」的關係，建立綿密人群關係網路，同時使銷售員在擴大自己的下線體系外，也帶動產品整體銷量，而這兩者就是獲利的來源。

　　比較起來，單層直銷存在的時間已久，最古老的方式便是採取人員「掃街」的方式，挨家挨戶推銷拜託。至於多層傳銷最早由國外引進，美商安麗公司首先掀起了傳銷的熱潮，目前國內也有不少廠商跟進，如永久、美樂家等品牌即是。

　　為什麼台灣直銷業會如此蓬勃發展呢？從直銷的制度中發現它具有多項誘因：

- ・直銷不必受制時空因素，它可以在任何地方發展，直銷的產品與使用對象具有普遍性與廣泛性，銷售發展的空間相當大。
- ・直銷公司不需投入大量資金擴展經銷，它藉由人際關係即可闢出人脈通路，人脈等於商脈。
- ・直銷公司培養上下線與友線關係，直接接觸消費者，可確實掌握市場動態與消費者喜好。
- ・各直銷公司規劃的獎金與激勵制度，使上下線皆能明確掌握自己受激勵的內容，個人能適度發揮推銷潛力，可以全職或兼職衝刺業績，符合現代工商社會急功好利的特質。

　　直銷的成功相當部分來自誘人的制度及產品的高單價，大部分直銷的產品仍限於民生用品，連日常生活上的食用米也已經被直銷公司看上，作為直銷商品之一。

　　由於直銷鼓吹短期致富及為將來能「不勞而獲」，亦符合正在轉型的中國大陸，同時大陸國有企業正大力裁員，產生大批「下崗工人」，因此，直銷熱潮迅速從中國沿海各省盛行至內陸，據估計大陸直銷人口相當於台灣人口總數。然而大陸以頒布「價格法」，封殺直銷業，理由是任由直銷業發展將重大衝擊各個城市的

大小商場，導致產品積壓，最後可能會對中國大陸「造成商品流通混亂無序」，所以加以管制。

10.4 通路衝擊與變化

從無店鋪銷售方式的推陳出新，及直銷業的蓬勃發展，顯示傳統生產──經銷──零售的階層銷售方式，受到現代生活、科技與商業環境變遷帶來通路衝擊，正符合彼得・杜拉克所云：「環境改變是未來唯一確定的事情。」

然而，我們如何觀察環境改變呢？一般而言，「變化」區分為「連續」與「不連續」兩種型式；在「變化連續」的狀態下，一切改變是循序漸進的演化（evolution），例如，傳統經銷方式以規模（大中小）、地區（北中南）、財務條件（票期、折扣）等方式做調整，變化不大，基本上是在一個穩定的狀況下做若干演進；然而，倘若環境受到外來重大衝擊極可能發生整體結構改變的情形，例如，量販店挾其龐大資金與先進管理know-how，引進初期造成一般民生用品通路結構改變，是一種連續的變化；而目前量販店的「家樂福倉庫」設置精品區與飲食休閒區，這又歸於量販店的連續式「演化」，或可稱為「量販店第二型」通路變化，以將購物、休閒、飲食三者融合。

通路不斷的變革為業者帶來更多的商機，通路價格也反映出傳統與現代消費者的不同看法。

第一種現象：「傳統看法」──消費者購買時需貨比三家才

不會吃虧：「現代看法」──消費者由於忙碌，所以購買時，往往貨品只比一・三家。

　　第二種現象：「傳統看法」──消費者購買時考慮大型通路因為大賣場產品較便宜商品較有人買；「現代看法」──消費者光顧商家考慮的是「印象良好」與「方便就好」；因此，即使便利商店開在超級市場對街，客源依舊不絕。

　　對於第一項改變的解讀，有調查顯示消費者會貨比一・三家，這項訊息對經營者的意義是──如果商店予人印象排名老二，至少還有〇・三的機率會被光顧，若是排名印象是「老三」恐怕就乏人問津了。

　　第二項改變的解讀，超商、超市各有人愛是通路分工的結果，消費者會選適合的通路購物，例如，大批購物會找量販店，買日常用品到超級市場，至於冷凍、小吃、報紙在便利超商就可以解決。

　　通路的衝擊帶給經營者的思考，除了體認自有通路變化及如何應變之外，對其他配合通路之間的「合作」與「衝突」方面亦須從不斷變化的環境去解讀，才能使通路發揮最大的效果。

Marketing Move

尋商機找通路

　　台灣中小企業局限於國內消費不足，往往須赴海外尋找商機，增加銷售機會，目前台灣中小企業國際化的階段性作法，有下列幾個階段。

- 客戶導向式出口：台灣企業只是接受國外訂單，不會主動尋找出口的業務，企業主甚至不瞭解商品在國際市場的銷售情形。

- 尋找出口商機：經過一段時間，客戶導向出口之後，公司開始尋求出口的銷售業務，由於資源有限，大部分的中小企業在這個階段都依賴間接出口通路，這個階段的改變往往是建立新事業的商機。

- 建立出口組織：公司利用較多資源以尋求更多的出口機會，並將出口成為公司組織的一環，在此階段，對大部分的中小企業而言，尋找當地國合夥配銷商是很重要的。

- 成立海外分公司：國外對公司產品的需求上升或企業考慮未來具有前景，則在當地成立銷售的分公司。

- 國外生產：剛開始公司可以使用授權、合資經營或直接投資的方式來達到降低成本海外生產。

- 跨國經營：規模小並不能否定企業走向跨國公司的可能，最重要的是公司獲利之後，下階段的策略規劃未來走向，

因此思考跨國經營的可行性。

企業想要走向國際化，必須想辦法與國際顧客接觸，不過接觸顧客並沒有一定的公式或法則可以依循，往往視產品、國別以及公司的自然資源等而定，目前台灣中小企業常用的接觸顧客作法，有下列數項。

1.商展

國內或國際商展提供了中小企業最便宜的方式去接觸潛在的顧客及合作夥伴，透過商展可以瞭解產品本身的競爭力，同時藉由名片的交換亦可獲得可能的商機。

2.型錄

利用型錄的方式比參加商展的效果較差，不過型錄或產品說明手冊可以散發到更多不同的場所，為接觸國際買家的低成本作法，常與台灣外貿單位搭配展出。

3.網際網路

透過網路搜尋商機，或刊登廣告散播資訊，有時也有意外的效果，不過可能的商機必須進一步雙方接觸洽商。

4.直接接觸

雖然這種方式是比較困難，而且成本也較高，不過中小企業仍然可以透過管道與人際關係尋找通路夥伴、合資經營夥伴或直接找尋最終消費者。

問 題 與 討 論

一、 連鎖經營分類為何？

二、 常見的無店鋪銷售方式為何？

三、 商圈如何規劃？

Chapter 11
廣告、促銷、公共關係與直效行銷

媒體就是訊息（Media is the message）。

——麥克魯漢（傳播學者）

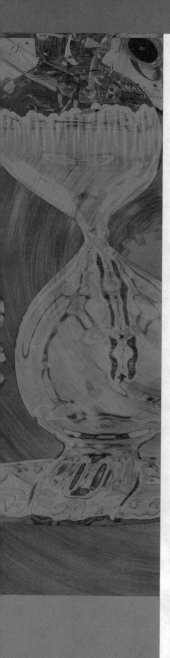

　　本章首先就推廣策略與行銷關係說明企業運用產品、定價與通路從事行銷活動有賴擬定整體的推廣策略與消費者溝通才能使產品易於銷售。

　　其次，分別就廣告、促銷、公共關係、直效行銷四項推廣工具說明其內容。

　　至於人員銷售，由於內容牽涉較廣泛，將在下一章說明。

健康床直銷誌

　　她，匆匆到了文心路四段，望著嶄新超高雙併的摩登大樓，稍作猶豫走進電梯按下十樓，腦裡清楚記得多年不見的老同學在電話中所說的話：「我有一個很重要的訊息要與妳分享，妳來了，妳的生命能獲得成長，如果妳不來，妳的後半生依然是在飯廳、客廳打轉，妳會後悔！」再問，到底是什麼這麼重要，得到的答案是一句：「來了就知道」。

　　出了電梯，迎面看到的是體面的大廳，在大理石牆壁中的金字，意氣飛揚寫著：「兩光約翰牛國際公司」，整棟大樓擺飾望去裝金飾銀相當體面，老同學剪了個俐落的短髮，看到她馬上熱絡地招呼，介紹她認識一些人，其中有號稱「青蛙」的歌星，過氣的「盈淚」歌后都清楚地帶著識別證；六點三十分，以前上課從未準時的同學依時帶她進入會場，為了慎重，入口處還登記身分證字號。

　　台上女主講人約莫與她同是「一枝花」的年歲，訴說未加入這家公司前的生活是如何潦倒，經濟又如何困頓，加入該公司成為直銷後，經濟獲得改善，生命也獲得充實；接著陸續有「直銷者——甲乙丙丁」登場，如表11-1所示，見證從事直銷的點滴，最後女主講運用燈光效果作了詩歌朗誦，大意是「兩光是光明的倍數，約翰牛是神獸」云云，她，現在才知道老同學要她來只是為了參加直銷，而成為直銷的資格是先買一張床，一張號稱神奇

表11-1　直銷業者見證內容

順序	見證內容
直銷甲（女）	進入兩光約翰牛公司，是一條簡便成功的路，幫助我達成人生的理想和夢想，一般的工作只是職業，但賣約翰牛床使我累積人脈與報酬，我想，我一輩子都要經營它。
直銷乙（男）	剛開始賣約翰牛床，當然會遇到挫折，比如說約了人不來，來了不簽，簽了又不作，作了又不長，畢業有機緣的人才能看到這麼棒的事業，想想台灣至少有五十四萬個家庭，用床量有多驚人？
直銷丙（女）	我喜歡跟人接觸，與別人分享好的東西，賣床我很投入，才花四個月就進入第三層組織，變成區經理，當上區經理，我發現我家變了，因為晚上我要參加產品介紹，即使在家也打電話鼓舞下線，不過我都是靠床的療效恢復疲勞，一舉數得。
直銷丁（男）	雖然我剛退伍沒什麼工作經驗，但為了要在五十歲退休，我必須短期致富，我相信美夢可以成真，自我可以實現，賣床之後，上下線相處都很愉快，好像一家人，過去半年我平均月入十萬元以上。

負離子的床，定價十萬六千元。

老同學說，這張床十萬塊一點都不貴，可以幫助自己及家人獲得健康呀，不知何時，站在同學兩旁的帥哥美女也七嘴八舌說了「兩光約翰牛的床」有多麼棒，夜夜陪伴他們好好進入夢鄉，剎那間她覺得頭有些昏眩。

她，幾乎是滿懷羞愧地離開了現場，在老同學近乎懇求訴說床的各項好處後，她還是沒有加入，雖然臥室的雙人床是該換了，但，她實在不能接受花個十萬塊買個小床。

一個月後，在報紙顯著版面上看到兩光約翰牛跳票的消息，

負責人已經避不見面，直銷上下線呼天搶地要政府出面，更離奇的是，健康床的販賣許可證字號竟然是政府醫衛單位回文文號（內容：賣床不需申請核准字號）；而她，從此再也沒有接到這個老同學的電話了。

11.1 推廣策略與行銷

　　一家企業生產精美的產品（服務），以優惠的價格透過便捷的通路銷售，不過業績並沒有扶搖直上，原因可能是因為消費者並不瞭解該產品的有關訊息。

　　上述情形尤常見於中小企業，因為現代社會產品充斥，所以企業如果不注重如何包裝產品、運用推廣工具將產品訊息有效傳播，則產品將不易暢銷。

11.1.1 推廣功能與目標

　　產品推廣活動常出現在現代生活，報紙的廣告、電視台的購物頻道、道路兩旁的看板、郵購雜誌、網路銷售等與大眾進行溝通。從一般溝通的過程運用到企業進行的消費者溝通，如圖11-1所示，茲說明如下：

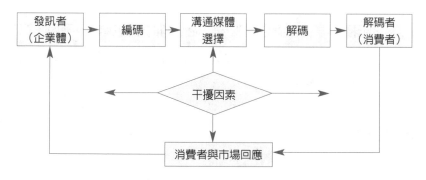

圖11-1　企業的溝通過程

- 發訊者（企業體）：企業體負責發布訊息的有關人員，擬定產品及相關議題與消費者進行溝通，例如，Nike球鞋發表第七代新球鞋。
- 編碼：溝通人員必須將產品及相關議題轉換成消費者可以理解的內容，例如，Nike第七代新球鞋的材質、氣墊等重要屬性如何讓消費者瞭解其重要性。
- 溝通媒體選擇：編碼後的訊息如何傳送，須考慮合適的通路，包括廣告、人員銷售、公共關係等，例如，運用哪些媒體告知第七代Nike新球鞋上市的訊息。
- 解碼：消費者收到的符號與訊息，如何解讀成個人認知的一部分，例如，新球鞋上市的廣告成人、青少年解碼的意義可能就不盡相同。
- 解碼者（消費者）：收到訊息的消費者，是否為企業溝通的目標消費群體，例如，新球鞋的主要購買者為青少年。
- 消費者與市場回應：指消費者在瞭解訊息後的回應，使發訊者（企業體）瞭解該項訊息發出後的結果為何，例如，青少年對新球鞋的廣告是否造成銷售熱潮。
- 干擾因素：在溝通過程中可能受到的干擾因素，例如，記得產品代言人不記得產品訊息內容為何？或其他類似的產品藉機拉抬產品身價。

11.1.2 推廣組合

企業為了與消費者達到溝通的目的，運用廣告、促銷、公共

關係、人員銷售及直效行銷等五項工具，企業視需要交互使用，五種工具與消費者進行溝通；上述五種工具，包含廣告、促銷、公共關係、人員銷售及直效行銷又稱為推廣組合。

　　雖然推廣工具有五項利器可供使用，但是在實務上多家大型廣告公司皆為顧客提出整合行銷傳播的作法，將上述工具按照顧客別、產品特性、媒體特性加以統整規劃運用。

11.2 廣告

　　廣告由贊助者提供，用來促銷構想、商品或服務。

　　廣告的目標可能是陳述產品的優點、提出一個解決辦法或是提供夢想給消費者。

　　產品廣告分類與案例，產品廣告一般可分為三類，茲說明如下：

- 告知性廣告：此廣告多用於產品類上市的初期，廣告的目標是要建立基本的需要，以增進消費者對產品的知曉與瞭解程度。例如，愛之味推出番茄汁，告訴大眾番茄汁有豐富的茄紅素，對於身體健康有很大的幫助。再如，鑽石廣告是鎖定媽媽只戴黃金的年輕女性，De Beers的廣告教育這些消費者，鑽石是婚姻永久的象徵——「鑽石恆久遠、一顆永流傳」。

- 說服式廣告：此類廣告用於產品成長期與成熟期，公司的目標要建立對特定品牌的選擇性需求，要消費大眾選擇他

們的產品。例如,家樂福天天最低價、屈臣氏的買貴退兩倍差價等方式。

· 提醒式廣告:多用於成熟期的產品,提醒消費者目前選擇是正確的,確保現有的消費者。汽車廣告常描述滿意的消費者享受新車的特色、一些歷史悠久的品牌也常需要使用,例如,中油公司——「到中油加好油」。

廣告企劃與執行一般可分為下列幾個步驟:

· 目標客戶:目標客戶群的描述應具體並探索與訊息如何聯結,客戶群的基本資料包括:年齡層、性別、消費習慣、常接觸媒體、使用語彙、參考群體等,目標客戶之擇定有助於廣告媒體的選擇與廣告表達方式。

· 確立廣告目的:廣告目的應呼應行銷目標與策略,唯廣告是可以有階段性的,如市面上常見的廣告手法,先用前導性廣告吸引注意,再以一般廣告引發興趣,該二種廣告目的和性質略有差異,然而皆應符合行銷目標。

· 編列廣告預算:預算的編列須各種媒體使用價格,編列方式不一而足,有時視產業不同亦有差異,例如,建築業常運用銷售額中提撥固定比率作為廣告費用,稱為銷售百分比法。

· 廣告訊息訴求:廣告訴求應吻合行銷策略,因應目標客戶的特質,選擇適當的訴求方式,較容易引起共鳴。

· 選擇廣告媒體:廣告媒體的使用有其不同的效果,但一般有系統規劃廣告使用,會將各媒體整合,又稱為整合行銷傳播。例如,劍湖山樂園廣告可能會出現在報紙、電視廣

告及設定議題作為公共報導等。

·廣告效果評估：廣告成本即刊播費用，評估廣告的可能效
益，除了主觀的文字敘述外，廣告刊播後，應評估其溝通
效果與銷售效果。

11.3 促銷

促銷乃是藉由某一個活動促進消費者購買商品，增加其銷售額
和建立長期顧客關係。若是店家安於現狀銷售方式，將使消費者逐漸
減少刺激，使其顧客忠誠度降低，轉而購買其他商家的相似產品。

隨著顧客消費意識的抬頭與愈來愈多的競爭產品，商家應隨
著時代的潮流，主動出擊吸引顧客，藉由大眾傳播將商店相關訊
息提供給消費者。

促銷目標可分為消費者促銷和通路商促銷，促銷工具又分為
貨幣性與非貨幣性，針對不同的消費者交替使用。

11.3.1 消費者促銷

目前商家為吸引更多顧客以提高市場占有率，採取許多促銷
方式，以下為目前企業較常使用之促銷工具：

1. 貨幣性促銷

·降價折扣（price-off）：店家提供比原價更低廉的商品給
顧客，吸引顧客上門並購買更多商品，例如，家樂福不

定期推出商品折扣以吸引買氣。

· 折價券（coupons）：給予顧客購買商品可抵扣部分金額的使用憑證，可郵寄或隨商品附贈，例如，博客來網路書店，會根據消費者的生日而寄送生日禮金，用來日後消費的折價。

· 現金還本（rebates）：消費者購買商品之後才可以獲得價格折扣，購買者將購買證明寄回製造商，之後製造商會將部分貨款退回給顧客。

· 樣品（samples）：指的是提供顧客一些適用的商品，大多使用於新產品的試銷或是隨著部分產品贈送，用以推廣其他產品的購買率，例如，購買洗髮精而隨品附贈的潤髮乳。

2.非貨幣性促銷

· 贈品（premiums）：指的是店家以極低的價格或是提供免費商品作為號召，以誘使購買某些商品，例如，加油若達一定金額可以兌換該公司提供的精美贈品。

· 累積紅利（cumulative bonus）：針對顧客的購買次數或是金額，當累積到一定的數額，提供一些現金或是其他方式的折價，例如，順發3C的會員憑卡購物消費，依照不同的商品類別，每消費一百元可回饋一至五點的紅利積點點數，每五點紅利點數就可折抵現金消費一元。

· 競賽或抽獎（contest/sweepstakes）：給予消費者當購買金額達一定標準，可參加店家提供的競賽或抽獎，以獲取店家提供的獎品。

11.3.2 通路促銷

通路促銷是為了爭取通路商銷售某一產品,或是鼓勵通路商配合製造商的一些相關促銷活動,而給予通路商的優惠行為。一般常見方式如下:

- 數量折扣(quantity discounts):對大量買進產品的通路商給予價格上優惠。
- 促銷折讓(promotional allowances):提供參與廣告或是配合製造商宣傳活動的經銷商給予津貼或是價格上的優惠。
- 津貼或交易折扣(trade discounts):意指通路商如果願意執行某些功能與上游廠商合作,例如,登載交易紀錄,給予這些通路商津貼或交易折扣。

11.4 公共關係

企業除了針對直接關係人如顧客、經銷商及供應商維持良好關係外,仍需要與更多的社會大眾維持密切友好的關係。所以公眾關係是一種行銷交流工具,幫助公司提升企業形象。

11.4.1 公共關係功能

公共關係的功能有下列數項,分述如下:

- 新產品的推出:藉由公共關係活動,使新產品能順利上

市，增加消費者的印象，例如，微軟的遊戲機X-BOX推出時，藉由盛大的公開說明並藉由創辦人比爾·蓋茲的親自示範，使該遊戲機詢問度增加，為該款產品作了一個成功的公共報導。

· 協助產品重新定位：企業界由公共關係活動，使該企業的產品可以重新定位或強化，例如，手機製造商Nokia，強調「科技始終來自於人性」，藉以強化該品牌手機使用上的人性化，並與其他手機製造商做出區隔。

· 藉由建立企業良好形象：完善的公共關係活動，可建立起公司的良好形象，使該公司產品更加受到大眾的歡迎，例如，第二十四屆「世界華商會議」，來自全球二十國的華商代表齊聚一堂。東森媒體集團總裁王令麟也受邀前往發表演說。王令麟闡述東森全球化布局與成為華文媒體領航者的願景，並和與會者分享東森媒體集團成功的心得，為公司贏得國際化的形象。

· 影響特定目標群：藉由贊助某些國家或團體，而建立企業良好商譽，例如，Pepsi贊助印度建設公園和運動場，使該公司在該國建立優良企業形象，也使產品順利進入市場。

· 解決企業危機：透過公開說明，協助企業所受到的傷害減至最低，例如，聯電公司爆發的「和艦案」，該公司董事長曹興誠就透過報紙提出說明，藉以穩定公司股價並解決企業危機。

11.4.2 使用工具與案例說明

- 製造新聞事件（event creation）：可以藉由一些事件的發生，來爭取該公司產品的曝光率，例如，舒跑的馬拉松比賽，就由媒體的宣導使參加人數眾多大大提升公司的形象。

- 出版刊物：出版公司刊物，使外界人士瞭解該公司文化及產品，不僅對公司有正面的影響，更能推廣公司產品，例如，DHC定期出版免費雜誌，讓社會大眾更清楚公司產品。

- 舉辦公益活動：企業可藉由贊助慈善活動，或是成立基金會，建立其優良企業形象，例如，金車企業不僅成立基金會，更不時製作公益影片提振社會風氣，為企業建立起清新風範與形象。

11.5 直效行銷

　　一般而言，行銷通路的銷售方式可分為直接通路與間接通路兩種，其中直接通路又可區分為直效行銷與直接銷售（直銷）。前者是指透過傳播媒體的媒介，將廠商欲銷售的產品，藉由此管道與消費者有所接觸，「非面對面」的行銷手法。而較常使用的種類為：郵購、型錄、直接信函、電話行銷、廣播、電視購物頻道與電子購物等。

11.5.1 直效行銷種類

對直效行銷所使用的工具如下：

11.5.1.1 直接信函、型錄與郵購

此三種皆藉由郵寄的方式將產品訊息傳遞到消費者的手中。在早期資訊系統尚未如此發達時，公司常常無法對顧客做精確的分析，如生活形態、所得狀況、信用紀錄、購買經驗等，使得公司寄發出去的直接信函、型錄總被顧客當成垃圾丟棄，不但達不到預期的效果，更製造許多資源的浪費與成本的增加。

如今隨著資料庫的建立，公司有一套完善的顧客分析資料，可依據顧客不同的消費習性寄發正確的產品資訊，達成產品銷售的目標。

11.5.1.2 電話行銷

即銷售人員藉由電話與消費者做產品介紹、產品下單與產品服務的行銷方式，許多業者為了服務顧客並提升顧客撥打的頻率，並進一步設立了080的免付費電話。

11.5.1.3 廣播

透過收音機的廣告頻道來銷售產品，此行銷通路較具有固定的客源，並採二十四小時的播放。

11.5.1.4 電視購物頻道

近年來電視購物的風潮正迅速蔓延整個行銷商圈，它是藉由

一個電視平台，由銷售人員採二十四小時播放的方式，介紹各式各樣的商品給予大眾，還提供080免付費電話、分期免利息、鑑賞期等優惠活動，深受消費者的喜愛。

另外，由於生活壓力過於緊迫，許多人無暇逛街購物，放假時打開電視就有「即時」的商品資訊，並有完備的產品區隔，讓消費者不必花費太多的時間與精神便能擁有自己喜愛的商品，此一便利性也是奠定電視購物成功的關鍵因素。

11.5.1.5 電子購物

隨著網際網路的發達，直效行銷最新的管道就是透過不同型式的電子平台，如利用電子郵件與傳真進行交易；在網路下單傳送給供應商；使用金融卡付費或是到便利商店付款等，都是電子行銷的方式之一。

Marketing Move

嬰兒殺手奶粉

　　1970年代初期，西方醫學界召開的一些會議，曾質疑第三世界（尤其非洲地區）嬰兒死亡率的提高，是因為奶粉使用不當所造成的。不過，當時社會大眾對此問題還不甚瞭解；直到1974年英國一個慈善團體出了一本名為《嬰兒殺手》的書，才引起大家的注意。

　　在《嬰兒殺手》一書明確的指出雀巢（Nestle）與尤力健（Unigate）兩家跨國奶粉公司是非洲嬰兒死亡率持續上升的元兇；原因是非洲婦女知識低，文盲充斥，往往不是將奶粉過分稀釋，要不就是奶嘴未清洗乾淨，導致嬰兒細菌感染。至於造成非洲婦女不親自哺乳的原因，乃是雀巢公司傳遞不當的訊息，例如：袒衣哺乳是羞恥的行為；運用圖片呈現白人婦女用奶粉餵食嬰兒母親優雅的姿態。

　　英國在此書問世不久，繼之德國一個非洲工作團更將書名改為德文版的《雀巢奶粉殺了嬰兒》，這些負面報導導致雀巢公司收益從1974年獲利約七十五億法郎至1980短收約十億法郎；眼見滑落的營業額，加上花巨資聘請外界公關公司也無法改善公司形象，最後雀巢公司同意邀請世界衛生組織背書並委託公正人士監督製造奶粉與行銷事宜，嬰兒殺手風波才得以慢慢平息。

　　雀巢奶粉的「嬰兒殺手」個案並非是「公關不善」的案例，

它被歸爲行銷類，屬於「公共形象」的不佳案例。爲什麼「公共形象」屬於行銷類呢？

　　因爲行銷並不局限於促銷商品而已，行銷還可以是促銷形象（如選舉造勢美化政治人物）、顚覆刻板假象〔如司迪麥廣告——請問（教育）部長！護手膏哪裡買？〕、塑造產品聯想等（如豐田實施零庫存代表產品品質良好）。

　　雀巢奶粉案例中，除了讓我們瞭解到公共形象受到質疑帶來的企業傷害外，基本上，還有對行銷活動的認識是否充足的問題。

　　例如：

· 行銷活動不是由生產者開始，行銷更早的活動應該是從消費者需求、產品發展等開始。

· 行銷活動也不是在消費者購買後就終結了，行銷尚需從事售後服務、滿意度調查、行銷稽核等活動。

　　雀巢奶粉如果對行銷的內涵修正有更深入的認識，或許就可免掉一場風波了。

問 題 與 討 論

一、 企業的溝通過程？

二、 產品廣告分哪三類？

三、 廣告如何規劃？

四、 常用之促銷工具為何？

Chapter 12
人員銷售管理

每一個人都處在某種程度的商業活動中，不是需要
購買某些東西，就是擁有某些東西可賣。

——Samnel Johnson

在行銷訓練中流傳一則小故事，有一位鞋商派二位銷售人員到非洲考察市場商機，結果有一人悲觀回報總公司說非洲人都不穿鞋子，所以沒有商機，而另一位卻很高興回報總公司說非洲人都不穿鞋子，所以有很大的商機，由此可知產品好不好賣，「人」的因素占很大的比例。

所謂人的不同在於面對同樣問題時，有智慧的人看到了「機會點」，但悲觀的人看到了「困難點」，因此有智慧的人會調整腳步，自己去尋求答案，而悲觀的人則會找盡各種理由逃避或為自己找藉口，所以並不是產品有沒有「賣點」、價格是不是「最便宜」、通路配銷是不是「最廣泛」、廣告促銷活動是不是「有效」等問題，而是銷售人員如何利用公司資源及自我銷售技巧訓練，以擄獲顧客的芳心。

銷售推廣是一份吃力不討好的職位，除了要有客戶故意刁難、不怕失敗等的心理建設外，還要隨時面臨競爭者及公司業績的壓力，因此本章節最主要介紹一些銷售管理的理論以及技巧，配合一些案例，以期幫助所有銷售人員克服逆境，再創佳績。

安麗傳銷鐵則

　　將銷售人員行銷技巧運用到極致的，首推傳銷與保險產業，他們不斷吸收新進人員進行培訓、激勵、獎勵與共享經驗傳承，動員組織資源與百萬雄兵日以繼夜的銷售手法，令人嘆為觀止，形成一股不可忽視的行銷方式。

　　美商安麗公司的創業者之一，理查‧狄維士常掛在嘴上的口頭禪是"You can do it"（只要去做，就能成功），強調不要受僱於他人，去從事獨立的事業。現在的上班族，誰也無法拍著胸脯保證說「我不會被解僱」，因為目前企業中薪水或獎金被扣發、隨時被解僱已是家常便飯的事了，在這樣的情況下，安麗公司「將機會帶給所有想靠自己成功的人」的經營理念，對於追求另一個收入的人，這是一個難能可貴的機會！

　　美商安麗集團被權威雜誌*FORTUNE*評為「美國屈指可數的超級優良企業」，世界性的優良企業評估機構評為「AAAAA-1」的公司、1998年獲頒台灣全國商業總會「金商獎」，這亦顯示了安麗公司是以人為中心，將人的能力發揮至極限的一種事業，將中間佣金納入本身的利潤中，再依個人的努力獲取豐盛的報酬，這就是安麗事業高度成長的潛力。

　　安麗公司內部設有業務處、財務部、人力資源部、行政部、儲運處、電腦資訊處，以及行銷和公眾事務處等單位，專責於各方面的事務，提供直銷商所需的協助與支援。例如，籌劃舉辦各

種激勵性、訓練性、研討性的聚會，以增廣直銷商的知識領域，並給予適當的激勵；配合規劃周詳的行銷策略，不斷引進優良產品；發行各類型刊物，以達溝通、傳遞訊息、訓練、表彰之目的；製作各種輔銷資料與視聽器材，以供直銷商推薦、銷售、訓練之需；從事電視及報章雜誌的企業廣告宣傳，積極參與本地的社會公益，以提升銷售人員與安麗公司的形象；建立現代化的電腦資訊系統，迅速處理各項銷售業務以及使用紀錄；規劃健全的財務會計管理系統，正確結算各種獎金，並提供直銷商各種稅務資訊與諮詢服務等，凡此種種，皆是爲協助銷售人員拓展安麗事業而努力。

　　事實上，傳銷公司能保持令人驚異的速度成長，在於所有參加傳銷事業的成員，上班時間可以自由支配，隨時自由自主地從事自己的工作，爲了實現自己的夢想，靠自己努力，不必忍受他人的頤指氣使，不過，當個人人脈用盡，下線又無法推動業務時，傳銷人員的心情就眞是「如人飲水，冷暖自知」！

12.1 銷售模式

有關「銷售」的研究，在1963年開始由學者F. B. Evans有系統探討銷售相關的理論，開啓了所謂「銷」與「售」的互動關係；然而，一般人對銷售推廣人員還是停留在「口若懸河」、「交際應酬」的印象，而這種刻版印象導致銷售推廣人員雖然在現代經濟扮演重要媒介角色，但社會地位普遍不高。

如何才能成爲一個現代優秀的銷售人員？銷售人員日常的銷售活動又包含哪些工作？此外，如何運用非語言溝通的技巧進退應對呢？相對的企業要提供什麼樣資源、協助銷售人員支撐的力量。

本章提出銷售模式如圖12-1所示，將產品因素、銷售觀念因

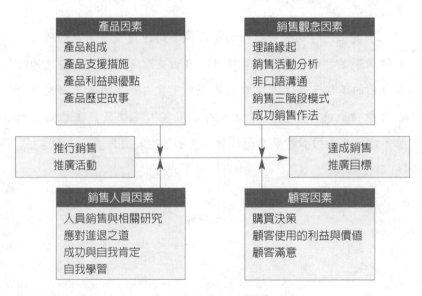

圖12-1　有效銷售模式

素、銷售人員因素及顧客因素作為成功銷售的基石，並就各因素加以說明。

12.1.1 銷售理論發展

翻開西方古典行銷學理論，最早出現「銷售」的一篇經典之作是由學者Evans在1963年發表，研究題目為〈銷售的新趨勢──銷售的雙面關係〉，文章內容主要是探討傳統銷售觀點集中在銷售人格、說服力與適應能力三項行為而已，不過成功的銷售案例並非只是銷售人員單方面的表現而已，必須著重銷售人員「提供銷售」與消費者「接受銷售」雙方面互動的關係，唯有兩者配合成功才是有效的銷售活動。

Evans的文章開啟了所謂「銷」與「售」的互動（interaction）研究；類似的文獻研究在1978與1981年更涵蓋了多數消費品與工業品，行業別則包括：壽險、汽車、餐飲、百貨、服飾、石油、工業電子等。

不論銷售方式變得如何先進，銷售人員仍是公司獲利與成功的重要來源之一，由於他們的努力才能使許多產品、新觀念能快速地傳到消費者手中，例如，台灣知名的保險公司國泰人壽，負責人每年一定出席傑出銷售人員頒獎典禮，這意味著銷售人員是企業的命脈，企業獲利的來源；所以愈進步的社會，業務員的地位愈高，專業能力比較受到眾人肯定，相對的銷售素質也才會提高，吸引更多優質人力投入其中。

當然，銷售人員能全力發揮，其因素包含了公司組織結構、

產品優勢、薪資制度以及主管適時激勵等，尤其就銷售人員的能力、知識提升也要提供相當訓練，使其擁有自信、競爭力以及高度向心力的銷售人員，一位著名的銷售人員曾經說過：「現代的專業銷售人員都擁有豐富的情報、口齒伶俐、富有吸引力，但是如果缺乏產品知識或銷售觀念，仍無法獲得優厚的報酬。」

12.1.2 銷售＝訓練＋藝術

在一般人的印象中，對從事銷售工作仍然存在不少誤解，例如：

- 銷售是給那些沒有技術，教育水準低，較不學無術的人所從事的工作。
- 銷售必須以詐欺的方法才能達到成功，如果沒有欺騙的行為，就無法有高收入。
- 好的銷售人員是與生俱來，靠耍嘴皮玩花樣才能達成交易。
- 好的銷售人員幾乎可以推銷任何東西，他們強力推銷術無人可抗拒。
- 人員銷售最佳地點是在娛樂場所，如球場或聲色場所。

事實上，上述五種心態都是不正確的觀念。根據文獻與實證的資料，不難發現人員銷售（personal selling）是一項古老藝術，在現代並已發展成一門學問，因此一位出色的銷售人員除了天賜推銷稟賦之外，還須接受分析方法、產品知識、銷售管理與行銷的專業訓練，乃能使銷售成為一份專業工作。

美國最偉大的汽車銷售專家喬・吉拉德曾經說過：「每一個銷售人員都應以自己的職業為傲，銷售人員推動了整個世界，如果我們不把貨物從貨架上與倉庫裡運出來，美國整個體系就要停擺了。」

12.1.3 銷售人員的類型

銷售人員是一種非常重要的溝通管道，一種雙向溝通的管道，銷售人員一方面將有關產品及服務的資訊傳遞給顧客，一方面也將顧客的需求或對產品及服務的反應傳達給公司，讓公司能夠及時調整其行銷策略，以滿足顧客的需要，尤其在市場導向的銷售時代，能夠和顧客建立長期的關係，已被認為是影響銷售成績的最重要因素。

一般而言，銷售人員依其工作角色的不同，可分為三大類：訂單爭取者（order getting）、訂單接受者（order takers）、銷售支援人員（sales supporting）。

12.1.3.1 訂單爭取者

訂單爭取者是指積極為商品尋求潛在的顧客，聯繫現有的顧客，開發新的商業關係，提供各種產品資訊給他們，判斷他們的需求，並說明他們去購買產品，是一項非常具有挑戰性和創造性的工作，某些產業，如汽車業、不動產業、保險業、重機械業等，常需不斷爭取新的顧客才能維持正常的營運和成長。

12.1.3.2 訂單接受者

訂單接受者主要工作是在顧客已經決定購買之後完成例行的交易流程，並維持和現有顧客的關係，不需要外出為公司的商品或服務尋求新買主。

訂單接受者又可被分成內部訂單接受者和現場訂單接受者，前者如商店櫃檯，或透過電話行銷、郵購、電子訂購等方式，接下顧客的訂單，後者則是建立重複的銷售和接受訂單，定期拜訪顧客，現場接受訂單，然後再為顧客送貨和儲貨。

12.1.3.3 銷售支援人員

銷售除了上述人員的努力之外，還需要各種銷售支援人員來協助促成銷售，但本身通常並不直接從事銷售工作，支援人員的主要工作包括尋找可能的潛在顧客、提供產品資訊、教育顧客、規劃產品架構、從事售後服務等，他們能夠瞭解產品對顧客用途，並向顧客解釋產品的利益，提供技術的細節，協助訂單爭取者去完成銷售。

最近幾年來，團體分工式的推銷手法有愈來愈普遍的趨勢，因為很多公司採用關係推銷的作法，強調的是長期的關係、售後服務和顧客的滿意度。業務小組（selling team）是一群專業的人員同心協力，將產品賣給公司的主要客戶，通常包括：銷售人員、技術支援人員、行銷人員、財務人員、法律顧問、製造人員和客服人員等組合而成，由一位高階主管來指揮整個進度，以爭取訂單列為優先目標，這種小組分工的作法就非常符合效益上的要求，因此，多數的大型客戶往往是業務小組的鎖定目標。

12.2 銷售業務管理

　　企業推動產品銷售必須有良好的銷售業務管理，它主要包含三項工作：訂定銷售組織、從事員工教育訓練與加強激勵銷售人員。

12.2.1 訂定銷售組織

　　一家公司要進入市場首先決定策略便是，確認公司的組織結構，是依照產品線、主要客戶群、市場區隔、功能、或是地區性？我們將這種組織可稱為功能性銷售組織，組織結構明確後，接下來才是要決定通路夥伴、行銷策略、業務人員、物流配送的組織規模與部署，選擇最能符合公司產業、客戶需求以及有效運用資源的銷售組織，才能為企業產生最高的邊際效益，獲取最大利潤。

12.2.1.1 依照「產品線」組織銷售形態

　　如果公司提供相當多不同的產品或服務，彼此的差異性很大，或是公司針對的是數個截然不同的市場，那麼應該依照產品線來組織公司的銷售組織，這樣的架構可以讓不同的市場都能接收到同等的照顧與重視，如圖12-2所示。

　　產品（或品牌）部門負責某一特定產品（或品牌）的一切規劃和協調工作，為產品（或品牌）發展一長期且具有競爭性的策

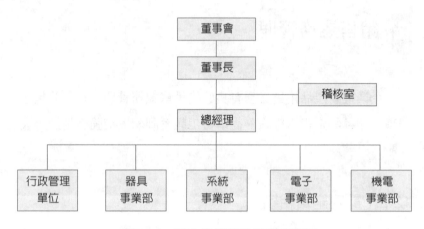

圖12-2　某大電機部分組織架構圖

略，不斷蒐集產品績效、顧客與經銷商態度、新問題與機會的情報，推動產品的改良，以滿足變動中的市場需要，而每一名業務人員會對產品的特性、功能、應用、最有效的銷售方式等，因高度的熟練而產生信心。

但是主要的缺點在於銷售力量的重複配置，因為不同的銷售人員可能負責不同產品的類型，但在同一個時段拜訪相同的客戶，造成人員和行政成本的浪費。

12.2.1.2 依照「客戶」組織銷售形態

如果公司提供相當多的產品給少數幾個大客戶，那麼你應該考慮依照「客戶」來組織公司銷售團隊。這樣架構可以讓業務人員與各主要客戶建立更深層的夥伴關係，並且掌握客戶動態與各項情報，同時也可以對客戶的主要決策者、決策流程及企業文化有更多的瞭解，如圖12-3所示。

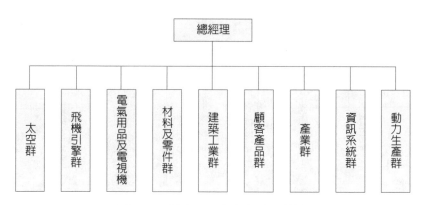

圖12-3　某大公司部分組織架構圖

　　客戶組織形態與產品線組織形態相類似，同樣負責某一特定市場的市場規劃、市場研究、銷售人員的協調、廣告等，在下列情況下適用客戶組織形態的設計：

　　‧策略事業單位有許多目標市場。

　　‧在特定目標市場內顧客的要求有很大的差異。

　　‧每一顧客或潛在顧客的購買數量或金額很大。

　　而它的缺點和產品類型類似，銷售力量的浪費，所不同的是在於同一產品不同業務人員的重複拜訪顧客，或者該區隔顧客數太少，銷售人員無法跨越界線進行開發。

12.2.1.3 依照「地理區域」組織銷售形態

　　如果你的公司提供同質性高的產品，但分散在一個很大的區域內，或是產品在不同區域上會有不同的銷售方式，那麼你可以考慮依照「地理區域」來組織公司的銷售團隊，如圖12-4所示，是一種最簡單也最常見的方式，每一名銷售人員必須負責在他的

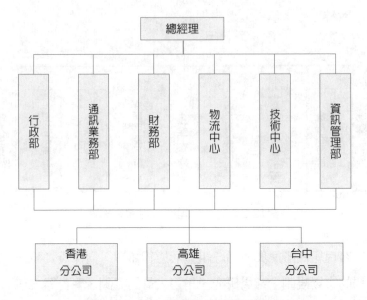

圖12-4　某大國際部分組織架構圖

責任區內，執行銷售所有的產品給所有顧客的責任，而且顧客很清楚該負責的銷售人員為誰，權責容易權分。

　　這樣的架構代表公司的業務人員可以在指定的地理區域內作深度的耕耘，發展獨特的行銷方案，銷售給任何一位有潛力的客戶，增強在各地區的市場競爭力，特別適用大型或國際性的公司。

　　但也有一些缺點，主要是無法提供專業分工，因為每一個業務員必須負責所有顧客的所有銷售行為，在這種情況下，業務員可能挑比較簡單的工作，而排斥較困難的工作（如推銷新產品、開發新顧客或銷售利潤較低的產品）。

12.2.2 從事員工教育訓練

一個好的銷售教育訓練，可以造就出一支優異、自信、團結、不屈不饒的銷售團隊，透過一系列的訓練，幫助銷售人員認清和接受自己，並且集中焦點讓銷售人員不斷進步，追求自我實現的卓越目標，舊式的管理風格是壓榨員工、自生自滅，而新式的管理風格則是訓練、栽培、激勵員工，讓他們把自己的能力發揮到極致。

12.2.2.1 訓練的策略性目標

目前市場趨勢，產品／服務的生命週期愈來愈短、銷售環境則愈來愈複雜、顧客忠誠度愈來愈低、以及全球化的產業競爭，這些大環境的改變都刺激了銷售人員訓練需求產生，訓練的重要策略性目標包括：（1）降低銷售人員流動，達到最大產能；（2）在職訓練，補充銷售人員戰力，應付新挑戰；（3）瞭解客戶不同的購買行為及因應的訓練重點。

1.目標一：降低銷售人員流動，達到最大產能

根據國際企業及專業徵募協會（International Association of Corporate & Professional Recruitment, IACPR）在2000年所進行的研究中指出，僱用到一位合格的銷售人員平均需要四‧一三個月，而產業的銷售人員整體流動平均值為14%，有些行業甚至高達兩倍以上。其中的原因可能包括薪資結構、開始徵募人員條件有問題，也可能是訓練不足而產生，企業每年為這些流動的員工所付出昂貴代價。

　　雖然會有人說在一開始公司招募人員時，就可以篩選適合人選，但往往忽略人的人格特質是多麼複雜，並非一下子就完全瞭解這個人，不管任何因素流失一位銷售人員，不僅錯失了可能的銷售機會，減少公司業績，客戶也對公司頻頻更換銷售窗口產生信心動搖，進一步打擊銷售團隊的士氣。

　　藉由公司的教育訓練過程，瞭解公司的使命、產業的競爭情勢、公司的競爭優勢、產品的專業知識、銷售技巧、以及未來發展方向，凝聚銷售人員的心智，給予更多希望，消弭不安的因素，讓銷售人員全力衝刺業績。

　　「自信」、「認同」、「勇氣」、「專業」與「熱忱」是一個成功銷售人員的關鍵因素。

　　2.目標二：在職訓練，補充銷售人員戰力，應付新挑戰

　　在職訓練乃是針對銷售人員工作一陣子後，公司需再給予某些特定的輔助訓練，以加強某些技巧或觀念，如新產品技術、新顧客開發、時間管理、克服拒絕、銷售技巧及經驗交流、舊顧客關係培養、資料庫行銷運用、建立自信與潛能提升的課程，原則上公司可以固定一段時間舉辦或視銷售人員士氣給予鼓舞，在低潮時給與補強訓練、進階訓練最能看得出效果，適時的充電，讓銷售人員感受到公司的支持與激勵，更加努力銷售產品，在職訓練則應考慮下列兩項因素：

　　‧補強訓練：針對不同銷售人員需要給與不同的訓練，例如，拜訪陌生人較弱者，可以安排資深人員一同拜訪；開發新客戶較弱者，可以加強消費心理分析、表達技巧；帳款回收、呆帳打消，可以請公司法務人員加強法務觀念，

減少公司損失。

·進階訓練：與補強訓練不同的是，其目的是在增加某方面
知識或技能，以應付下一階段的挑戰，例如，新技術研發
與運用，如何適用於客戶帶來價值；行銷企劃訓練，讓銷
售人員瞭解新產品的規劃、價格的擬定、活動的設計；加
強市場競爭力，提供給銷售人員關於客戶和競爭者的知識
等，綜合銷售與企劃的優點。

3.目標三：瞭解客戶不同的購買行為及因應的訓練重點

客戶的購買行為如何影響的訓練策略性目標呢？銷售人員的
目標客戶群可分為首次新系統產品購買／服務、定期購買／服
務、新產品購買／服務、標準化產品購買／服務等，針對每種客
戶群的銷售技巧將有所不同，如**表12-1**所示。

12.2.3 加強激勵銷售人員

公司目標的達成、利潤的創造，幾乎一半以上因素要仰賴公
司的銷售人員努力，所以公司除了培養最Top的銷售人員，並且加
以適當的訓練，發揮最大的潛能外，還必須要做適當的「激勵」。

每一位銷售人員都有不同的想法、需求、目標、抱負以及問
題，公司業務主管的任務便是發掘每一位銷售人員的想法，滿足
他們的需求、達成他們的目標、實現他們的抱負、解決他們的問
題；依照馬斯洛（Maslow）的五種需求層次理論（生理需求、安
全需求、社會需求、自尊需求、自我實現需求），不同的銷售人員
會被不同的誘因所吸引，有的人喜歡物質享受、有的人追求社會

表12-1　客戶購買行為VS.企業的銷售模式

購買新系統的客戶
1.沒有經驗，但非常實際，有可能是首度使用或單次使用。
2.購買的可能是金融服務、軟體、通訊系統、顧問、法務、電腦、高科技等異質化的產品或服務。
3.銷售循環長、群體決策、需要的是顧問式銷售，協助他們解決問題。
4.銷售人員必須要有充足的產品知識、專家形象、建立夥伴的業務關係、需要科技或程式部分的支援。
5.客戶單次購買行為，失敗風險高。
＊建議：若為購買新系統、或單一次購買決策的客戶，必須強調顧問式銷售以及產品知識。
既有系統重複購買的客戶
1.有經驗且實際的使用者，根據過去購買經驗稍做修正後重新購買。
2.購買的可能是農業、園藝、保全系統、訴訟、印刷線路、轉包契約等同質性高的產品或服務。
＊建議：若客戶為重複購買，或針對既有系統重新購買，就必須要將重點放在關係式銷售、談判技巧、定價策略以及客戶情報上。
購買新產品的客戶
1.有經濟的使用者。
2.「利益」或「特性」訴求型銷售。
3.銷售人員必須要有良好的溝通技巧、不怕被拒絕，必須積極主動接觸顧客、使用探索或假設的問題，使用感性訴求。
4.銷售人員必須要對顧客分充瞭解、塑造友善形象、激發購買需求。需要長時間耐心與客戶「磨」，高度談判技巧。
5.重視在某一客戶業務量的增加、客戶滲透率。
＊建議：若為新產品的購買客戶，則必須要強調銷售技巧。
購買標準化產品的客戶
1.多有購買經驗，主要購買標準化的產品或服務，定期的重複購買。
2.購買的可能是鋼模鑄造、硬體設備、辦公室設備、注射器製模等同質性產品。
3.定期固定的銷售，需要經常拜訪客戶。
4.重視價格、運送、品質、便利性等。
5.重點在於客戶的維繫與深耕。
6.以增加單一客戶的業務量為目標。
＊建議：若為標準化商品的購買客戶，必須強調時間管理以及資訊科技上的訓練。

地位、有的人喜歡自我挑戰、有的人追求能力提升等，業務主管儘可能為每一位銷售人員規劃出適合的激勵計畫。

而愛金生（Atkinson）成就需求理論就有提到：

　‧人類有不同程度的成就激勵。

　‧一個人可經由訓練獲致成就激勵。

　‧成就激勵與工作績效有直接的關係。

認為成就需求是個人的特色，高成就需求的人，容易受到極大的激勵來努力達到成就工作或目標的滿足。

12.2.3.1 激勵的方法

目前最普遍採用的激勵方法有二大類型，一為貨幣性的激勵，另為非貨幣性的激勵，說明如下：

1.貨幣性的激勵

報酬規劃是業務經理最困難的工作之一，只有良好的規劃才能確保以實質的報酬來吸引、激勵和留住優秀的銷售人員，許多公司在發展自己的報酬制度時，都會將利潤的收益列入考慮當中，他們不是根據業務人員的整體業績來算報酬，而是依照每一項商品售出的獲利程度來計算所該付出的獎勵報酬。

目前有三種專門針對業務人員所採用的基本報酬方式：佣金制、薪資制和混合制，如**表12-2**所示。

　‧佣金制：此制度是根據銷售人員的銷售業績，給予一定比例的佣金做為酬勞。

　‧薪資制：是指定期付給銷售人員固定的薪資，不管業績的高低。

表12-2　三種主要報酬方式的比較

報酬方式	適用對象	優點	缺點
佣金制	需要高攻擊性、高利潤的銷售行為產業。	1.提供高誘因，鼓勵銷售人員增加銷售量。 2.不需要隨時監督銷售人員工作。 3.佣金與銷售量直接關聯。 4.公司可提高佣金來全力促銷新商品。	1.沒有固定收入，缺少財務上的安全感。 2.公司對銷售人員控制力很小。 3.銷售人員對於小客戶不感興趣。 4.銷售費用較不易預測和控制。
薪資制	非銷售性質或例行性的銷售工作。	1.提供穩定收入，銷售人員有安全感。 2.公司對銷售人員控制力較大。 3.銷售人員較願意去從事顧客滿意的非銷售活動。 4.銷售費用較容易預測和控制。	1.未提供銷售人員努力銷售的動力。 2.公司隨時督促銷售人員銷售商品。 3.薪資變成公司固定支出成本。 4.銷售不佳時，銷售費仍然很高。
混合制	市場類似及競爭激烈，提供誘因並消除不安的心理。	1.提供一定程度的財務安全感。 2.提供若干誘因，促使銷售人員努力銷售。 3.銷售費用隨著銷售收入而波動。 4.對銷售人員的工作有一些控制力。	1.銷售費用不易預測。 2.薪資計算較為複雜。 3.未達獎勵標準，該銷售階段容易放棄，或將銷售挪到下階段。

‧混合制：是前兩種方法的混合，除支付給銷售人員固定的薪資外，尚根據銷售人員的銷售表現支付佣金。

2.非貨幣性的激勵

赫茲伯（Herzberg）的雙因子理論認為，人們具有兩類不同的需求，一類是較低水準的需求，包括食物、衣著、住宿以及滿

表12-3　非貨幣性的激勵

1.福利措施	假期、員工旅遊和各種保險措施。
2.獎勵制度	加薪、頒發獎金、獎狀。
3.工作環境	工作量、人員的安排、工作方法。
4.工作性質	工作者所擔任的工作應與其個人的才能配合。
5.監督性質	監督的方式和態度，直接影響員工自尊需要的滿足程度。
6.意見交流	紓解員工情緒，給予員工發表意見的機會。
7.升遷	升遷通常是一項具有強烈激勵性的手段。
8.進修	對於有抱負、有理想的員工能構成相當大的激勵作用。
9.配股	能使員工自覺辛勞沒有白費，同時成為企業的股東之一，自然對企業產生很大的向心力和忠誠度。

足這些需求的金錢（保健因素）；另一類是較高水準的需求，如成就的能力、心理成長的滿足等（激勵因素），所以許多公司都會利用各種方式，如表12-3所示，或公開場合加以肯定或表揚，或在銷售人員特別需要幫忙時，拉他一把，也都是很有效的激勵方式。

12.2.3.2 期望理論

汝門（Vroom）激勵的期望理論，認為一個人受到激勵努力工作，是基於對成功的期望，提出三個概念：取價（valence）、方法（instruments）和期望（expectancy），「取價」表示某種特定結果對人的價值或重要性，它反應出一個人對報酬結果的欲望強度或吸引力；「方法」顯示出努力結果（即工作績效）和報酬結果（升官、加薪）的認知關係；「期望」是努力和努力結果（即工作績效）之間的認知關係。人們根據已知的取價、方法和期望，而決定將做何種層次的努力工作，如圖12-5所示。

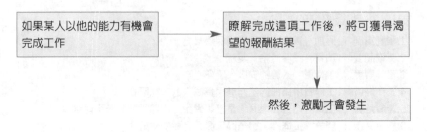

圖12-5　汝門之激勵理論

　　因此，激勵在管理上的意義是，管理者在領導員工們時應針對員工們的個人需求或目標，採取有計畫的措施，提供一個適當的工作環境、獎勵制度以誘導、激發員工們強烈的工作意願，將個人潛能高度發揮起來，使組織的資源獲得有效運用，而順利達成組織的目標。

12.3 銷售活動分析

　　人員銷售是一項非常古老的藝術，幾千年來已發展成一門大學問，銷售人員在推銷某個商品或服務，有一些程序和原則可以遵循，就以下內容詳加說明。

12.3.1 銷售工作內涵

　　在企管顧問公司或銷售業界舉辦的銷售研討會中，業務人員最常問的問題往往是：「銷售推廣人員應採取何種活動和行為才

能達成銷售目標呢？」

　　面對如何達成銷售目標的問題，有人寄望參加魔鬼訓練營、火鳳凰推銷術或美夢成真激勵研討會就能達成目標；基本上，一位稱職的銷售推廣人員要達成銷售任務是要循序漸進，一步一腳印成功率較高。從事銷售工作，其工作內涵大致上包含六大項目：

12.3.1.1 制定銷售計畫

　　針對潛在客戶選擇合適的產品進行銷售拜訪，對其有影響力的權威人士或意見領袖，從事產品推銷，或新產品推廣。

12.3.1.2 注意訂單管理

　　對目前的訂單妥善處理，對未來的訂單早做評估，以免供不應求或供過於求，同時若有退回訂單及各種運輸問題及時解決。

12.3.1.3 加強顧客及產品服務

　　對產品品質及相關配備如何使用，確保產品使用品質，加強售後服務，維繫顧客繼續採用。

12.3.1.4 及時客訴管理

　　提供客戶申訴管道（call center）並進行服務，對客戶反映的問題予以瞭解提供適當協助。

12.3.1.5 建立行銷關係

　　藉與客戶的適當交往，增加好感，縮短彼此的距離，建立可

長可久的夥伴關係，並以真誠相待使雙方互動和諧。

12.3.1.6 良好的時間管理

做最有效的時間分配，使各項工作得以順利進行，妥善運用業務資源發揮團隊銷售力。

12.3.2 銷售過程

銷售人員除了必須瞭解自身的工作之外，銷售人員通常是一位積極的聽眾，能發現顧客的需求，提供適當的協助，並具有良好的溝通能力及敏銳觀察力，因為銷售過程必須與客戶不斷產生互動交往。

銷售過程的進行，通常可分為三個階段，如圖12-6所示。

各階段活動內容與工作重點說明如下：

1. 先前準備階段——在未與客戶接觸洽商前的各項準備工作皆可稱之，例如，資料彙整、投影片製作、會面訴求、重點及各項人員安排。工作重點包括：
   ・如何引起顧客的興趣和需求。
   ・產品利益何在。
   ・如何將話題引到重點。
   ・滿足顧客的好奇心，提示產品的優點。

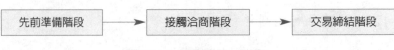

圖12-6　銷售過程三階段

2.接觸洽商階段——銷售推廣人員將各項產品、服務等特點陳述，如何滿足顧客的需求。工作重點包括：

　・強調產品價值，並告訴顧客使用產品的利益。

　・使顧客明白產品的操作、控制。

　・產品差異化及競爭者的不同特性。

3.交易締結階段——完成銷售締結歸案，或未完成交易如何繼續之接觸洽商。工作重點包括：

　・為顧客設想購買理由適時引導。

　・給予顧客易支付的條件及提供付款選擇方法。

　・告知顧客何時、何地和怎樣才能得到此產品。

推廣銷售人員經過理性地分析銷售活動後，始能確認工作重點，進而達成銷售使命。

12.4 非口語溝通與銷售

　　銷售人員的溝通方式與技巧是銷售成功不可或缺的要素與能力，然而除了正式的口語溝通、書面資料表達外，若再加上眼睛、手勢、姿態、表情等非口語的溝通幫助主客雙方增進瞭解對完成交易有相當助益，根據心理學家做出調查指出，人們使用語言、文字表達內心感受的比率，遠遠不及使用非語言的表達方式，也就是說，人們雖然最常使用語言、文字來表達情感，但實際上明確感受卻沒有說出，可是從說話者的臉部表情、肢體動作卻透露更多訊息；不過，一般人常注意的是語言上的溝通是否能

達其意，而往往忽略了非口語溝通其他部分的掌握，坊間對如何進行口語溝通有不少書籍可供讀者參考，本節特就「非口語」溝通部分就個人從事推廣銷售工作的心得提出說明，希望有助銷售業務的進行。

12.4.1 眼神接觸

從事銷售服務，銷售人員儘可能與客戶保持眼神的接觸，一般在銷售洽談過程中，眼睛不注視客戶，客戶可能會產生負面印象，甚至懷疑對方是否在欺騙、或缺乏自信、或不在乎，因此，應儘量避免產生負面效應，同時眼睛能表示出各種情緒，當人們對某項事物感到興趣時，你會看到他們的瞳孔放大，眼睛放出光亮，透過「靈魂窗」的接觸能加強彼此的信心。

12.4.2 肢體接觸

販賣產品時，銷售人員應避免兩手臂交叉，此一訊息給人一種防禦或不接納的感覺，銷售人員應隨時注意肢體訊息，因為顧客特別注意和相信你所表達的行為，例如：

男性建立感情的肢體動作以握手為要，手部動作能幫助銷售人員陳述、表達形狀、大小或方向，手也能抽象地表達權力或接納。

歸納代表手部的語言，有些行為研究指出緊握手掌，表示緊張或生氣；輕敲桌子表示不安或沒耐心；自己拍打前額可能表示忘記某事；用手觸摸自己的鼻子時，可能考慮對方所言是否虛

假；至於有些人摸下巴，可能是思考對方陳述的一切語言，雙手
交叉在背後，表示他具有滿足感。

12.4.3 小動作

每一個人多少有一些小動作，甚至自己並不知曉，如果這些
小動作常常發生，可能造成顧客對銷售人員不佳的印象，故應儘
量避免。

以下十例較不當的小動作應儘量避免發生，才不會造成雙方
負面印象，徒增銷售困擾。

- ‧挖鼻子或剔牙齒。
- ‧撥弄卡片、名片或紙張。
- ‧無法停止咳嗽或清喉嚨不斷。
- ‧擺出傲慢態度與口吻。
- ‧嚼口香糖或咬嘴唇。
- ‧頻拉褲頭。
- ‧談話時過分接近顧客身體。
- ‧嘴巴喜咬著筆或文具。
- ‧喜歡打斷顧客談話表示自己聰明。
- ‧得不到客戶訂單時滿臉愁容。

12.4.4 外觀與端正儀表

在重視外在的現代社會，銷售人員適度的包裝自己對說服他

人具有畫龍點睛的作用，因此，儀表的重要性不言而喻。

　　與人初見面時，儀表和外觀（如所穿的衣服和配件）更是引人注意的第一印象；如果沒有好的儀表，甚至在尚未說話時，客戶可能已留下負面的印象；至於廣泛的儀表指人的修飾、服裝和外形的打扮，一個人可能無法改變天生的扁鼻子、小眼睛，但藉著一些基本的修飾，可以改進自己的外觀；至於基本的服裝儀容通則便是乾淨的指甲、梳理過的頭髮、燙平的衣服和整齊順眼的外表。

　　強調外觀的重要，尤其是儀表修飾和服裝，在每個人初次見面印象裡扮演非常重要的角色，以西方社會為例，在穿著有許多未成文的規定並配合不同場所，所以，銷售人員可視拜訪對象衡量如何穿著才能被接受，對個人整體的搭配包括領帶、皮件、鞋子、服裝色系等稍加留意，因為有時候銷售人員的穿著除了反應出個人的性格外，同時也蘊涵公司的教養與文化。

12.5 策略銷售分析

　　銷售活動從人際關係的觀點而言是一項藝術，當主客雙方交談甚歡、言辭有交集、觀念有共識時，或許銷售任務就可以達成。

　　卓越的汽車銷售專家喬‧吉拉德曾創下一年賣出一千四百二十五部汽車的世界紀錄，並連續維持世界汽車銷售冠軍長達十二年，他說：我不懂汽車技術方面的知識，但我深信顧客買的可不

是這個，如果對顧客講起齒輪的傳動比率或馬力，你只會把他們嚇跑，不過如果顧客想要知道一切有關技術，我可以找後面那些職員跟你解說一切。

我認為從事銷售工作，不管是賣保險、股票、房地產或其他任何東西，重要的是要瞭解顧客的特性，提供最好的服務及最優惠的價格。而喬‧吉拉德最有名的賣車名言是：其實我不是在賣車，我是在賣喬‧吉拉德。

有鑑於喬‧古拉德的銷售成就，安泰人壽台灣區1999年壽險大會在1999年9月19日邀請他來參加並作專題演講（一場演講會美金三萬元），在研討的過程中提出不少問題，從他對銷售相關問題的回答或可幫助銷售推廣人員釐清一些觀念，茲將問題與回答摘錄於下：

> 問：如果要成為一個成功的銷售員，應該具備哪些基本條件？
>
> 答：每次我到一個地方演講，幾乎都有人問相同問題，我不希望讓大家失望，其實，成功沒有秘訣，最重要的是追求完美，要有追求成功的動機。許多人早上起床後，糊里糊塗地過了一天，不知道生活的目標是什麼，我絕對不是這種人，我每天都有目標，而且是前一天就想好的。如果你要成為最佳銷售員，你就要付出心血，要一步一步地爬，因為一步登天是不可能的。
>
> 問：為何你能夠在一天內賣出六輛汽車，你是怎麼辦到的？
>
> 答：我想第一步是撒名片，我隨時隨地都不曾忘記發名片，

你要讓人家認識你，知道你是賣汽車，知道你這個人，因為，如果你不主動出擊，沒有人知道你在賣車，也沒有人會找你買車。當年，許多人在我的辦公室門口排隊要買車，讓我覺得自己好像是醫生接受掛號看病一樣，由於排隊太久，引發爭議，我只好宣布排隊最久的人算便宜一點，最後只好要求客戶事先預約。也許你想知道為什麼這些人一定要來買我的車呢？我敢說，只要向我買過車的人，永遠不曾忘記我的。

你知道我有多瘋狂嗎？平時我去餐廳吃飯，小費給的最多，同時不忘附上兩張名片，讓餐廳的人知道我在賣汽車，每次我付帳單時，都會附上兩張名片，平均每月寄出二萬五千封信件，每天辦公室的電話接不完，由於汽車愈賣愈多，也因此我經常成為《富士比》、《時代週刊》和報紙採訪對象。

問：你覺得人生最重要的是賺錢嗎？你一定賺了不少錢，退休後做什麼呢？

答：我在四十九歲的事業顛峰時退休，當時我已經賣了十五年的汽車，我及時退休的原因是已經賺夠了錢，但我希望做一些不一樣的事情。人生當然不是只有賺錢，許多人夢想要賺更多的錢，但是錢永遠不曾賺夠的，其實，「施比受更有意義」，我現在充分體會到這一點，因此退休後我花很多時間寫書，把我成功經驗告訴別人。此外，我到處旅行、演講，甚至到監獄去做免費演講，把希望帶給更多的人。

從喬‧吉拉德的銷售作法，銷售產品似乎就是自然，但如果
深究，不難發現他的銷售作法在於做到以下三點：

‧瞭解顧客的需要與特性。

‧提供安心的服務。

‧銷售價格讓對方滿意。

要做到上面三點，說來容易但落實得要下不少功夫，因爲有
些是觀念問題，有些是實務問題，因此本節將銷售分爲三層次，
分別敘述銷售的「策略」層次、銷售的「技術」層次與銷售的
「實施」（作業）層次，從而建構每一層次之模式並作重點說明，
使讀者對銷售有更深入的認識。

12.5.1 銷售的策略層次

12.5.1.1 模式

銷售的策略層次模式如圖12-7所示。

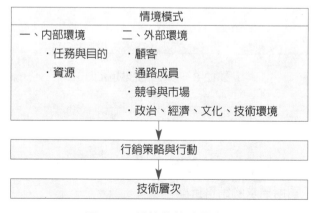

圖12-7　銷售的策略層次

12.5.1.2 說明

· 策略制定首要分析（瞭解）公司內在與外在環境。

· 內外環境說明──包含公司內部銷售文化、制度、資源與
其他單位之互動；外部環境包含經濟景氣、消費習性、可
支配所得等方面的評估。

12.5.2 銷售的技術層次

12.5.2.1 模式

銷售的技術層次模式如圖12-8所示。

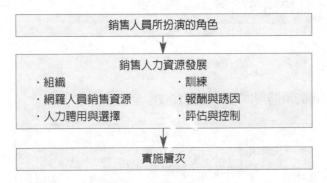

圖12-8　銷售的技術層次

12.5.2.2 說明

· 銷售人員所扮演的角色──如何建立制度銷售人員能達到
公司所要求的銷售目標。

· 銷售人員發展──組織視銷售人力為一項資源，因此，如

何不斷加以培養，不致在遇到挫折時懷憂喪志，同時不斷
提升自我知能與銷售潛力，使其對公司、消費者與社會都
能有所貢獻。

12.5.3 銷售的實施（作業）層次

12.5.3.1 模式

銷售的實施（作業）層次模式如圖12-9所示。

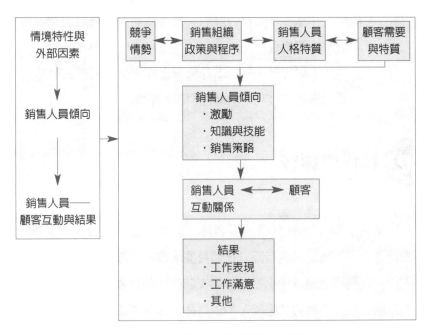

圖12-9　銷售的實施（作業）層次

12.5.3.2 説明

1.銷售人員特質

- 外在因素——長相、姿態、性別、年齡。
- 歷史因素——教育背景、目前職位、過去銷售經驗。
- 個人因素——人際關係風格、社會敏感度、冒險程度。
- 心理因素——一般智商、語言與數學能力、一般事物的認知。

2.知識與技能

- 產品知識——產品線、特性、使用利益、產品優缺點。
- 消費者知識——消費者區隔，使產品與服務符合消費者需求瞭解消費者程序。
- 公司政策與程序——對本身公司組織與交易流程的瞭解。
- 人際與溝通的技巧——溝通與說明的能力。

12.6 銷售與顧客

　　消費者基金會曾召開一項名為「訪問買賣招數探密大公開」的記者會，提醒民眾若有部分推銷員假借政府名義推銷瓦斯器材、電視、電腦護目鏡或淨水器，甚至安裝後再強行收款，消費者不懂可以依公平法訴諸請其處理，推銷員甚至還會有詐欺之嫌。

　　同時又公布了十大不當銷售手法，包括「你中獎了」、「誘騙」、「以優惠價格吸引，在推銷高價商品」、「以免費商品或服務為餌」、「人海戰術」、「打公益牌」、「暗渡陳倉」、「誇大療

效」、「問卷行銷」、「拖過消保法七天的猶豫期」等十種不當銷售手法，呼籲消費者注意不要輕易上當。

看了上述的報導，不明就理的民眾對「銷售人員」刻版印象或將更惡化，不過，就如同其他行業總有少數脫序行為一般，上述報導的推銷詐騙手法相信僅是少數人走旁門走道的方式而已。

12.6.1 銷售通則

事實上，在現代社會中，銷售人員扮演很多積極的功能，如提供產品知識、解決顧客疑難、發達產業經濟等，然而這些正面功能都很少被報導；在行銷研究方面，有關人員銷售的研究更少觸及，造成學「行銷」目的只是為了4P（產品、定價、促銷、通路），推廣銷售可不學而能的錯覺。

著名小說《一個銷售員之死》裡面相當程度刻劃推銷人員的心路歷程與自我成長過程，同時，作者藉著書中一句名言：「人活著多少在向別人推銷一些什麼」，來表達銷售人員的重要性及受到某種忽略。如果我們仔細想想，個人不論在學校、家庭、社會、職場不都是需要與人溝通、傳播看法、交換理念嗎？而這就是一種「銷售」。

近幾年來，銷售業一直不斷再加強教育工作，其中，「KASH法則」與「ABC情境」就是常被提出作為銷售實務的通則。

．KASH（英文與CASH現金同音）法則

　　K——知識（Knowledge）。

　　A——態度（Attitude）。

S──技能（Skill）。

H──習慣（Habit）。

‧ABC（取其易記難忘）情境

A──總是（Always）。

B──處於 （Being）。

C──結案（Close）。

12.6.2 「關心顧客──關心銷售」矩陣

除了KASH法則與ABC情境之外，另有相關理論提出「關心顧客──關心銷售」的矩陣，說明銷售人員對「銷售」的關心與對「顧客」的關心提出五種狀況，如圖12-10所示。

‧1，1型是瀟灑的銷售人員。

‧9，1型是強迫推銷的銷售人員。

‧5，5型是溫和型的銷售人員。

‧1，9型是自我推銷型的銷售人員。

‧9，9型是其有解決問題的銷售人員。

在這五型中，9，9型最符合銷售人員與顧客互動的形態，不過很難達到這種完美模式。

12.6.3 「關心顧客──關心銷售」矩陣與實際

基本上，模式是一種通則，對不同的產業，所謂最佳的銷售方格定義也許有不同看法，例如：

1，9人際導向
我是顧客的朋友，我要瞭解他
並且對他的感受與興趣有所反
應，使他喜歡我。

9，9解決問題導向
我與顧客彼此商議，以瞭解我
的產品能否滿足顧客的需求，
站在顧客的立場，作成良好的
購買決策，這項決策使顧客獲
得他所希望的利益。

5，5銷售技術導向
我有一套確實的銷售技術，使
顧客向我購買。

1，1買不買隨你，我將產品擺
在顧客面前，而讓產品本身自
我推銷。

9，1強迫推銷產品導向
我緊迫地盯著顧客，向他們強
迫推銷，施加所有壓力，使顧
客向我購買產品。

| 1 | 2 | 3 | 4 | 5 | 6 | 7 | 8 | 9 |

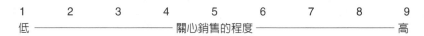

低 ─────────────── 關心銷售的程度 ─────────────── 高

圖12-10 關心顧客與關心銷售方式

- 在仰賴電話銷售的行業，最佳的銷售定義就是立即的訂
  購。
- 在製藥產業中，常跑醫院的業務代表，其銷售強調的不是
  產品的推銷，而是和醫師發展良好的關係，因為只要產品
  的品質和業務代表對醫師服務品質能一直維持高水準，則
  公司的銷售和利潤將會綿延不斷，此為最佳的銷售方法。
- 對許多產業而言，業務成功與否並非短期即可看出，對某
  些產業而言，一件銷售案可能須數年才能完成銷售任務；
  在這種情形下，若僅能強調短期的業務成就，反而會破壞
  長遠大計。

人生管理

　　柯桑將車子從省道往中山高南崁交流道上來，繞著一個大彎往南向的地方加速前進，時速一百一十公里夜行高速公路，路燈往前照的路面產生一種規則的脈動，筆直的令他感覺有點茫然；往照後鏡一望，幾許閃爍欲超越的燈光，有點令人捉摸不定，似真實又模糊。

　　柯桑一直不懂桃園「南崁」的地名如何而來，雖然已調來此地工作三年，南崁的諧音與「難堪」是如此的接近，恰好又是位在高速公路五十公里處，一如他現在的心情與年齡──五十歲。

　　每個星期一從二百公里的員林交流道北上，接近南崁會先看到飛機起降，他常會問自己，本週工作心情是出境渡假還是疲憊入境？

　　五十歲的年齡實在不該有太多想法，要麻木一點；不過，他最近工作老是出神，有一次想不起古人說五十歲是知天命還是耳順，還去查論語。柯桑以前不是這樣的，三年前，他從員林老家北調南崁擔任這間省營保險公司的襄理職位，也是滿懷信心與希望，下決心不計一切完成公司要他達成的營業額；未料凍省效應，公司宣布提前民營化，股票面值也已經計算清楚，準備上市，一時之間，如京戲大鼓八面埋伏，才感覺危機已在身旁，不確定感使士氣像洩了氣般不能專心，常常想往日或一些不相干的

瑣事。

　　很多人說，保險公司的襄理不是好幹的，即使是省營也一樣，營業額是每個月歸零重新再計，手下保險人員零零落落，什麼職業都有，常要靠主管當發電機傳導動力給保險人員，但主管的動力又來自何處呢？這是柯桑最喜歡喝老人茶、最喜歡對部屬說的話；事實上，一、二十年前，柯桑覺得保險真好做，掛著省營的招牌正派經營，業績沒什麼好煩惱，但近幾年，新的保險公司一家一家的開，營業額（quota）隨著年歲漸增有不堪負荷之感。

　　年過五十，柯桑何曾沒想過生涯規劃的問題，但他偏又深信林清玄生活禪中的一句話：人生是不可能管理的；回想五年前，公司派他參加全省優秀營業員家中拜訪與感謝，發現這些優秀的同仁家中竟然都有副業，那怕是小小的雜貨店、花店、藝品店。拜訪後回員林，看到太太與小孩幾年來因為他為公司東調西往，家還是住在父母的老式公寓，是無暇規劃理財？還是無力添購新厝？人生頭一遭，他嚴肅思考「人生真正的價值是什麼」？還有，是不是將被工作定義了一生？

　　他不願再想下去，上個五十歲生日那個晚上，公司同仁在KTV為他慶生，小陳為他唱的歌曲竟是「如果還有明天」，眾人皆譁然笑成一團，他只好尷尬地跟著笑。

　　他不能再想下去了，車子已跑到台中清水一百七十七公里處，很快就到家了，家中有妻兒等待每週一次的團聚，柯桑遙遙望著二百公里處，感覺數字二百好像是二千，西元2000後，大家都說保險業是一個大好商機，他得好好規劃保險商品看怎麼推，想到這，他一踩加油門，車子繞過優美的圓弧似乎帶走暗夜的星光……。

　　很多公司不僅年過五十，甚至存在已近一世紀，例如，郭元益食品，不過老公司不賣老產品，因為大眾的口味已不同；台灣不少的中年企業進行改造或許會有如「柯桑」產生幾許的迷茫，但不論個人或組織，在追求轉型所表現的積極態度，應可贏得大眾的喝采與肯定，例如，老牌的黑松飲料（沙士、汽水等）就訴求年輕人的認同，而留下令人深刻的印象。

問 題 與 討 論

一、 有效銷售模式為何？

二、 銷售人員工作可分為哪三類？

三、 銷售人員激勵的方法為何？

四、 請說明銷售過程三階段。

第四篇　行銷執行

Marketing Management:
Strategy, Cases and Practices

Chapter 13
行銷與市場競爭

企業大致可分為三種,第一種是促使事情發生,
第二種是等事情發生,第三種是驚訝事情發生。
——彼得‧杜拉克(管理大師)

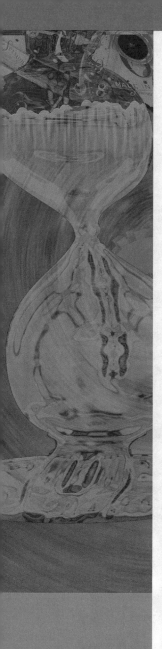

研讀本個案可知，這是一個典型策略和商品的戰爭，一場市場領導者與市場挑戰者的戰爭，很顯然美國汽車產業輕忽日本豐田競爭優勢，喪失攻擊、防禦最好時機，導致市場的淪陷。

孫子兵書有云：「兵者，詭道者也」，這是一種鬥智的作戰原則，競爭策略的運用，端看企業本身在市場上的競爭地位而定，而要維持競爭優勢，則要靠產品的創新、行銷的創意來開發、滲透市場，才是企業長久生存之道。

小汽車、大戰爭

　　回首憶往事，1986年夏季，我正飆著二手別克，奔馳在北加州公路，沿途看到的景象除了異國美麗風光之外，四周盡是呼嘯而過的日本小汽車，其比率之高，數目之多，不免令人納悶日本車是如何打開美國市場的？

　　眾所皆知，汽車產業一向牽涉甚廣，美國汽車工業1980年代初期發展還算穩定，可是到了中期，連續發生了幾件大事衝擊著汽車業的大環境：

　　首先是中東爆發石油危機，石油輸出國家組織（OPEC）先後於1974年和1978年對工業國家強制採取石油禁運，造成全世界的經濟危機，接著環保意識的抬頭，美國環保機構著手提高空氣污染標準，美國大汽車高污染、高耗油量的特色為人所詬病，同時消費者開始質疑汽車安全尺度應更加提升降低等；種種消費需求特性逐漸改變之外，美國人突然發現，日本的小汽車，雖然看起來像小孩子玩的四輪滑板車，但載起人來卻是既舒適又省油，美國國內車商進口的日本小汽車銷售量明顯爬升，1991年，美國境內出售的八百二十萬輛汽車中，只有五百四十萬輛為國產，其他大都來自日本，且比率逐年增高，日製的豐田汽車也不再被媒體譏為玩具小車──Topet。

　　對於這種大環境的改變，主宰汽車業的大腦──底特律汽車業者，依然持樂觀、守舊的心態，相信美國人對汽車的概念終究

還是會回歸到大型、豪華、舒適的汽車；殊不知日本汽車業者在通產省規劃下開始大舉進軍美國，第一階段採取低價進入市場，鼓勵消費者試用以建立市場占有率；俟時機成熟，第二階段則以建立市場區隔，加強日系車種在美國民眾心目中的定位，同時角色也由第一階段的攻擊者轉為第二階段的防禦者。

十幾年後，研究策略的個案都認為日本汽車業者的競爭策略確有獨到之處，但最根本的原因，是美國汽車業者對大環境變化的反應緩慢，無法回應環境的變化而適時調整本身產業結構，同時還遭到日本工程師在生產技術及品質上的痛擊，美國車一下子成了二流車；相對地，日本業者不斷改良及時化（Just in Time）生產流程、品管制度、零庫存等，並抓住機會進入市場並改寫近代美國汽車產業史（日本車在美國市場占有率為24%）。

到此，個案結束了嗎？當然還沒有，讓我們再回到1986年。

那年，韓國車現代集團與南斯拉夫國營汽車公司，也想「東施效顰」以低市價進入美國自用車市場，建立市場占有率，分別以四千九百九十及三千美元不到的售價極力促銷，但「此一時，彼一時也」時機已是不同，兩者在美國汽車市場銷售量並未打開。

然而，美國自用車市場就真的束手無策任由桃太郎宰割嗎？1995年6月底，數個月內，柯林頓政府已兩度運用匯率（從一百多

日元兌一美元，上升至八十日元左右兌一美元）迫使日方相對打開市場讓美車能在「非關稅障礙」情況下進入日本市場（美國車在日本市場占有率不到1.5%）；最後在瑞士的會談橋本龍太郎與坎特總算達成協議，美方同意不對日本進口車Lexus等十三種車款採取報復，日方則答應增加國內銷售量，並採購美國車零件。

協議後的山姆叔叔真能扭轉僵局嗎？由於美、日兩國對「策略」內涵與作法互不相同，小汽車、大戰爭應該還會有續集才是，Let's see！

13.1 緒論

　　任何一個企業或組織所擁有的資源皆為有限，成功的企業某種程度上反映出他們能夠妥善運用這些資源規劃策略，因此企業要能發揮策略的功效，就必須思考一套整體的方案，因時、因地制宜，才有勝算的機會。

13.1.1 策略的心靈

　　商場如戰場，「成者為王，敗者為寇」是千古不變的定律，也是企業求生存、求發展不變的道理，任何企業莫不希望能成為市場的主宰者、優勢品牌領導者、市場遊戲的制定者等，以掌握更多資源和市場占有率，以獲取最大的利益。

　　因此策略的規劃運用是企業經營重點，洞悉未來遠景進而善用本身優勢並積極創新產品、創意行銷，滲透、開發、多角化經營，確保市場的競爭地位。

　　然而制定商學策略規劃是如何得來的呢？是參考坊間一些策略管理書籍就一蹴可及的嗎？有人說，「策略」一詞由於使用習慣相當普遍，人人似乎容易自學成為「策略大師」；職是之故，我們看到不少企業制定策略時會發生以下現象：

　　‧上級來文請各單位自行制定未來行銷策略。

　　‧組織變革請各單位檢討層級存廢並擬定策略。

　　‧公司年終檢討兼辦自強活動，經理人員要晚上集中討論，

制定明年公司策略。

· 制定策略的會議，與會者代表本身單位權益，據理力爭聲
嘶力竭，彼此討論無交集。

· 邀請外來的策略專家或學者，做「蜻蜓點水」般的策略講
習。

· 急病亂投醫，到處模仿他人的策略，只能複製形式，卻無
法學習精髓。

　　姑且不論這六種情境是否真能制訂出「優質策略」，日本策略
家大前研一則當相強調，制定策略要切中「策略的心靈」（the
mind of the strategy）。

　　那麼策略的心靈又是什麼呢？它涵蓋四種涵義：

· 就時空而言，不只注意到公司目前演變，而更關切產業未
來的發展。

· 就現實環境來看，不僅企業本身能自我內在分析，更能從
外界環境的變化來虛擬對公司的影響。

· 從組織面來說，除了瞭解成員專業背景（基因）一致性的
重要，進而納入不同的專業背景，因為專業的多元化，一
旦組織面對變遷，才不會只有「一面」的看法。

· 從產品面來說，市場投資決策，包括決定產品市場的範
圍，投資的程度，還有企業中資源的配置。

13.1.2 商戰策略看成敗

　　策略是組織目標的具體作為，擁有策略的心靈，雖不敢保證

擬定的策略必會成功，但策略的方向與步驟至少較具有邏輯──解決問題導向。舉例來說，在1980年代剛開始出現錄影帶的時候，Beta（小帶）錄影機系統較受歡迎；但後來為什麼Beta（系統）幾乎在市場上銷聲匿跡而成為VHS（大帶）的天下？

主要原因之一乃是松下集團（VHS）能擬定過人的「銷售策略」，使得新力集團（Beta）在錄影帶市場節節失利，進而改成VHS規格。

談起這段商戰經過，當時負責台灣松下電器VHS錄影機行銷的品牌經理表示，在錄影機開始銷售的初期，新力的Beta錄影機系統的確市場占有率相當高，不過松下集團分析狀況之後，瞭解Beta問題所在，致力改進Beta的缺點，如錄影帶的時間太短、需要換面等，而發展出長達二至四小時大帶錄影帶（VHS），同時運用「媒體戰爭」模糊了新力錄影機的優點，並低於Beta銷價15%強力推出VHS，其次提供經銷商較多的錄影帶節目（如摔角影片），繼之配合相關行銷措施，由於VHS價廉物美，又符合顧客的需求，最後松下集團VHS系統終能扭轉局面。

13.1.3 誰需要優勢策略

市場存在競爭。因此只要有企業成功的故事，就相對存在另一個企業被擊敗的故事，歸納成功或失敗的經驗，企業在擬定優勢策略（strategic strengthens）的大方向，會格外重視以下數個優勢的建立：

・爭取「內在競爭優勢」。例如，各項產品完善經營因應市場

變動如何去整合現有資源。

· 建立「外在競爭優勢」。例如，競爭對手分析。行銷4P（定價、促銷、品牌、通路）的現況檢應，並與其他品牌的產品作比較。

· 達到「策略聯盟優勢」。例如，得到相關業界的支持，部署未來經營的領域，海外機會的尋求。

　　若將上述三大重點引用到行銷架構上，應可建立「優勢策略」的輪廓，如圖13-1所示。

　　一般企業在分析對手所依據的架構，大致上會依「未來目標」、「假設」、「現行策略」、「能力」四方面著手，如圖13-2所示；面對變動的環境、面對自我，省思自己如何去應變，絕對是一個成為優質企業的主要條件。

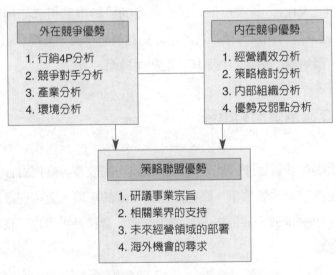

圖13-1　企業優勢策略

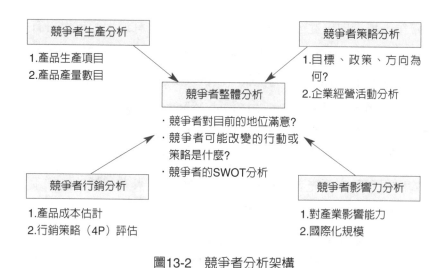

圖13-2　競爭者分析架構

13.2 市場競爭策略

　　在一個目標市場中，存在許多競爭對手，競爭者有大有小、有資源豐富者、也有短缺者，依其競爭地位可分為領導者、挑戰者、追隨者或利基者等地位，市場領導者占有最大的市場占有率；市場挑戰者居其次，以領導者為目標，努力想要增加市場占有率；市場追隨者維持市場占有率，並追隨領先者腳步力爭上游；市場利基者服務競爭者忽略剩餘市場。

13.2.1 市場領導者策略

　　許多產業都由一廣為人知的市場領導者（market leader）公司

帶領市場走向，此公司在相關產品市場中占有最大的市場占有率，常引導其他廠商進行價格變動、新產品上市、通路涵蓋面和促銷密集度，是競爭者的挑戰、模仿或躲避的焦點，例如，麥當勞、統一超商、IBM電腦、台積電、Yahoo、微軟、Nike等。

除非領導公司享有獨特核心技術或合法的獨占事業，否則維持地位並非易事，必須時常注意其他公司的競爭策略，創新產品的出現會危害領先者的地位，如數位相機、具有相機功能的手機，已嚴重威脅柯達軟片公司領導地位。

領導公司若想保持領先地位，應採下列三個行動：

· 迫使整個產業採用自己創造出來的標準：市場領導者是產業的「遊戲規則制定者」，讓自己訂定的規範成為產業統一標準，所有競爭者必須跟隨你的腳步，同時也可以向競爭者索取專利授權費，掐住他們喉嚨，這樣一來確保市場領導者的地位，例如，微軟的視窗作業系統、松下電氣的VHS錄影帶規格標準等。

· 首先要找出擴大市場需求的方法：例如，嬌生公司的嬰兒洗髮精，當初是針對嬰兒族群設計，但當出生率降低時，銷售量大大受到影響，於是將目標擴大到成人市場，密集廣告成功擴大市場需求，保有市場領導地位；或新的使用方法，例如，蘇打粉具有百年歷史產品，但一直處於停滯階段，後來公司發現消費者用來冰箱除臭效果良好，便投入大量的促銷且成功地使美國一半以上的家庭冰箱中放置一盒蘇打粉除臭，數年後又發現可用來清除廚房油煙的功能，公司便又開始推廣這種新用途，並獲得很大的利潤；

或更多的使用量，例如，加大牙膏開口，增加使用量或提倡早、中、晚各刷牙一次，增加使用次數。

· 其次透過凌厲的攻擊和防禦行動，以保護現有的市場占有率：領導者在設法擴張整個市場規模時，也要不斷防禦挑戰者的挑戰，甚至於主動攻擊挑戰者，例如，台灣自從開始固網以後，中華電信喪失網路獨占事業，面對國內三家固網（台固、遠傳、速博）的挑戰，中華電信採用防禦策略——不開放基礎電路設施，讓三家固網要耗費龐大經費做管路鋪設；攻擊策略——降低網路價格或提高網路傳輸速度，讓三家固網疲於奔命。

著名戰略學家孫子曾說過：「毋恃敵之不來，恃吾有以待之」，領導者不可滿足於現狀，必須在產品創新、行銷創意、降低成本、品牌多角化、顧客服務等方面領導整個產業，不斷提高挑戰者、追隨者的市場障礙，拉大競爭距離。

13.2.2 市場挑戰者策略

位於第二、第三或其後的公司，可說是市場挑戰者（market challenger），例如，BenQ手機、全家便利商店、聯電、肯德基、百事可樂等，市場挑戰者可採用二個行動策略：攻擊市場領導者與其他競爭者以攫取更大的市場占有率，或可安於現狀不去擾亂市場競爭局面。

1. 積極攻擊領導者，大多數的市場挑戰者的目標是增加企業市場占有率，認為此舉可提高企業獲利，不外乎有以下數

種方式：

- 直接攻擊市場領導者：若領導者在市場中表現不佳或無創新產品上市的話，那可從客戶的需求或不滿的地方下手，給予領導者致命一擊，此為高風險高報酬的策略，例如，百事可樂對上龍頭可口可樂、肯德基對上麥當勞、HP對IBM等。

- 攻擊地區性中、小型的公司：藉由併購體質不佳的企業，吸收他們的市場與技術，壯大自己的實力，向領導者挑戰，例如，台灣大哥大併購泛亞電信挑戰中華電信、台新銀行併購大安銀行挑戰中國信託等。

- 聯合地區性中、小型的公司：藉由合作的方法，聯合強大的第三者，採包圍攻擊的策略，讓領導者多面作戰，無暇自顧，例如，全家便利商店聯合OK、萊爾富等便利店對上龍頭7-11統一超商等。

2. 安於現狀不去擾亂市場競爭局面，可能本身實力尚不足，或者領導者實力堅強，這時先安於現狀等待時機，可行策略如下：

- 縮小和領導者之間的差距：挑戰者設法改善資產利用率，和供應商建立長期策略關係，把一些工作或功能外包，強調產品高附加價值等降低成本、強調差異化，儘量縮短彼此差距。

- 透過區隔策略共存：如果已經成熟的市場，領導者擁有很高的市場占有率時，挑戰的最佳策略是透過區隔求共存，儘量避免正面競爭，以獲取長期有利潤的市場占有

率，以厚植實力。例如，凱瑪百貨一開始即訴求較小的
市場，避免和西爾斯百貨直接競爭，而後沃爾瑪百貨也
採取相同策略，和凱瑪競爭。

13.2.3 市場追隨者策略

市場追隨者（market follower）可採策略之一就是產品模仿，
產品模仿策略可能和產品創新策略一樣有利可圖，畢竟，創新者
在開發新產品、通路配銷、廣告和教育市場消費者的費用很龐
大，同時也不見得可以成功上市，一旦產品受到消費者接受時，
市場追隨者隨後以模仿或改進產品，積極引進市場獲取利潤，雖
然無法取代市場領導者地位，卻能在不花費任何的創新成本下，
達成高利潤的目標，李維特（Theodore Levitt）曾指出，產品模仿
（product imitation）策略有時較產品創新（product innovation）策
略更能爲公司帶來利潤。

在飲料市場上，統一企業就常採取「追隨者主義」，透過旗下
統一超商連鎖店作商品銷售分析，瞭解何種飲料正受消費者喜
愛，立刻在短時間內模仿，大量生產鋪貨上路，透過密集廣告宣
傳，成爲暢銷明星飲料，但有時情報錯誤、反應太慢或領導品牌
太強勢，也可能痛失江山。

通常追隨者有四種執行策略：

· 仿冒者：仿冒者會完全複製領導者的產品與包裝，並透過
　黑市、地攤或不良的經銷商銷售廉價贗品。例如，CD音
　樂、名牌包包、手錶、服飾、食品等。

· 抄襲者：抄襲者會模仿領導者的產品、名稱與包裝，酷似領導者只有些微不同，讓消費者分不清產品區隔。例如，加鹽沙士包裝類似黑松沙士、Reebok運動鞋名稱類似Reebok運動鞋等。

· 模仿者：僅模仿領導者的產品，但在包裝、廣告、定價和市場等，仍保有一些差異性，只要模仿者並沒有積極地去攻擊領導者，通常領導者是不太去注意。

· 適應者：適應者最主要將領導者的產品進一步改良，選擇不同的市場區隔切入，逐漸茁壯成長而變成未來的挑戰者，如日本企業最會以歐美創新科技為基礎，來創新或改良產品。

13.2.4 市場利基者策略

市場利基者（market nicher）是一種中小企業策略性的選擇，與其在大的市場成為追隨者，不如在小的市場中成為領導者，小公司沒有能力和資本與大公司一較長短，所以選擇那些大公司不屑一顧或認為沒有利益的市場上下手，但是有足夠的規模及購買力，足以從中獲利，例如，低利潤的鍵盤、滑鼠，特殊顧客服務的老菸槍專用牙膏、健康鞋、左手用品專賣，市場服務範圍小的鎖匠、小吃店等。

一個具有吸引力的利基其特徵為：

· 在利基市場中的顧客皆有其獨特、小量、無法標準化的需求。

・其願意支付較高的價格，以追求最佳的品質或服務。

・具有特殊的專業知識或技術，一般競爭者是無法學習而來的。

・比較局限在某一個區域、地方、行業的市場，並非全國性的市場。

・此一市場不太可能吸引其他競爭者。

13.3 市場策略

　　觀察全世界的企業發展史，可以清楚感受到企業的興衰歷程，以台灣的企業為例，曾經是台灣經濟重要支柱的國營事業逐漸沒落，取而代之的是台積電、鴻海、宏碁電腦、廣達、統一集團等新興企業，如果仔細分析這些成功企業的策略，大致可以發現他們的成功都有一定的道理，並非只是靠運氣或偶然。

13.3.1 策略3C

　　在規劃一項經營策略時，必須考慮到市場構面的三個主角，稱為「策略3C」（strategic three Cs），如圖13-3所示：顧客（Customer）、企業（Corporation），以及競爭者（Competitor），這三個因素是動態的，隨時因一個因素的變動而牽連整個產業的變動，所以策略的焦點在於如何掌握本身的優劣勢以提供顧客物超所值的產品或服務，並有效阻止、攻擊、防禦競爭者的入侵。

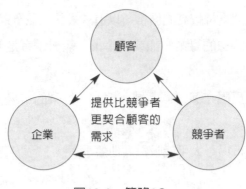

圖13-2　策略3C

13.3.1.1 顧客分析

在市場競爭的環境中，企業主要的任務在於生產產品或提供服務，然後透過配銷通路，將產品或服務銷售到消費者手中，創造利潤。企業生存及獲利的關鍵成功因素，在於使顧客產生購買行動同時滿足其需求，所以企業必須瞭解顧客的購買行為，也就是進行顧客需求分析以符合企業核心能力。

13.3.1.2 企業分析

在企業分析上，可採用波特的企業價值鏈分析模型，是將企業的價值活動區分成主要性活動和支援性活動，找出具有策略性的企業核心資源，包含無形能力及有形資產的關鍵成功因素，這些關鍵因素須與顧客需求契合，而且比競爭者有更高的績效。

13.3.1.3 競爭者分析

企業之所以能在競爭環境中勝出，除了企業本身的核心能力

外，還要認清及監視當前的競爭對手，並瞭解其掌握產業關鍵成功因素的能力，避開或模仿競爭對手的善長領域，並積極累積及建立競爭者所不及的部分，預先取得市場策略性優勢。

13.4 競爭策略——策略聯盟

1975年以來，全球的企業都面臨全球化市場的激烈競爭，尤其中國大陸市場的開放，這種情況更為嚴重，為了確保企業生存發展空間，各企業逐漸以合作代替競爭，做為經營競爭的武器之一，大前研一（Kenichi Ohmae）認為，處於今日迅速趨向全球一致化的市場和產業環境中，各種變動層出不窮、消費者口味逐漸一致、科技迅速擴散、固定成本不斷提升、貿易保護主義盛行等事實，均是企業考慮採取互助合作或企業整合來發展企業的主因。

策略聯盟（strategic alliance）的定義係指：「二家（含）以上企業，基於成本風險的考量、提升技術水準、減少貿易障礙以及壟斷消費市場的共同策略，在特定時間、地點內的合作承諾」。其合作對象包括市場領導者、挑戰者、追隨者、利基者，範圍可從正式的合資、共同研發、成立新公司、到短期契約合作等。

企業和競爭者進行策略聯盟是為了要達成一些策略目標：

· 策略聯盟是為了要分攤來自新產品的開發風險或製程的固定成本。

· 策略聯盟是為了結合互補性資源與資產的方法，填補目前

市場、技術、配銷據點之間的空隙。

· 策略聯盟是為了減低進入新市場的風險和成本，克服地主國的法律和貿易上的障礙。

· 策略聯盟是為了建立產業標準化的規格，當企業創新產品或技術發明時，會聯合其他大型廠商制定公認產業標準，以壟斷市場商機。

· 策略聯盟是為與國際大型公司的資源相抗衡，當國家開放WTO之後，許多國際性公司挾持龐大資金進入市場，當地中小企業只好聯合起來，取得原料、技術、市場和行銷等方面規模經濟與之相抗衡。

例如，茶飲市場近幾年一直位居國內飲料市場的龍頭地位，根據2002年統計，國內即飲茶市場規模為一百三十五億元，較2001年成長3.8%，在這幾年健康風帶動下，後勢看漲。可口可樂公司十分看好即飲茶市場，尤其是綠茶口味部分，於是2003年8月，世界飲料界龍頭可口可樂公司與國內天仁茶業策略聯盟，攜手切入國內即飲茶市場，天仁將發揮製茶優勢，提供原料與技術給可口可樂公司，而可口可樂公司則負責生產行銷與通路，達到上、中、下游整合效益，甚至於日後雙方遵循台灣合作方式將成功經濟帶至大陸市場。

但並不是所有的策略聯盟都很成功，原因如下：

· 缺乏對彼此的瞭解。

· 企業文化的不相容。

· 對於合作的目標，定義不同。

· 一方不公平的付出。

‧執行計畫層級不高，無法做有效控管。

當雙方期望值不同時，就會不斷產生摩擦，導致失敗，儘管如此，許多企業還是發現，建立策略聯盟利遠遠大於弊。

問 題 與 討 論

一、 企業如何建立優勢的策略？

二、 策略3C的內容為何？

三、 依競爭地位而論，競爭對手可分哪幾類？

四、 策略聯盟的意義與目標為何？

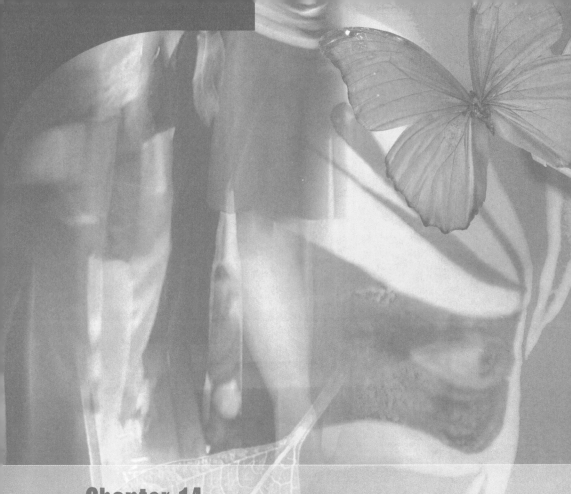

Chapter 14

創造優勢行銷

不論行銷觀念如何演進，顧客與利潤是產品行銷永
不變的兩大支柱。

——柯特勒（行銷大師）

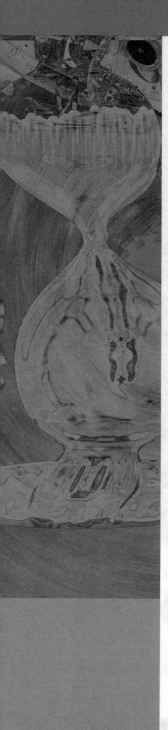

由猿人演進到人類，經過好幾百萬年，人類進入文明距今約一萬年，其中農業文明的鼎盛，好幾千年，接踵而至的工業文明發達了幾百年。人類的進化和社會文明的階段進化，不斷以幾何級數的速度推進。

同樣地，行銷的演進，也從生產導向→銷售導向→行銷導向→社會性行銷導向，企業經營觀點逐漸由內而外轉向由外而內的改變，整合顧客和公司的方法，進而建立和聯繫顧客關係，是行銷人員必須負擔起這種整合的責任。

本章節內容主要針對行銷策略觀念，以及企業內部的核心功能，做進一步的加強，希望有志於行銷工作的人，誰能夠充分掌握及自由運用，誰就能在競爭激烈的市場中脫穎而出。

四個女人

人類的進化和文明階段的進程，能以幾何級數的速度推進，原因很多。其中，人類求知欲望、知識傳播和學習的進步，是大關鍵。透過語言傳播了經驗，透過文字傳遞了訊息，懂得了身體感官以外的學習，這是人類離開了動物世界的一大進化。

樹上的她，右手抓一把漿果，左顧右盼後，一躍而下，四十公斤的體重，並不妨礙她靈活的雙手在林中穿梭。

她，不知為何而生，也不知世界到底是什麼，她只是跟隨族群在樹林中不斷晃蕩、覓食、繁衍，最驚心動魄時刻，是遇到其他動物攻擊，她老覺得四肢奔逃跑不快。

一回頭，看著頭上不遠的香蕉，是她的最愛，剎那間，一種想法悄然升起，只要立起身子，不就可以摘到，何必費勁爬樹；於是，腰部稍抬高，雙手按膝蓋借力往上挺，終於嘗到香蕉的滋味，也感受到「站起來」的好處。

第一個她，生於三百一十萬年前的非洲，根據化石分析，一度被認為是最早使用雙足行走的猿人，考古人類學家給她一個性感的名字，叫「露西」。

第二個她，生於大洋洲島上，家世顯赫，是島上馬來族的公主，名字叫「露西亞」，兩頰的黑炭刺青，襯托從鼻孔穿過的金鉤，尊貴模樣使族人不敢正眼逼視。在距今三千年，這個由女性主控的小島上，露西亞終其一生只要會五件事就能快樂生活——

祭天地、占卜、分娩、驅鬼、分食。不過，露西亞最近常常在觀察，為什麼高低的潮汐與月缺好像有關係……。

生於西元後1760年代的金髮「露露」，是第三個她，在英國利物浦成衣廠工作，她熟練的技術，一下午就能紡紗五大箱。最近，露露常感覺時間如同紡錘，幾個轉動又是一天，她感覺生命有些失落，但不知掉了什麼……；就在她出神當中，不慎將紡紗機撞倒在地；然而，她同時發現仍在懸空轉動的紡輪，竟還能拉動紡紗，既然如此，何不多設幾個立式紡輪紡紗呢？可以一人同時牽動數個紡輪呀！六年後，根據這個想法，全世界第一台「機械紡紗機」正式提出專利申請。

面無表情的「露比」，1931年，走入工作實驗室，這是梅育博士所進行的霍桑實驗，對這實驗，第四個她毫不知情；反正，在什麼地方工作，為什麼原因工作，她也不在乎。她引以為傲的是，她可以憋尿整整一早上，不必擔心如廁時間過長會被扣工錢，同事好奇她的「忍功」，她故作輕鬆地說：「沒什麼，只要早上不喝水，就行了。」最近因為工廠常需要趕工，她除了早上不喝水，下午也儘量不碰水。

在數週管理人性化的「霍桑實驗」後，露比不禁開始想，為什麼上廁時間過久要扣錢？為什麼我只負責把單調的電線插進馬達？為什麼工廠的燈光老是不夠亮？為什麼廠裡的空氣常令人感

到窒息？很多以前她視為怪怪但習以為常的事，現在開始出現很多問號？換到新的地方工作，露比第一次感覺自己不只是產品輸送帶過程的附件。

從三百一十萬年的化石「露西」，到霍桑實驗後的「露比」，不同的時間、空間帶給四個女人不斷的成長與思索，而成長的動力，來自因緣際會的想法、自我的探索與外在環境的改變。這四位女性，象徵的是人類走過的歷史足跡，留下的雪泥鴻爪；從時空的演進，約略可看到人類生活情境的改變，及適應環境自我的成長，廣義而言，她們不只是代表女性而已。

對於人類文明的變遷，未來學家曾經以三波段來解釋與區分，並將第三波定義在人類進入工業社會後直到今日；如果另從人文、社會學者的觀點解釋整體人類的變遷與演進，過程幾乎是為了解決周遭生活情境所作的努力。

時間邁入21世紀，你願意想像21世紀第五、第六位女生再進化的故事嗎？未來更優質的生活又是如何呢？

14.1 創造企業優勢

　　隨著世界邁入21世紀，市場已進入超競爭的時代，突飛猛進的科技創新正挑戰著每個企業，全球化、自由化的經濟趨勢正破壞著消費秩序，企業常常無法清楚認知他們所處的市場變化週期，去年的致勝策略可能會造成今日的慘敗。

　　新經濟社會是奠定在數位革命與資訊管理的基礎上，如何提升企業經營的競爭力？這是企業各階層決策者經常思考的問題，涉及到十分複雜層面，其中包括科技層面、產品層面、經濟層面、行銷層面、社會層面等，如何發掘並強化企業核心競爭力是相當重要的領先指標。

14.1.1 領先指標締造佳績

　　從近代企業成長的經驗來看，企業為了永續經營必須擁有獨特的「領先指標」，才能繼續締造公司佳績，營造更穩固的企業競爭優勢，歸納這些「領先指標」至少有六項，如表14-1所示，愈

表14-1　企業成長六項領先指標

項次	名稱	強調內容
1	技術領先	強調know-how。
2	產品性能領先	強調產品品質及其附加價值。
3	生產效能領先	強調產品製造能力。
4	銷售能力領先	強調業績掛帥發展銷售策略。
5	行銷反應能力領先	強調顧客滿意，瞭解消費者。
6	競爭能力領先	強調競爭策略。

成功的大型企業，領先指標擁有的數目愈多。此外，每一個行業可依自己經營事業性質，思考自己可發揮的特點，配合領先指標發展出本身獨特的優勢。

至於指標是否有先後之分？有那些指標又是各行業一體適用呢？對照第二次世界大戰後迄今近五十年的經營發展，從中或可看出經營經驗演化的軌跡，下列數例是簡化的說明：

・1950年代，第二次世界大戰結束，全世界積極尋求復原，不論是在東方或西方，首要之務是尋求物資、加強生產、解決人民生活的困境，生存是人民此刻最重要的課題。

・1960年代末期，美國密西根大學麥卡錫（McCarthy）教授針對復甦的經濟，提出行銷組合——4P（產品、定價、通路、促銷）理論，為生產者提供如何增加銷量與獲利的理論基礎，銷售變成廠商最關心的事。

・1970年代中期，兩位廣告界的天才，傑克與艾爾，提出產品定位理論，說明不同產品在消費者心中有高下之別，依據的是消費者的認知，此後產品與廣告更結下不解之緣。

・1993年，行銷整合傳播指出4P理論將成明日黃花，同時，不能再以生產者的角度看產品行銷，要改以消費者為主體從事行銷活動，也就是要重視「顧客」的看法、購買的「方便性」、全理的「成本」。完全無礙的「溝通」，這四者皆以英文C開頭，因此又稱行銷4C。

面對第二次世界大戰後變遷的經營觀念，證之於今日，或許不同的行業，變化未必如此迅速，不過。近幾年服務業與高科技產業快速變化，倒相當具有啟示作用。

其實不管何種經營觀念，追根究底最重要的就是解決當時經營問題，就如同研究未來學的學者認為，人類生活方式的演變已經經過「第三波」，第一波變革是利用「機械」解決農業社會，生產不足的困境；進入第二波，雖解決生產不足的問題，但人類盲目生產，導致對自然環境的破壞；因此，發展第三波的現代文明，從新認識人與世界的關係，其實如地球村般的密切，相互關聯且互通聲息，而這種緊密溝通的需要，使人類在通訊科技上有更先驅的突破。

不論這種說法是否過分簡化人類社會演進的過程，不過一般人倒也同意，人類擁有對問題解決的能力，這是社會演進的原因之一。

14.1.2 創造優勢重促銷

從事行銷活動，必須對環境變化把持敏銳的觸覺，回溯台灣本土以往的經營活力，事實上，台灣從過去歷史資料記載，一直不斷在創造地理優勢，三百年前荷蘭人與西班人就已在台灣南北從事轉口貿易，此時所產砂糖已能滿足日本與波斯。到了日本占領時期，糖米出口金額占出口總金額80%，已奠下開發基礎。

再者，近二十年來，我們創造的台灣經濟經驗「福氣啦！」使我們進入開發中國家。有人戲稱現在台灣是以「電腦」代替過去的「梓腦」出口，並再次令其他國家印象深刻。

國家面對不同的政經時空，不斷創造轉機，在未來扮演愈來愈重要的企業，道理其實也是相同。回顧近兩、三年社會的普遍

不景氣，各行各業都須有因應之道。

從一般業者如何加強促銷產品的方式中，不乏使用一些技巧，如表14-2所示，從中或許我們可以得到什麼啓示。

表14-2　一般產品常見之促銷技巧

一、價格促銷	二、產品促銷
1.降價	1.產品試用
2.折價券	2.贈品
3.退款	3.鼓勵試用——抽獎、摸彩
4.分期特惠	4.集點券——集點兌換產品
三、通路促銷	四、其他方式
1.研討會——主題討論	1.事件與議題——塑造良好企業產品形象
2.說明會——產品發表會	2.賣場陳列（POP）——塑造產品熱賣氣氛
3.團體聚會販賣——產品推薦	3.零售商促銷——贈獎、折扣
4.電子化購物——電視、網路	4.有獎徵答、遊戲
5.郵購	5.服務行銷——拜訪客戶

14.1.3 業績與行銷

在高度競爭的市場中，公司所有部門的營運重心都必須放在贏得顧客的好感上，奇異執行長威爾曾說過：「公司並無法給你們工作的保障，只有顧客可以！」意味著，若業績目標沒有考慮到顧客，那就是沒有業績可言，實務上，業績與行銷的關係可分為三種程度：回應式、預期式與塑造需求式。

14.1.3.1 回應式

回應式定義爲「發現並塡補需求」的形式，市場存有明顯需求，而且公司已發現此種需求，並以消費者可以負擔得起的方式

進入市場，例如，電子翻譯機、語文錄音帶、DVD影帶教學、網路互動教學和語文翻譯軟體的發明，增強消費者在語文上學習的產物。

14.1.3.2 預期式

預期式是另一種辨認發展中、潛在需求或未來趨勢的預期，例如，台灣將步入高齡化的社會，老年人的市場會逐漸成長；現代都會人士的壓力日益沉重，促進休閒、養生或抗憂鬱藥物等潛在需求成長等，預期行銷的風險比回應行銷的風險來得大，公司可能太早、太晚進入市場，甚至於完全誤判市場的發展，至使公司蒙受嚴重損失。

14.1.3.3 塑造需求式

塑造需求式發生在公司引進市面上尚未有需求、服務，或者研發出完全不同於市面上的產品，此種行銷最大膽的行銷方式，例如，個人電腦、收音機、錄影機、隨身聽、手機、PDA、便利貼等產品，新力創辦人盛田昭夫曾說過：「我並不是著眼於服務市場，而是在於創造市場。」

回應式與預測式、塑造需求式三者之間，最大的差異是，前者屬於「由市場驅動公司的策略」，後者則屬於「由公司驅動市場的策略」，由市場驅動公司的策略，在於研究當前消費者，找出他們的問題，並改良現有產品或行銷組合，而由公司驅動市場的策略，在於創造新的市場、新的需求或改變市場遊戲規則。

14.2 行銷規劃破框框

　　企業如何繼續在未來保有優勢，除了從現狀加以檢討外；另外。一種思考方式，是跳脫目前框架的思考——先去想像未來，預測未來的需要，再倒回來檢視現有資源，是否可能發展？

　　這種作法是打破「習慣領域」的思考方式，舉例而言。台灣未來車輛的增加，似乎政府無意限制，那麼未來在車用機油與相關產品的開發應有相當空間。

　　思考現在問題，直接跳到未來。再回到現在考慮配合作法，是很多高科技公司規劃產品的方式之一，Windows作業系統無疑是這種思考下的產物，從事投資規劃尤需具備此種能力。

14.2.1 行銷創意

　　舊式的行銷思維已讓位給較新穎的思維方式，新的行銷思維是結合傳統與新興媒體，強調數位與關係的並行關係，過去談行銷的大量傳播，現在企業必須與顧客進行一對一的互動與溝通，與顧客合作設計產品，傳遞優異的價值給顧客，才有可能拉近與顧客的距離。

14.2.1.1 故事行銷

　　其實，很多人誤認為行銷就是運用龐大媒體預算，針對顧客進行密集式的廣告轟炸，然而，市場有上千種產品也正做同樣的

動作，結果呢？效果已經大幅下滑，顧客對廣告不是漫不經心，就是容易引起顧客的厭惡感，其實行銷策略多點感性手法會有意想不到的結果。

為什麼童話故事、神話故事、歷史故事、愛情故事比起教課書更容易深入民眾的腦海裡呢？最主要的是它融入民眾的生活、渴望、好奇、希望、需求等情感表達，同樣地，幫產品塑造一個動人心弦、耐人尋味的好故事，勝過千萬宣傳費用，例如：

任賢齊所代言的「和信輕鬆打」廣告，用故事性行銷（選擇安琪或琳達）與消費者互動，帶動預付卡話題；「奮起湖鐵路便當」重現，道出便當發源的歷史，盒面放上創始人和鐵道的圖像，讓消費者在享用便當的同時，就彷彿神遊了古早時奮起湖；「來自阿爾卑斯山，由雪和雨富含礦物質的冰河岩層，再汲取而得」，愛維養（Evian）礦泉水在透明瓶身將「製造過程」重現消費者眼前等，均用了行銷學所謂的「知覺反應模式」，作為吸引、說服，甚至催眠顧客手段。

故事行銷（story marketing）所具備幾個要素：

‧幫消費者找出生活中深層的記憶和經驗。

‧聯結消費者來自現實真實感。

‧邀請消費者參與故事情節發展。

‧必須能引起消費者的交談或討論。

當商品或市場已經成熟、無獨特賣點時，創造一些特別事件，為產品找到故事、建立情境遠比減價來得有效。

14.2.1.2 置入性行銷

猶記得2003年3月，新聞局提出以統包各部會媒體預算的方式，透過單一部門來統籌各部會的媒體預算，但其中引起軒然大波的是，政府將利用其中的部分預算來採取「置入性行銷」（product placement marketing）。何謂「置入性行銷」？這樣的行銷方式爲何會在媒體中引起熱烈討論？

「置入性行銷」（大陸稱爲「產品涉入」）源於廣告，是一種進化的、隱性的廣告，根據美國行銷學會對於廣告的定義，具有四個條件：（1）付費購買媒體版面或時間；（2）訊息必須透過媒體擴散來展示與推銷；（3）推銷標的物可作爲具體商品、服務或抽象的概念；（4）明示廣告主。置入式行銷除了第四項沒有明示廣告主之外，看起來就是一種「廣告」。

商品置入行銷是最常被使用的方式，電影或電視畫面出現的靜態擺設道具，或是演員所使用的商品，都有可能是刻意置入的，例如，「007系列電影」中龐德的手錶和汽車、電視劇裡的主題曲和手機、運動場上的飲料和運動鞋等。「置入式行銷」是試圖在觀眾不經意、低涉入的情況下，建構意識知覺（subliminal perception），減低觀眾對廣告的抗拒心理。

置入性行銷在目前已經是一種被廣泛應用的行銷方式，其用意在透過低調軟性的說服方式、達到影響閱聽眾的效果。

14.3 數位行銷

　　網際網路的興起為所有的產業開闢了一個新的戰場，尤其是網路行銷更提供了一種與傳統環境不同的行銷溝通模式。網路行銷的作法是企業主選擇曝光率比較高的資訊網站，設置自己的行銷資料，身在全球各地的網路消費者，就可以依其意願接觸到對方所提供的資料。對廠商而言，網路行銷具備如下優點：

- ・表現多媒體功能，不受限在平面電子媒體，網路可以有文字、圖片與影像。
- ・具有二十四小時傳播功能，使用者可在任何時間進入。
- ・多樣化的資訊來源，提供使用者比較的空間，利於購買。

　　進入數位新世紀之時，網路的行銷將會廣泛使用，但我們應該瞭解網路行銷是傳統行銷的輔助工具，兩者同時並行，企業便可獲得如虎添翼之效益，茲分別介紹如下：

14.3.1 網路社群行銷

　　約翰・海格爾（John Hagel）在1997年就曾預言：「無論企業喜不喜歡，他們都無法忽視網路社群的力量！」其實網路社群其實並不是這幾年才流行的，台灣早期就已存在一個龐大的網路社群——學術網路上的BBS，是許多學生及老師的知識、心得、資訊的來源。

　　什麼是社群？海格爾認為，「網路社群是一群有共同興趣和

需要在網上聚集的人，大部分社群中，成員會因為想法相似產生對社群的認同感」。網路社群，在台灣到底有多紅？根據調查所做的報告，2003年10月一個月內，共有六百六十九萬人曾經瀏覽過社群網站。這個人數，占台灣全部上網人口的67%，重度使用者以學生族群為主。

對企業來說，網路社群是把雙面刀。當網友都對某個商品有負面印象，透過社群間傳播管道擴散出去，這個產品的銷路很可能大受打擊。相反地，透過網友討論產生的正面印象，能發揮「一傳十、十傳百」的巨大效果。為什麼在網路虛擬的世界裡，能夠有如此的影響力？這是因為，每個人在做決定時，別人的意見對我們訊息判斷有很大的影響，尤其是與自己同好的一群網友們，例如：

如7-11統一超商新推出以《櫻桃小丸子》卡通角色為主題的「丸子同樂會」玩具，便與PChome Online合作成立了一個網上家族，讓有蒐集玩具興趣的玩家們，有個可以分享蒐集經驗的討論空間。在短短十天內，就有超過一千個人加入家族，貼在討論區的文章超過五千篇，由此可見，網路社群的傳播力量要比廣告大得太多了。

網路社群對企業行銷有很大的衝擊，將行銷的運用帶到另一個境界，其影響因素，如表14-3所示。

然而企業可善用的網路社群，並非只有現有的社群，企業也可以創造與企業相關的社群，把網路社群行銷變成長期規劃，例如，車廠為了維繫車主滿意度、忠誠度，福特、和泰、雷諾、日產（Nissan）等都有自己的網路社群，而美國哈雷機車從1983年

表14-3　行銷受網路社群影響因素

1.市場研究	為能瞭解公司產品在市場接受度、實用性以及目標客戶群，藉由網路社群先做市場研究，模擬上市後反應以及市場定位、區隔。
2.產品管理	企業可為不同產品、不同款式架設網路社群，與顧客互動，瞭解顧客的想法、產品的優缺點，甚至銷售人員的服務態度，作為下個產品設計改進的參考。
3.競爭者分析	企業從網路社群的論壇中，也可瞭解競爭者產品實際反應，有哪些特性值得學習、哪些缺失要避免，做SWOT分析，作為下個產品設計改進的參考。
4.廣告／促銷	一般廣告像散彈似的，很難擊中目標顧客，而網路社群是基於某種相同興趣而結合的，針對特定社群設計廣告或促銷，所能得到效果相對也比較高。

起在各地廣設車主俱樂部，目前有六十萬名會員，每年在全世界舉辦超過一百場的長途旅遊活動，每次哈雷機車的高階主管都會參加，並且在過程中親身聆聽會員們的讚美與抱怨，強化會員對哈雷機車的品牌認同，進一步為品牌說話，發揮影響力。

　　網路社群的反應，影響力不下於電視、報章雜誌的報導，故企業要做好準備，善加利用網路社群的意見交流特徵，擴大市場占有率，市場競爭優勢永遠屬於動作比別人快的企業。

14.3.2 病毒式行銷

　　談起網路病毒大家一定有些恐慌，紛紛避之危恐不及，但是有一種病毒卻在網路世界掀起一陣旋風，所有人不知不覺中受到感染。「病毒式行銷」已經成為行銷人員的必修課，首次讓國人見識到網路引爆的是「交大無帥哥」，這首歌快速的在虛擬空間上竄紅，進而影響到現實世界，讓我們對網路族群呼朋引伴的特性

有了新的體認。

病毒式行銷是近幾年才出現的行銷方式，用非常具創意或是加入很驚人聳動元素，穿插融入在產品或服務中，當人們發現一些好玩的事情，透過E-mail、BBS、ICQ等網路方式傳播告訴親朋好友們。有如流行病毒一般，不僅因為傳播速度之快，而且傳遞過程中與病毒繁殖的行為有許多類似之處，在被感染到寄主身上繁殖或變種後，隨著媒介工具四處散布，感染到更多寄主，而這種靠網友間分享的行銷方式，就是病毒式行銷。

和口碑行銷一樣，病毒式行銷也是一種數位化的口耳相傳，但是病毒式行銷的目的是要引起人們的興趣，進而轉寄，無形之中，讓人們不知不覺地、不斷纏繞式地宣傳了企業的產品或資訊，加上企業行銷資訊的傳播是透過第三者「傳染」給他人而非企業本身，而這種方式通常使人們比較願意相信並接納，也就避免了落入垃圾信件行列，所以病毒行銷有以下幾種特徵：

・人們比較願意接受或相信親友同儕介紹，而非企業主。
・非主動式宣傳，資訊是透過第三者以「樂意」的態度來傳播。
・傳播工具包括E-mail、BBS、ICQ、SMS（手機簡訊）等具輕易複製、快速流通特性。
・一種很經濟的廣告方式，達到推廣宣傳的目的。
・行銷方式多變，可以是遊戲、活動、笑話、文章小品，甚至於一張令人發噱的照片。

14.3.3 資料庫行銷

驅動企業成長願景的力量就是顧客，所以瞭解顧客的重要性不容小覷，瞭解顧客不能只知道他們是誰，瞭解顧客意味著與顧客建立親密的關係，提高顧客的忠誠度以及顧客價值，如果企業連顧客是誰都不知道，又怎麼可能知道他們要些什麼？

14.3.3.1 顧客資料庫

建立顧客資料庫（customer database）的重要性，便在於它對每位顧客過去的交易、特徵、習慣、生活形態與回應的剖析，都保存有詳盡的資訊。然而，最常發生的情況是，眾多顧客的資訊只見於銷售人員的頭腦中或電腦中，當銷售人員離職或退休之後，有些資料也許就隨之消失。有鑑於此，今天，拜網際網路、資訊流通之賜，顧客已經掌握絕對的力量，顧客改變了產業生態，也決定公司的價值。只有瞭解顧客、滿足顧客，甚至預測顧客的需求，才能夠在捉摸不定的市場變動中，長期占有一席之地。許多公司已採用複雜的客戶關係管理（Customer Relationship Management, CRM），設法瞭解公司有多少顧客？誰是公司的顧客？以便每天記錄顧客消費行為，進行有系統分析、統計，知道平均每位顧客帶給公司的獲利是多少？平均每位顧客帶給公司的獲利成長情形如何？顧客在意與重視的是什麼？顧客滿意度如何？顧客忠誠度如何？哪些行動最有助於維持顧客忠誠度？以便企業規劃行銷策略。

顧客資料庫的重點在於蒐集有關顧客一切情報，尋求產品更

深度的服務，它改變了原來只賣單項服務的行銷策略。而想要擴大其服務範圍，應先從它的現有客戶開始，而為了要對這些有名有姓的客戶個人，進行有效的促銷，它必須儘可能地來瞭解每個個人，如表14-4所示，以及就其對個人的瞭解，來決定要提供什麼樣的服務，和如何說服務他們購買。

表14-4　5W1H瞭解顧客的原則

他是誰（WHO）	充分瞭解你的每位顧客（視為獨立個體），而不是把你的顧客當作是一群數字組合。
什麼（WHAT）	充分瞭解你的每位顧客曾經向你購買什麼樣的產品或購買什麼價位的產品。
原因（WHY）	充分瞭解你的每位顧客購買該產品的原因或用途。
何時（WHEN）	充分瞭解你的每位顧客何時購買的商品或間隔多久來購買商品一次。
何處（WHERE）	充分瞭解你的每位顧客經常消費的地點，探討其因素（距離、交通、人潮、店家的規模等）。
如何（HOW）	儘可能瞭解你的每位顧客生活形態是哪一種類型。

企業有顧客資料庫的資訊為基礎，可以運用於大量行銷、目標行銷、一對一行銷或郵購行銷下，達到最大市場的準確度，確保顧客可收到最需要的產品與溝通資訊，發展良好的顧客資料庫是一專屬重要資產，是公司維持競爭優勢的來源之一。

14.3.3.2 資料庫的作用

一般而言，公司可依五種途徑使用資料庫，如表14-5所示。

建立顧客資料庫是需要時間與成本，但一旦建立起來，有助行銷人員以及銷售人員有效運用，可創造較高的行銷效益。

表14-5 資料庫的作用

1.確認潛在客戶	藉由廣告或活動機會，蒐集可能顧客的資料建檔，以確認出最佳的潛在顧客，期望將其轉換成顧客。
2.決定哪些顧客應提供哪種產品資訊	公司應對某個產品描述理想的顧客群，藉著接觸反應率，來改進顧客群的真實目標。
3.建立或加強顧客的忠誠度	公司透過記住顧客的習慣、品味、偏好，提供適當的禮物、折價券，來建立顧客的興趣與反應。
4.再度激發顧客的購買欲望	公司可自動郵件，如生日卡、優惠券、週年慶、換季優惠等，提醒顧客購物。
5.避免重複打擾顧客	公司有眾多新產品待推銷，若有完整顧客開發或消費紀錄，減少顧客被銷售人員打擾與誤解。

14.4 顧客導向創優勢

「顧客是唯一的利潤中心」、「企業本身無法做到顧客導向，恐怕很難在市場上生存」，不同早期的管理秘訣「顧客滿意」、「品質」、「成本刪減」、「市場占有率」及「市場調查」，21世紀的管理秘訣已轉換爲「顧客忠誠」、「顧客維持」、「零離客率」及「顧客生涯價值」了。現代許多學者已將行銷重新定義爲：「發掘、維繫，並增加具獲利性顧客的科學與藝術」，從事行銷活動將顧客擺第一，銷售活動儘量往消費者方面去想是大勢所趨，如表14-6所示。

表14-6　　行銷各階段及趨勢

階段 項目	生產導向	銷售導向	品牌導向	顧客導向
產品規模	單一種產品	一種到多種	多種類產品	非常多種
市場規模	儘可能的大	全國到全球	全球 目標市場區隔	全球 個人化
競爭工具	價格 製造	價格 通路 廣告	定位 品牌 產品特徵	品牌 量身訂作 簡易 服務
主要科技	大量生產 運輸	廣播 電話	電視 電腦 資料庫 後勤管理	電視 資料庫 電子郵件 電子商務
衡量標準	生產成本 總銷售量	利潤 市場占有率	市場占有率 品牌權益 品牌忠誠度	品牌認知 顧客終生價值

參考文獻：Ward Hanson, *Internet Marketing*.

14.4.1 顧客價值

　　彼得‧杜拉克就曾指出，公司的首要任務在「創造顧客」，然而，在今日的顧客面對複雜且龐大的產品種類、品牌選擇、價格比較與製造商知名度情況下，顧客會慎重地從中評估何者能提供最具價值性，以符合顧客的期望價值，市場供應者能否迎合這些顧客期望價值，則會影響到顧客的滿意度及重複購買的可能性。

14.4.1.1 顧客價值的界定

　　顧客價值（customer value）是指顧客從產品或服務所得的各項利益的總和減去顧客為取得產品或服務所花費的所有成本，亦

圖14-1　顧客價值的來源

即顧客價值是由顧客總利益與顧客總成本二者間的差異來界定，這個差異也是企業主要利潤的來源，如圖14-1所示。顧客總利益（total customer value）係顧客從產品或服務之中所能獲得的經濟性、功能性及心理性利益整組集合所轉算的貨幣價值；顧客總成本（total customer cost）係顧客為取得產品或服務所花費的貨幣成本、時間成本、精力成本以及心力成本的整組集合。

14.4.1.2 顧客價值的區分

不同的顧客群體關心或認同的價值並不相同，依照顧客認同的價值可將顧客群體大略分成產品領先、營運績效卓越和顧客親密度等三大類：

- 顧客認同產品領先的價值，他們對於最新型、最先進的科技產品特別感興趣，銷售者必須以提供先進產品，並快速進入市場來爭取這一類顧客。
- 顧客認同營運績效卓越的價值，他們在購買和服務時，首重低廉的價格和購買的便利性，也要求高的品質和好的服務。
- 顧客認同顧客親密度的價值，他們所在意的是產品和服務的內容是否百分之百符合他們的需求，甚至願意多付點錢

或多等候一些時間，銷售者應能提供量身訂製的產品以及
高水準的貼心服務，才能獲得這一類顧客的長期認同和忠
誠度。

14.5 平衡計分卡

企業爲了取得競爭優勢，經常規劃許多企業「願景」及「使
命」，並以此蒐集、分析、評估，制定最佳的執行「策略」，爲長
期努力奠定方向，所以「策略」是否能在各事業單位或各功能部
門落實是相當地重要的，但也非易事，至於如何知道落實的程
度，也沒有一套規則可循。

在1990年代，羅伯‧柯普朗（Robert Kaplan）與大衛‧諾頓
（David Norton）就提出企業應採用「平衡計分卡」（balanced
scorecard）來改善前述的缺失，係將企業之「策略」更加具體
化，有一套評估指標，可讓高階經理人對策略落實程度、公司業
務績效影響，有快速而深入的觀察，成爲企業策略的管理體系之
一環。

此制度係透過公司不同部門、不同人員之間持續溝通，確實
將企業策略具體地付諸實施。平衡計分卡主要以四個構面來評估
企業的績效：財務構面（財務與會計）、顧客構面（行銷）、內部
流程構面（價值鍵）、學習成長構面（人力資源），如圖14-2所
示。

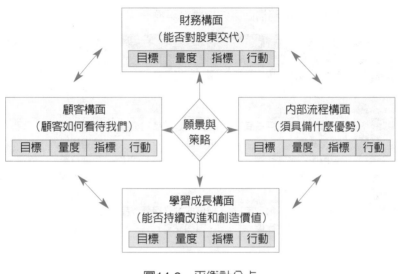

圖14-2　平衡計分卡

14.5.1財務構面——能否對股東交代

　　許多企業習慣以同一個財務目標（獲利率、成長率、占有率及股東價值）約束旗下所有的事業單位，看似公平卻忽略了不同的事業單位所執行的策略不同，而用同一個財務衡量標準，很難讓公司員工信服。因此，當事業單位開始發展平衡計分卡的財務構面，應該由自己來決定最適合的財務衡量標準是什麼。

　　柯普朗將企業的發展週期簡化為成長期、維持期、豐收期三個階段，他認為在不同階段下，企業的目標與採行的策略會有差異，因此，在不同的階段內，採用不同的衡量指標；另外，柯普朗也指出三個的財務議題：營收成長和組合、降低成本，生產提高、資產運用與投資策略，如此，企業發展3×3的財務構面績效

表14-7　企業發展財務構面績效指標對照表

		策略主題		
		營收成長和組合	降低成本／生產提高	資產運用／投資策略
事業單位的策略	成長	·市場區隔的營收成長率 ·新產品、服務、顧客占營收的百分比	·員工平均收益	·投資（占營收比例） ·研發（占營收比例）
	維持	·目標顧客和客戶占有率 ·交叉銷售 ·新應用占營收比例 ·顧客和產品的獲利率	·相對於競爭者的成本 ·成本降低率 ·間接開支（占營收比例）	·營運資金比率（現金週轉期） ·主要資產類別的資本運用報酬率 ·資產利用率
	豐收	·顧客和產品的獲利率 ·非獲利顧客的比率	·單位成本（每種產品、每個交易）	·回收期間 ·產出量

指標對照表，如表14-7所示，企業只需認為目前所身處的階段，找出適合的財務構面指標。

14.5.2 顧客構面——顧客如何看待我們

今日許多企業的經營都以顧客為中心，為顧客提供最高的附加價值，只強調產品績效和科技創新而不瞭解顧客需求的企業，最後一定躲不過市場的淘汰，被競爭者所吞噬。

顧客構面使企業能夠以目標顧客和市場區隔為方向，調整自己核心顧客的成果量度，市場占有率、顧客滿意度、顧客獲利率、顧客忠誠度、顧客延續率，它協助企業明確辨別並衡量自己希望帶給目標顧客和市場區隔的價值主張，以符合顧客的期望，並用顧客的角度來看自己的績效表現。

14.5.3 內部流程構面——須具備什麼優勢

　　為了符合顧客的期望，公司內部應該做什麼事，畢竟，優良的顧客績效來自整個組織內部流程順暢，企業應專注於那些能讓顧客及股東的期待，衍生對內部營運流程效能的要求。

　　因此，在設計衡量內部流程的績效指標之前，應先分析企業的價值鏈，柯普朗提出應以創新流程、營運流程、售後服務流程三個方向，如圖14-3所示，思考如何滿足顧客的需求作業程序。與傳統績效衡量系統的最大分野，在於它是以整個企業各部門來設計內部流程構面目標與量度的過程，而非重視控制和改進個別部門的績效。

14.5.4 學習成長構面——能否持續改進和創造價值

　　財務構面、顧客構面和內部流程構面的目標，確立了組織必須集中資源在那些地方表現卓越，才能達到突破性的企業績效，而學習成長構面的目標，為其他三個構面提供了支撐基礎構面，是驅動組織獲致卓越成果的動力。

圖14-3　企業內部流程構面

　　有關企業的學習成長，柯普朗認為應該採用增強員工的能力、強化資訊系統的能力和組織激勵、授權、配合度三個原則，來思考如何建立衡量學習成長構面的指標。大部分企業從這三個原則再衍生出三個核心指標：員工滿意度、員工延續率以及員工生產力，如圖14-4所示，其中又以員工滿意度的指標最為重要，經常被視為驅動員工延續率和員工生產力的力量。

　　藉由平衡計分卡的設計，強迫高階經理人認真看待企業「願景」與「目標」，督導策略的執行與部門之間溝通、協調，並集中注意力於最重要的指標，將一些零散的競爭優勢，彙整放在平衡計分卡上，使高階經理人考慮所有重要的營運指標，瞭解因果關係，朝向整個組織的策略目標。

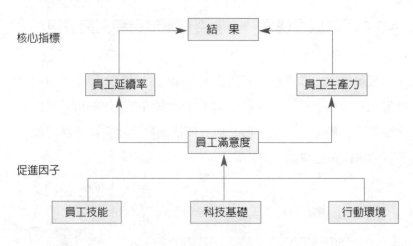

圖14-4　學習成長構面的架構

Marketing Move

淨化瑪丹娜

美國著名女歌星瑪丹娜的歌舞一向充滿情色成分，加上不從俗的反父權意識及對兩性觀念的強力挑戰，尤其引起其他國家衛道之士的抨擊，因而頻遭禁演及禁唱。

但單從音樂及表演的角度來看，我們實在不得不佩服娜姐音樂製作的創意及自我突破的勇氣，這應與她身處的大環境有關。

倘若轉動時空機器，想像瑪丹娜變成「朝九晚五」的上班族，任職於一家作風嚴謹的唱片公司，有一天，她心血來潮作了一首歌曲"Like a Virgin"（〈宛如處女〉，瑪丹娜成名曲），情形可能會如何演變呢？

首先，她的課長可能會告訴她：Virgin這個字稍嫌刺眼，同時，Virgin一字代表的美國人口數也不夠普及，市場恐怕很難產生共鳴，如果將Virgin改成Girl的話，不就溫和多了？且代表層面更廣。

面對課長的「教誨」，瑪丹娜一下子也找不出理由反駁，因此從善如流歌名改爲"Like a Girl"，再往上簽報。

歌曲到了襄理的桌上，襄理是位虔誠的教徒，他看看曲名與內容，心想，爲避免歌曲內容有不當的聯想，何不在Girl之前再加上個School，曲名清清楚楚並可杜絕異議。

歌曲再往上呈，送到副理處，他想了一下，既然曲名走清純

路線，就應該要加以凸顯，因此他毫不猶豫地簽下意見：「Like a School Girl意義不強烈，純情度亦闕如，擬加上Pure and Innocent（清純無邪）後正式推出」，他這才得意的「哈」了一聲蓋下圖章。

最後經理看到歌名，雖然嫌長了點，但他想經過幾位主管改過之後料無錯誤才是，因此簽註：以最後歌名 "Like a Pure and Innocent School Girl" 定案。

一波三折的新歌改名之後，味道迥異，像走味的咖啡，市場反應平平，不過在幼稚園裡倒成為教唱的主曲。瑪丹娜在此曲走紅幼稚園後，又寫了幾首歌曲並改走教育路線，各主管依例稍作修改，而她也謹遵上諭「著毋庸議」，進入官僚體系，之乎者也一番。

幾年後，娜姐嫁夫生子，忙著老公與孩子，再也忘了創意是怎麼回事，而世上女性亦因無人帶頭，不曾出現「內衣外穿」的風潮。

問 題 與 討 論

一、 產品促銷技巧有哪些？

二、 業績與行銷的關係可分哪三種？

三、 何謂置入性行銷？

四、 何謂病毒式行銷？

五、 請說明平衡計分卡的內容為何？

第五篇　國際市場與企業

Marketing Management:
Strategy, Cases and Practices

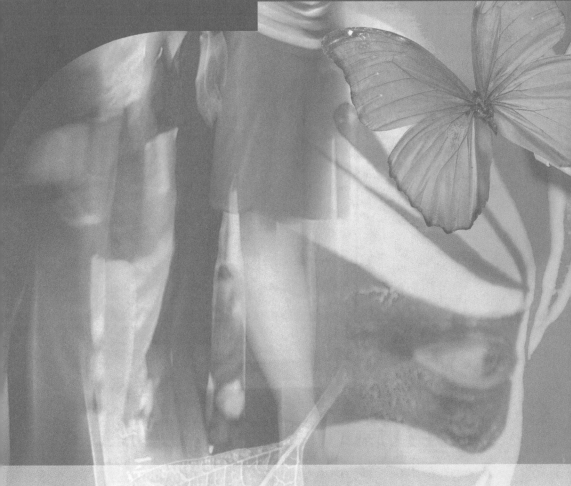

Chapter 15

企業國際化與台商實證

我們的事業不僅限於一項，也不僅限於一地。

——莎士比亞（威尼斯商人）

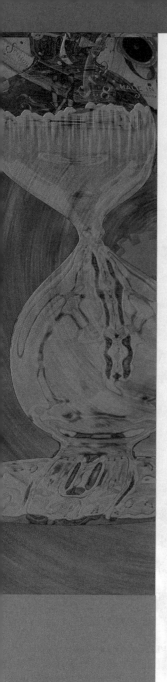

目前，大多數企業的營運範圍已擴大至全球市場，不論設計、研發、製造、投資、行銷、通路等企業活動，都是以國際化全球市場作爲策略考量，爲企業的競爭優勢作出準備。

國際化競爭提升了全球對於品質的標準，對於高科技及產品創新的需求增加，並增加顧客滿意度之價值，全球市場從賣方市場轉變成買方市場，爲了維持全球競爭力，必須先瞭解國際化理論與實務。

在全球化的浪潮下，本章的設計是先介紹國際化的定義、特色，並介紹國際化的過程及學者的理論，最後以實務觀點探討理論如何應用於台商從事國際化的商業活動。

Marketing Discovery

不可避免的全球化趨勢

　　現代人早已生活在全球市場中，尤其是世界貿易組織（WTO）成立，降低關稅的障礙，更加速全球化的趨勢，當您在閱讀此書的同時，可能使用來自台灣設計、大陸生產的電腦產品，坐著瑞典高級家具零售業者IKEA購買的桌子、椅子，穿著法國巴黎時尚名牌衣服、義大利真皮皮鞋，喝著來自拉丁美洲或非洲的咖啡，戴著日本、瑞士精製手錶，開著德國賓士房車等，決策者關心的已不是「美國市場」、「歐洲市場」、「中國市場」，而是一個「全球市場」，由此可知，至20世紀起不可避免的趨勢，即市場的全球化。

　　過去一百五十年間，交通運輸影響很多國家的人們及企業，在1840年代之前，人們生活的空間幾乎都在其住家周圍附近，使用的產品以當地生產的器具為主。不過在19世紀中期，已開始國際貿易的活動，第二次世界大戰之後，我們看到許多先進國家的大型企業快速擴展其全球市場。例如，全球各地皆可以看到麥當勞、可口可樂、必勝客、賓士、BMW、Nike、雀巢、飛利浦、SONY、LG等產品，在國際經濟舞台上穿梭，而近年來我國的宏碁、華碩、BenQ、巨大機械、趨勢科技及美利達等許多企業也以自創品牌的方式登上國際舞台，將產品行銷全球。

　　到了20世紀末期所發生的改變比經濟史上任何一個時期來得更大，全球新興經濟體如中國、東歐、印度、東南亞各國、巴

西、俄羅斯等金磚四國（Brics）如雨後春筍般的出現，這些新興
經濟體將會是未來的大市場，也改變了全球企業的版圖，再加上
交通運輸便利、網際網路的盛行，影響全球事業運作的改變，因
此產生了機會與挑戰，也表示不論大、小企業都要不定期地檢討
他們營運的方式，並隨時保持一定的彈性，以快速回應全球變化
的趨勢使企業本身更具競爭力。

15.1 國際化概論

從1950年起，學術界開始注意到國際管理中多國籍企業
（Multi-national Corporations, MNC）的發展，其後四十年在理論上
提及企業國際化的名詞為數不少，其中有多國籍化（multi-nation-
alization）、國際化（internationalization）、全球化（globaliza-
tion）、無國際化（stateless）等，這些理論的研究大都圍繞在美
國、日本與歐洲對已開發國家產業經營國際化的方式為主，鮮少
以開發中國家為討論主題。

因此，台灣企業進行國際化之時，是否可以在先進國家產業
進行國際化的模型中找到相關的策略？同時，目前台商掀起的大
陸熱是一種國際化嗎？可以引用嗎？以對外貿易奠定基礎的台灣
中小企業，現今又如何進行其國際化呢？或許從理論與實際兩方
面相對照下有可讓我們師法之處。

15.1.1 國際化釋義

國際化的意義在學術上闡釋甚多，Johanson 和 Wiedersheim-
Paul（1975）以策略的觀點認為國際化是個別廠商或一群廠商在進
行國際營運時，向外國移動的現象，Johanson 和 Vanlne（1990）更
新一步指出企業之國際化乃由心理距離近的國家開始逐步漸進地發
展，亦即企業國際化歷程仍是循序漸進的。若從市場的角度來看，
就國內而言一是開放市場允許其他外國公司進入所想經營的產業；

對國外市場而言一則可從涉入程度的深淺分為國際貿易、海外投資及多國籍企業三個層次。不過，國際貿易若只是著眼甲國的貨品運送到乙、丙國，一般是不歸為國際企業；也就是說，國際企業在實質上必須在其他國家經營「銷售」或「製造」（manufacturing）的活動，或者兩者皆經營的公司，這是最易瞭解的定義。

然而，在第二次世界大戰後對國際企業的認定有更嚴謹的看法，這其中必須包括：直接投資金額多少、海外子公司（附屬機構）數量、年度國外銷售額比例、淨利比例、經營業務國家數、海外資產比例、決策中心、管理心態等（世界取向、母國取向或地主國取向）都訂有標準。我國經濟部在「台灣中小企業白皮書」中有官方的定義認為企業為自我成長在經營三層面——資源組織面、生產加值面、銷售供應面中，任一層面有跨越國界之經營活動，而國際涉入程度逐步增加，就是國際化。

至於另外一些其他類似的名稱如「跨國企業」、「超國籍企業」、「民族中心型企業」、「全球企業」等，都是多國籍企業衍生出來的名稱，只不過上述名稱表示所研究的方向略有差異，是重點在企業國際化的程度呢、或是企業國際化發展階段，或者是國際化後所有權與控制權力結構的剖析。

再從經營活動來審視多國籍企業，其作法隨不同產業而有所變化，聯合國在1984年對多國籍企業的定義「海外營運是在一個或一個以上的決策制定中心；在共通的政策制定下的，以及這些海外實體產生重要的影響力。除此之外，這些實體之間彼此分享知識、資源與分擔責任」。早期最主要多國籍企業的經營以石油與礦業為主，以著名的石油業七大國際公司（Seven Majors）為例，

標準石油、荷蘭殼牌石油、海灣石油、加州標準石油、莫比爾石油、英國石油、德士古石油等均為典型的多國性企業。其經營方式一：至低度開發國家直接投資設廠，取得油源經營權再利用能源的特殊優勢，輸出至其他需要國家。相形之下，其他產業如汽車、電子、食品、化學其國際化作法則不若石油業那麼具有依賴「天然資源」取向，而必須擁有原料（油藏）不可。

15.1.2 相關理論探討

企業為何須邁向國際化呢？各有不同理論見解，而其論述亦各有精闢之處，茲就數個較有名且具代表性的理論，按照提出的年代先後，簡單解釋於後：

15.1.2.1 Raymond Vernon產品週期理論（1966）

以時間、產品成熟度、技術創新為國際化的三大變數，將產品區分為新產品、成熟時期、標準化時期。由於新產品時未定型、普及，要一段時間後在規模經濟的要求及學習曲線的運用下，必然漸漸走上標準化階段，即減低成本與大量行銷來獲利。各階段特徵如下：

· 新產品期：由所得水準與技術均高的先進國家產生，發展方向能具有節省勞動力、資本密集的技術，由於消費市場有限，可能只有在先進國家中某地區或某階段才存在。

· 成熟時期：消費市場逐漸擴展至其他先進國家，各廠商生產的產品略具差異性，而原先創新生產的先進國家亦會考

慮到市場特性與出口供應問題。

· 標準化時期：技術已變成標準化，市場比以前二階段更大。因此，在競爭下價格因素變得相當重要，故先進國家廠商會到勞動力豐富且廉價的開發中國家投資生產，而原先進國家之需求亦從開發中國家輸入。

　　Vernon可以說是國際化理論的始祖之一，他以技術的觀點提出了「產品生命週期理論」，認為為了替不同層次的技術找尋最合適的製造地點，廠商會進行國際化或者是國際貿易，所以企業會隨著產品週期的演變而逐漸增加其國際化程度。

15.1.2.2　H.V. Perlmutter對外投資理論（1971）

　　探討國際化經營領域單國（單元）至多國（多元）時，其決策中心移轉的情形，形成著名的EPRG四種模式形態，如**表15-1**所示。

表15-1　國際行銷的管理哲學

	母國企業	多中心企業	區域中心企業	全球中心企業
公司基本使命	獲利	為各國所接受	獲利及為各國所接受	獲利及為各國所接受
管理方式	由上而下	由下而上	相互協調	相互協調
策略	全球整合	國家回應	區域整合及國家回應	全球整合及國家回應
文化	母國文化	地主國文化	區域文化	全球文化
行銷策略	以母國消費者之需要為中心	以當地消費者之需要為核心	各區域內產品標準化	全球產品但容許有區域差異
人力資源管理	由母公司派人員管理當地事務	由當地人士管理當地事務	由各地區之人員管理各地區事務	由全球最佳人員來管理全球事務

資料來源：A. M. Rugman and R. M. Hodgentts(1995). *International Business: A Strategic Management Approach*. McGraw-Hill Inc, p.215.

．母國企業（Ethnocentric）：以一國國內為中心，然後向海外發展與當地國的經濟、社會結合在一起，共同攜手發展該國經濟，其經營雖屬多國籍，但其根源卻是以原投資國為中心。

．多中心企業（Polycentric）：企業多國籍的經營更加發展時，其根源一總公司會在二個國家以上的地區同時設立子公司，權力是分散在各子公司內，是採用在地化的策略觀點，在企業營運上呈現有多個據點、多個中心的形態。

．區域中心企業（Regioncentric）：介於多國及企業以及全球化企業之間，以區域性的聯合組織為主，例如，北美自由貿易區（NAFTA）、歐盟（EU）等，而在區域組織內的成員則趨向於一致的規則，相對的區域組織外的國家則不容易進入，演變成以區域來做分割，每個區域由不同的子公司負責，並與母公司相互協調。

．全球中心企業（Geocentric）：企業經營形態變成世界性時，其原來的母公司隨著多國人才的徵募、資金的流入、工廠設立在各個國家、市場遍布全世界等狀況下，逐漸模糊了原來母公司的根源，而稱為全球中心企業，強調的是企業採用全球化的視野，也就是全球化的策略來營運。

15.1.2.3 J. H. Dunning折衷理論（1979）

從現實主義立場說明企業直接對外投資主要是由於「所有權」、「內部化」、「區位」三項因素的關係。假設若廠商擁有「所有權」的利基（產銷技巧、資金雄厚、產品差異性等），為充

分發揮所具有之優勢和產能，便會擴大生產，而為了擴大生產規模，有些產業中的廠商便可能向外進行直接投資。

Dunning（1988）提出了折衷理論來探討多國籍企業的國際化現象。以往探討國際化時多著眼於行為面，而Dunning則採用理性決策的角度，結合了國際貿易理論和產業組織理論，認為國際化是考量許多因子而形成的決策，重點在於企業如何利用內部化市場來開拓本身的優勢（ownership advantages）以及區位的優勢（location advantages）。本身優勢指的是少數廠商所擁有的特殊資產，為了發揮企業所有的優勢和產能，便會進行海外直接投資；區位優勢則是指因為當地較接近原料產地，或是為了取得當地市場，或利用當地廉價勞工與租稅優惠。

15.1.2.4 A. M. Rugman國際化過程（1986）

產業如何藉進入海外市場而進行其國際化，必須就其本身條件作衡量與產業發展時性作考慮。因此，進入國外市場參與程度的深淺與國際化時間的長短，兩者具有高度之關聯性，以下區分五種方式說明之，如圖15-1所示。

- ·授權：廠商將技術、製造方法、商標或專利等授由國外廠商生產製造。
- ·外銷：分為直接與間接外銷。前者是由廠商自行尋找買主，擔負全部外銷風險；後者則由貿易商擔負外銷功能並且全部負責盈虧。
- ·合資：某些開發中國家不歡迎外人獨資事業，但可以和當地廠商合資經營，成立新事業。

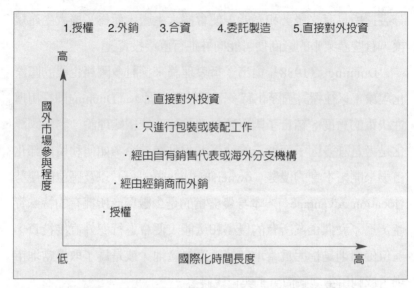

圖15-1　五種進入海外市場進行國際化的方式

‧委託製造：廠商委託當地工廠按一定規格配合製造，至於本身則負責行銷業務。

‧直接對外投資：在國外投資興建製造裝配工廠（也可以整廠輸出），或購進原來營運的廠房設備進行生產。

15.1.2.5　Christopher 和 Sumantra（1989）

由於決策權與組織權之高低，企業國際化可能演變成三種跨國組織模型，其屬性各有不同。

‧多國企業：在多個國家設有分支機構擁有高度的決策與組織自主權。目的在使這些海外分公司發展出一套策略和組織能力，使分公司能夠應付各個國家的環境差異。

‧全球企業：在多個國家雖設有分支機構。但是，分支機構

之設立乃是母公司將世界市場視為單一市場作為衡量。因此，海外公司決策與組織自主權由總公司決策。

・國際企業：決策和組織自主權介於上述兩者之間，母公司維持相當程度的影響與控制，主要是運用母公司的專業技術能力並略加調整，其關係如圖15-2所示。

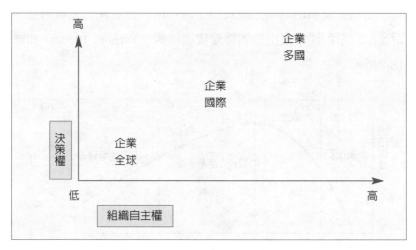

圖15-2　企業國際化的三種跨國組織地方分公司擁有的權力高低

15.2 國際化的過程

　　國際化是企業因應國際競爭、國內市場飽和、獲取廉價資源、新市場開拓和多角化時，為擴大企業經營範疇所逐漸改變的一種過程，因此在國際化過程方面的文獻，依其研究理論整理如下：

15.2.1 國際化動機

企業國際化動機為何，以「產品生命週期理論」來解釋是最早被提出來的，當原為一企業創新且獨特的產品，隨著產業內企業間生產技術差距的縮小，企業會尋求到生產成本較低的地區生產，也隨著產品創新期、成長期、成熟期、衰退期的生命週期，新產品的原創國會由出口國轉變成進口國（Vernon, 1960），如圖15-3所示。

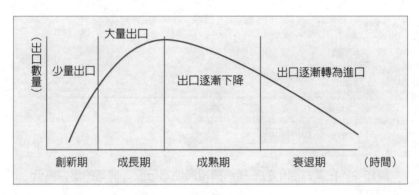

圖15-3　產品生命週期理論

15.2.1.1 Czinkota et al.（1992）

Czinkota et al.（1992）則歸納企業國際化動機為主動及被動兩方面：

．主動之動機：追求利潤、獨特的產品、技術上的優勢、獨有的資訊、管理契約、租稅利益以及規模經濟等。

．被動之動機：競爭壓力、產能過剩、國內銷售量遞減、國

內市場飽和、生產過量、靠近顧客及接近市場等。

15.2.1.2 Dunning（1993）

Dunning（1993）對於國際化的動機，有下列四種：

· 尋求資源（resource-seeking）：其目的是取得比較優勢或
競爭優勢。企業為了取得低廉勞工、原料或資本，或追求
先進國家的研發技術、經營管理的知識等。

· 追隨客戶（follow the customers）：在企業所屬的產業內，
當主要客戶遷往國外或在國外設立據點時，為了服務客戶
或供應原料，企業將追隨主要客戶在該國設立據點。

· 尋求市場（market-seeking）：當母國市場規模達飽和，為
了追求成長的空間，企業會選擇另一個海外市場進行國際
化的推展，來增加銷售量。

· 寡占互動（oligopolistic interaction）：在寡占型的產業中，
會傾向不讓其對手在其他新興的市場中占先機，而當其對
手採取海外擴展行動時，馬上會跟隨進入同一個海外市
場，以防止其對手在多個市場進行交叉補貼方式所帶來的
威脅。

15.2.1.3 Johny（1997）

Johny（1997）指出以下四種驅動力（drivers）促使企業全球
化：

1.市場驅動力（market drivers）
包括了五種主要的因素：

- 一致性的顧客需求（common customer needs）：因為科技發展、全球通訊而創造出了一群同質性高的消費者，企業可以針對這群散布在世界各地消費者的需求進行國際化。
- 全球顧客（global customers）：因為出現了許多遊走在全球市場中進行交易的顧客，企業為了與他們交易遂邁向國際化。
- 全球鏈結（global channels）：企業在為了尋求最佳資源而傾向全球的產業鏈中進行合作。
- 可轉換的行銷（transferable marketing）：因為成功的行銷策略可以被複製、轉換至新的市場中繼續運用，助長的企業往新市場活動的驅動力。
- 領先的市場（leading markets）：在全球市場中有幾個具有領先指標的市場，企業為了獲得利益而紛紛投入領先的市場中。

2.競爭驅動力（competitive drivers）

在多變的經營環境下，企業不僅面對本國企業的競爭，更將面對其他的外國企業瓜分市場，使得本國市場競爭壓力與日俱增，遂向其他外國市場發展，尋求利益。

3.成本驅動力（cost drivers）

企業在生產製造上，為了獲得經濟規模，傾向於大量製造以節省成本，為了銷售這些產品，而將市場擴展至鄰近的國家；或者企業為了取得較便宜的資源，例如，便宜的勞動成本而至他國投資設廠；亦或者企業為了節省因為在地化而增加的產銷成本而

走向全球市場。

4.政府驅動力（government drivers）

在過去，政府多著眼於保護本土企業而採用保守的國際化政策，抑制國際化的發展，到了今日情況相反，反而制定許多優惠政策，支持企業走向國際化，並接受國外企業的投資。

縱觀以上，國際化最主要的動機為以下六點：

· 市場因素：為了擴大市場占有率、增加企業營收，達到規模經濟，或為了配合國際化市場趨勢、高成長的買方市場，進入他國的市場營運，擴大範疇經濟。

· 競爭因素：為了對抗競爭對手、保衛本身的地位、並進而發揮企業的核心能力，強化企業的競爭優勢。

· 資源因素：為了尋求較佳的資源以降低營運的成本、第三地具有買方市場最惠國待遇，或者尋求領先的技術與知識。

· 需求因素：主要是從國際市場的角度來看企業國際化，有三個特色：全球消費者偏好趨於一致、追隨客戶走向國際市場、延長產品生命週期。

· 科技因素：全球交通、通訊及傳播媒體的發達，降低了協調成本；全球網際網路的興起，創造許多商機，甚至直接在網路上下單。

· 政治因素：蘇聯解體，中國及東歐市場開放，成為許多企業的目標市場，加上全球貿易障礙消除，有助於國際行銷之進行，世界各國之間貿易將蓬勃發展。

15.2.2 國際化程度

　　各種產業在不同國家的全球化程度，往往有很大的差異，此種差異往往對多國公司的國際化策略造成相當大的影響。

15.2.2.1 國際企業之全球化類型

　　Makhija、Kim 和 Williamson利用兩個構面，以有系統的方法來衡量各國產業全球化的程度，如圖15-4中縱軸為產業國際聯結（LIT），當一產業的國際貿易金額對於其國市場之比例愈高，表示國際聯結程度愈高；橫軸為產業內附加價值活動之整合，當某產業的零組件和成品的進口和出口占貿易額的比率皆高時為高整合，若僅有出口或進口一方較高為低整合。

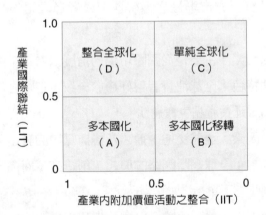

圖15-4　國際企業之全球化類型

資料來源：Makhija, M. V., Kim, K. and Williamson, S.D.(1997).〝Measuring Globalization of Industries Using a National Industry Approach: Empirical Evidence across Five Countries and over Time,〞*Journal of international business studies*,4th quarter, pp.679-710.

根據此兩個構面可把各產業之國際化分為四種類型：

· A的產業為多本國化型，這些產業的附加價值活動是在單一國家內進行，此種產業在某一國的競爭與別國的狀況無關。

· B為多本國化移轉型，這些產業的國際聯結低，而產品大多在本國製造完成後，再出口到外國，競爭仍在國內。

· C為單純全球化型，此種產業的競爭雖已跨越國際，但仍以母國做為出口平台將成品或接近成品打入國際市場。

· D為整合全球化型，此種產業的國際競爭很劇烈，但產業內各公司卻藉由在世界各地整合各種附加價值活動來獲得國際競爭優勢。

15.2.2.2 國際化程度的衡量方法

國際化為企業生存重要策略，各國企業之國際化程度更為瑞士洛桑國際管理學院及世界經濟論壇（World Economic Forum）作為衡量國家競爭力的重要指標，茲就其衡量方法及相關影響分述如下：

Sullivan（1994）之研究為以績效、結構及態度層面來衡量國際化之程度，如表15-2所示，說明如下：

1.績效層面（performance dimension）

· 海外子公司銷售占總銷售之比例（Foreign Sales as a percentage of Total Sales, FSTS）——此指標為最常使用衡量國際化程度之指標，通常以營收淨額（net sales）計算。

· 研發密度（Research & Development Intensity, RDI）——

表15-2　Sullivan之國際化程度指標分類

指標類別	支持學者	代表意義
績效層面	Grnat, Jammine and Thomas（1987） Jung（1991） Micheal, Haiyang and Joseph（1992） Olusoga（1993）	外銷售總額占企業總銷售額；出口總額占企業總額；國外利潤占總利潤等。
結構層面	Micheal, Haiyang and Joseph（1992） Olusoga（1993）	外資產占企業總資產比例；國外子公司數目占企業總子公司數目比例等。
態度層面	Olusoga（1993）	高層經理人具國際化經驗年數；國際化經營據點分散程度。

Caves（1982）指出研究發展（R&D）活動可以預測多國籍企業（MNC）的成長，Franko（1989）認為研發密度是很重要的準則，即是在全球競爭上獲取市場占有率的準則。

· 廣告密度（Advertising Intensity, AI）——Caves（1982）等學者認為多國籍企業的行銷功能的營運可以藉由AI來解釋一個企業國際的涉入程度。

· 出口銷售占總銷售的比例（Export Sales as a percentage of Total Sales, ESTS）——Sullivan 和 Bauerschmidt（1989）提出出口活動的程度是可以區別出美國和歐洲國家企業國際化的程度。

· 海外利潤占總利潤比例 （Foreign Profits as a percentage of Total Profit, FPTP）——以扣除成本與費用後的利潤比率加以衡量。

2.結構層面（structural dimension）

（1）海外資產占總資產比例（Foreign Assets as a percentage of Total Assets, FATA）結構屬性的國際化衡量指標主要是在探討企業的哪些資源向海外移動——例如，Daniels 和 Bracker（1989）及 Sambharya（1995）皆以「海外資產占總資產之比例」當做國際化的指標。

（2）海外子公司數占總子公司數比例（Overseas Subsidiaries as a percentage of Total Subsidiaries, OSTS）——Stopford 和 Wells（1972）和 Vernon（1971）認為海外子公司的數目可以區別企業國際化的涉入程度。

3.態度層面（attitudinal dimension）

（1）高階主管的國際化經驗（Top Managers' International Experience, TMIE）——認為高階主管國際的傾向會正相關於他的國際經驗，而這個國際經驗可以從高階主管的國際工作任務和職業生涯看出。

（2）國際營運心理分布（Psychic Dispersion of International Operations, PDID）—— Ronen 和 Shenkar（1985）把世界分為十個心理區域去看國際企業海外子公司的分散程度，而 Sullivan 認為在這十個區域中，若海外子公司分布愈分散，則國際化營運的心理分布愈廣。

15.3 國際化理論之台灣實證

　　台商在1980年左右受到國內土地取得不易，勞工薪資、保險、退休福利增加等喪失「成本優勢」的衝擊才大幅增加對外投資貿易；早期台灣企業對外投資的目的主要是迴避先進國家或地區之貿易保護，例如，台灣從事紡織品爲主的企業，因爲美國對台灣配額的限制，只好找對美國並不設限的國家，如越南、寮國或墨西哥（墨西哥與美國之間有美墨雙邊關係條約）；現在外移廠商則是爲降低生產成本，保持產業競爭力，或者爲確保原料供應，開拓新市場。

　　舉例而言，台灣曾號稱「時鐘王國」，這項傳統產業，1991年業者估計每年從台灣輸出到全世界各地的掛鐘大約有一千五百萬個，台灣大小各廠產能平均每月可以做到二十萬個時鐘，大廠每年可以出貨兩百萬個以上，而時鐘材料成本占65%左右，材料包括塑膠料、時鐘機心指針、塑膠射出配件、包裝紙盒，人力成本占35%。然而，爲了降低成本，增加競爭力，據業者估計外移之後，材料成本即使剛開始沒有下降（依然使用台灣原料），但人力成本卻降爲成本的10%，換言之，時鐘業者對外投資設廠後節省25%成本；此外，經過數年的摸索、累積經驗，加上原物料上、中、下游廠商也向外投資便構成完整的時鐘供應鏈（群聚效應），此階段原料成本可下降15%，因此掛鐘平均每個單價四至五美元，若節省成本40%其影響甚大。

　　從上述案例，發現台商對外投資若只是少數廠商其影響效應

並不大，但若成為台商普遍現象之後，沒有外移規劃的廠商將失去競爭力，其後果將對某些產業發展發生危機，這就是為何台灣的時鐘業已無法保有「時鐘王國」的美譽，這種時鐘成本上的競爭亦可見於其他傳統產業。

15.3.1 台商國際化的動機

從上述案例可歸納台灣企業進行國際化的動機主要有四項因素：

1.尋求低廉資源

台灣廠商將生產地點移往較低勞動成本地區，該廉價地區的土地、勞動力均較台灣為低，所以成為台商的生產基地。

2.拓展市場商機

台灣市場腹地狹小，企業早期即依據大量的出口貿易行為，以便拓展其產品的銷售空間，隨著公司加強國際化程度（如跨海設立辦事處或子公司），拓展市場更是重要誘因，對掌握當地商機有直接幫助。

3.避免障礙

如果台商無法透過正常出口管道，順利拓展市場，只好直接向外尋求生產基地，直接投資避免當地輸入國的貿易障礙。

4.追求綜效

台商進入低廉生產條件的開發中國家，從事經營活動具有節省原料成本、獲得充沛勞動人力、土地較容易取得等優勢，各種優勢的整合創造出台商的經營綜效。

15.3.2 台商進入國際市場之優點

從國際化理論對照台商進入國際市場之優點如下：

- 擴大現有市場：使本身之生產能量發揮最大效益，例如，台灣時鐘業者赴大陸建立生產基地，擴大市場需求量。
- 原料供給無虞：為了確保原料供給布置匱乏，赴原料生產國投資保障原料供給，例如，橡膠業者赴東南亞設廠。
- 進入國外市場：為有效進入當地市場，瞭解市場需求及特性，以投資或合作等方式接近國外客戶市場，例如，台灣業者赴大陸創建大型量販店與當地企業有影響力人士結盟。
- 維護國內市場：競爭者以較低廉之成本威脅本身的競爭優勢，本身亦須以相對的條件從事國際化經營，俾利於同業的競爭，例如，台灣家具業者赴東南亞找尋合作管道或設廠等進口廉價家具。
- 分散風險：為分散本國可能因政策政局、經濟波動或景氣狀況、罷工、環保要求或原料供應來源等不利因素之影響，赴外投資以降低風險，例如，若干製造棕櫚油業者赴東南亞小島尋求降低環保要求製造產品。
- 取得技術相關優勢：企業創新優勢取得之一為技術之進步或引進產品，或為增加企業的資源，例如，早期台灣業者赴日本引入先進之化工產業有關技術。
- 財務的衡量：企業國際化對國際融資資金取得增加對公司資金靈活調度，或以節稅規劃，避免外匯風險等財務因

素，例如，台商赴大陸經營有成後赴新加坡、香港、美國
等地掛牌上市。

15.4 台商海外經營與策略規劃

企業的經營目標除了獲取利潤外，同時追求永續經營，但永
續經營的能耐（competence）必須依賴不斷地累積企業資源。就
台商企業而言，「企業經營全球化」就是維持企業競爭力的最佳
策略。然而，何為策略呢？策略與國際企業經營又有何關係？

15.4.1 策略的特質與運用

就功能而言，策略應具備以下特質：

1.作對的事情，而不是僅將事情作對

例如：傳統產業運用先進優勢進入海外市場，雖然充滿危機
但也帶來轉機，然而成本優勢並非永遠獨厚台商，必須在市場上
不斷吸收產業知識創新與研發。

2.須有長期準備與作法

例如：台商在代工（OEM）能力不容置疑，從事的行業都與
當初在台灣有關，但是，不論是西向中國大陸或南向東南亞國
家，市場局面不同以往，必須要有長期準備在海外打拼，作法則
包括擴廠、買機器、培養幹部、招募員工、爭取商機等。

3.具有彈性思考調整經營的能力

例如：1997年左右，國際市場風靡「電子雞」，尤其是日本市場更推波助瀾寵物當紅電子雞，所以台商大陸電子廠商IC一顆難求相當缺貨，一開始大家知道電子雞會帶來利潤，所以大多數人都投入了，但眾多人都投入的時候，有些台商會思考高峰過了以後，要拿什麼延續商機，而不是盲目擴充產能而已，因此進行研發，電子雞即將結束時，又推出一個釣魚機，創造另一個話題商品，繼續享受市場榮景。

實務上，策略思考的方向，決策應循序漸進依步驟進行：

策略第一步是制定出正確的目標，找出自己應走的道路，而非只注重目前的獲利。

其次，瞭解產業結構及產業的前景，並培養在這個產業獲得競爭優勢的能力。

第三，企業在提供價值或服務時，過程中透過價值鏈（企業生產與作業活動的所有組合），如何能提高消費者心中的價值。

第四，創造各種企業的核心資源，核心資源可分為：有形、無形、組織能力等各種能力。

15.4.2 建立競爭優勢

企業在建構核心資源時應讓核心資源能夠蓄積在組織之中，成為企業組織所獨特擁有，並應用於策略執行。例如，台商在海外如何培養核心幹部？企業經營最應掌握的是經營重點為何？上述兩大問題，或許有不同答案，但在海外培養核心幹部，除了金

錢的誘因之外，工作場所的舒適與福利在培養非台籍幹部尤應注意；而台商事業經營的重點不僅只是管理，更要「市場開發」與「產品創新」。

　　至於，事業網路的擴展，台商如何在陌生的國度中獲得企業經營所需的資源。例如，原料（上游供應商）、通路（下游供應商）、消費者（口碑與信賴）、資金（銀行或投資大眾）、勞工（工會）、技術協助（相關研究單位）等；而人脈與人際關係的延伸如何拿捏，使其常發揮助力減少困擾尤其重要。

　　Prahalad 和 Hamel（1990）在深入研究過許多多角化的大公司後發現，認為因應日益激烈的全球競爭，必須具有明確的願景、清晰的策略意圖及持久執著地厚植企業的核心資源，才能「競爭大未來」，這種觀點在實務上即必須培養持續性的競爭優勢，其觀點對台商有下列意涵：

- ·運用先進者優勢，早期切入成長中的海外市場，並在產品、技術、品牌、通路等關鍵性價值活動上建立進入障礙，達到先進者的卡位效果。
- ·達成規模經濟，經營集中於特定活動另將周邊活動委託外包，在其核心活動（如創新、製造）上取得優勢的規模經濟，並保持具競爭力之彈性。
- ·專注於核心專長，持續投入資源於獨特價值，可重複應用，且難以被取代之能力，即使被競爭者模仿，亦能運用反制之道。

　　上述三點中，尤以早期進入者在實務上獲得相當的認同，一般而言，較早進入外國，較能享有他國政府所提供的優惠措施，

先進者較能掌握當地政府早期開放之先機，同時先進者相對有較多的時間累積市場知識。

先進者的優勢就是後進者的劣勢，從實務面觀察後進者優勢，對台商亦有下列三點意涵：

1.搭便車效果

後進台商可以從先期台商的投資受惠，例如，廣告中免費受惠；而且模仿成本遠低於開發成本，後進者搭便車會減少先進者的利潤。

2.減少不確定變數

台商在市場還不確定時，進入風險很大，除非他能將不確定性降低，但通常只有大廠才具備此種能力，而大廠寧願等市場確定後再進入，很多新市場常因某種主宰設計的出現，其走向才明確，例如，市場競爭轉至價格競爭，而使具低成本製造的廠商具有真正的優勢，早期先進者往往鎩羽而歸。

3.掌握技術與配額

由於研發與生產技術早期均較不成熟，再加上顧客需求不斷改變，也為後進者創造進入機會，先進者所開啟的市場，正好成為後進者成長的經驗。

Ghoshal（1995）曾提出一項模式，以整合Porter的「競爭策略」及Prahalad 和 Hamel的「核心競爭力」理論，並說明此兩個理論間的關係──將公司所擁有的資源及能力（核心競爭力），定義為策略結構（strategic architecture），兩者動態關係如圖15-5所示。

上述所提夢想的競爭，對台商而言，大多數皆有強烈的創業家特質，包括：辛勤工作、自信、樂觀、果斷以及精力過人等。

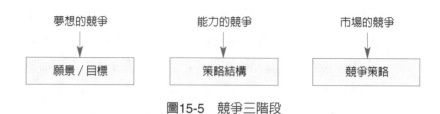

圖15-5　競爭三階段

然而，企業家精神的原動力從何而來？除了個別差異之外，企業家精神似乎在一種支持性的環境中才會興盛。例如：政府鼓勵南向政策，對於中小企業多少形成前進的動力。

15.4.3 海外競爭能力

台商在海外能力的競爭可分為下列數項：

· 創新產品及生產：「這兩項能力對廠商而言最為重要」而且是相輔相成的，因為如果沒有產品創新，生產的優勢是無法維持的，尤其對代工或零件供應商而言，產品創新能力更是維持訂單的最大籌碼，否則代工或零件供應商的地位很快就會被當地廠商所取代。

· 以全球市場為導向：某些企業在國際化之後建立了全球供貨的能力，這對於提供客戶和消費者更快和更好的服務有相當幫助，對於訂單的取得也有助益。一般台商電子資訊廠因為全球競爭壓力大以及時效性的要求高，因此特別重視這項能力的建立。而品牌廠因為產品要行銷全球，為拓展當地市場，提高市場占有率，全球供貨能力也是必備的要件之一。

- 擁有行銷通路：品牌廠商均重視行銷通路的建立，這也是擴大市場占有率所必須走的路。一般台灣電腦科技品牌廠在中國設立生產據點雖有助於中國市場的開拓，但行銷通路的建立才是產品銷售的利器，因此只要是以消費者為最終客戶的產品，都必須掌握行銷通路才有可能成功。

- 開拓新市場：一般而言，品牌廠商因具備品牌知名度，因此要開拓開發中國家市場較為容易。大陸與東南亞消費者對於全球性品牌，甚至台灣品牌均有好感，因此銷售都相當不錯，尤其是最早進入大陸的品牌，更能取得市場先機掌握先馳得點的優勢。

- 培養全球不同國籍人才：企業國際化後，當地僱用的員工在經過一段時間的訓練，都可變成公司寶貴的人力資產；企業不只是擁有台籍的優秀人才，其他國籍不同地區的人才均對企業進一步全球化提供必要的人力資源。

- 市場的競爭：台商在海外經營的形態，關注的市場競爭可分為三種——代工廠、品牌廠與零件廠，此三種市場競爭能力皆不盡相同，例如，代工廠重視全球化生產及供貨能力（全球運籌）。品牌廠重視以大量生產培養高價位商品的開發及行銷能力（以量養價）。零件及材料廠重視接近客戶，提供一次購足的服務。

代工廠及品牌廠均以大量生產來爭取國際市場占有率，市場占有率有助於穩定代工關係，也有助於品牌的拓展。零件廠雖也重視產量的擴大，但他們更重視產品線的完整。

15.5 台商中小企業海外經營

　　台商自1980年代中後期以後，赴海外投資金額急遽增加，在東南亞地區的投資較以往減少，至於中國大陸投資的規模則呈現顯著增加的趨勢。就投資的產業結構來看，在大陸的投資主要為紡織成衣、化學製品、基本金屬、電子電機等產業；在東南亞的投資主要集中在紡織成衣、基本金屬、資訊電子等產業。

　　從統計數目來看，台灣中小企業占全體企業95%以上，對中小企業的生存及競爭影響因素包括下列數項：

- ・技術創新的衝擊對傳統的中小企業的製造附加價值逐漸減少，此情形尤以勞力密集產業，例如，機械加工、玩具、成衣業等。由於轉型不易，技術升級困難，不得不移往海外投資設廠以求生存。
- ・土地與廠房取得成本與建設費用上揚，造成投資意願下降。
- ・勞基法以及保險、退休金的提列，增加成本負擔，使業者的經營意願減低。

15.5.1 中小企業進入海外市場考慮因素

　　一般而言，中小企業進入海外市場應考慮的因素包括下列數項：

15.5.1.1 願景與目標

- 進入海外市場的理由？
- 希望達到經營規模與經營方向？

15.5.1.2 管理經驗與事業專精程度

- 企業本身所具備的國際專業如何？
- 如何進入海外市場與建立經營基地？

15.5.1.3 銷售與製造能力

- 製造與銷售如何進行？
- 國產品與服務應如何進行？

15.5.1.4 財務能力

- 應投入多少資本到生產及行銷上？
- 獲利能力如何達成？

15.5.2 台灣中小企業國際化所遭遇的問題

　　企業在國際化的歷程中，首先必須瞭解企業自身的策略與國際競爭定位，仔細地評估海外營運所能承擔的風險能力，Deans 和 Kane（1992）曾在企業國際化歷程中提出內、外二影響因子：（1）內部因子包括公司的策略導向、高階主管的遠見、及企業的歷史等；（2）外部因子則包括了企業所處的產業環境、產業結構、以及當地政府政策的影響等。目前台灣企業大都是屬於中小

型企業結構，當企業計畫朝國際化發展，進一步進入國外市場，展開一連串複雜的跨國接單、生產、行銷、設計等工作時，一般而言，都有可能遭遇到以下一些障礙：

- 生產因素條件：國家資源豐富之程度，及經濟學家所謂之生產因素，包括：人力資源、物質資源、資本及基礎架構。
- 市場需求條件：包括：國內市場對企業產品需求的性質、複雜、成熟與規模。
- 相關及輔助產業：供應商及協力廠商網路之競爭力。
- 廠商策略、結構及競爭對手：包括：經營者管理模式、產業結構（產業集中度及整合度），和公司間競爭。
- 企業海外營運所能承擔風險能力：包括：政治法令的不穩定、匯率波動、貿易糾紛、專利權及戰爭等，提高了貿易的不確定性。
- 面臨自創品牌的困難：台灣中小企業大部分是持用OEM 和ODM的方式，一旦自創品牌，一來可能受到下單廠商的質疑，二來可能面臨更大的營運風險。
- 家族式的經營風格：台灣的企業一向家族色彩濃厚，但是公司業務競爭與獲利，如果套用親情來做最後仲裁，忽視資本市場中的運轉規則，在全球的商場競爭中，很容易就失去競爭力，最後落得消失不見的命運。

歸納台灣目前這些較具規模產業的國際化方式，投資地方還是以亞洲未開發國家為主，投資項目尚以本業為重，但亦保持相當大的彈性作調整。另外值得注意的就是，針對台商在大陸投資

的廠商數目非常多，美國《商業週刊》預測未來會形成一個大區域，即包括華南、香港及台灣在內的區域整合經濟現象，尚有待觀察與瞭解。

Marketing Move

大魚吃小魚

　　大型企業從事國際行銷活動，有時需要進行企業間的購併活動，例如，台灣食品「龍頭」統一企業，在美收購威登餅乾公司為赴美經營鋪路；美國哥倫比亞廣播公司（CBS）則被西屋電器購併；另外迪奈公司也買進美國廣播公司（ABC）試圖建立媒體王國：上述購併案，都曾轟動一時，但除了以上的案例，石油業界是否有購併的個案呢？

　　美國海灣石油公司（Gulf）十幾年與中油公司合作生產潤滑油，曾提供不少技術協助，但在1984年海灣公司被雪佛龍石油（Chervon）買下，購買金額超過一百三十億美元，這個數字在當時相當驚人，雪佛龍購併海灣的理由，是海灣石油公司在海外有十幾億桶的油田，購併可壯大雪佛龍從事國際石油行銷的實力。

　　石油界第二大宗購併案發生在海灣公司購併後不久，主角是德士古石油公司（Texaco），它買下美國第十四大的石油公司介提（Getty）石油公司，購併的動機除了有與雪佛龍公司互別苗頭的意思之外，還是看上介提石油公司豐富的石油、天然氣藏量，購買金額大約是美金一百億。

　　由於眼見雪佛龍公司與德士古公司藉購併其他兩間石油公司，在國際原油市場上力氣倍增，莫比爾石油公司（Mobil）也食指大動想要購併Conoco石油公司，不過由於莫比爾公司本身規模

已很巨大，結果還是無法如其所願。

　　由以上美國石油公司購併的個案，不難看出石油公司的經營屬於資本密集的產業，購併金額動輒百億美金來去；同時，國際上大石油公司，各方政經背景都很有來頭，例如，非洲某國家軍事領袖甘冒不諱殺死數名人權分子，其中不乏是因為石油利益關係。

　　石油業相互購併的案例，購併者往往必須付出兩倍股票現值的價格去吸引業方董事出讓股權，最終目的就是要能在市場上翻雲覆雨，從事國際石油行銷活動。

　　至於出了美國本土之外，國際石油公司海外購併的案例尚不多見，主要是每個政府視石油皆為能源事業，一旦要購併對方，政府方面多少會表示關切。

問 題 與 討 論

一、 請說明Rugman五種國際化過程。

二、 台商國際化的主要動機為何？

三、 台商進入國際市場之優點為何？

四、 台商海外能力之競爭包含哪些重要項目？

Chapter 16

國際市場策略與台商實證

每個組織都應該具備跨國雄心、實踐跨國對策。

——無國界管理

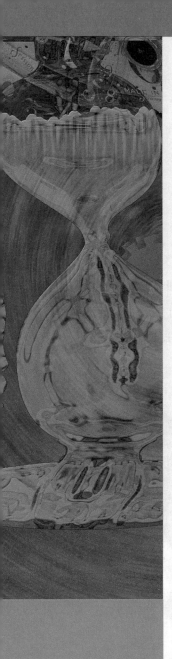

世界各國市場皆已逐漸國際化，如果還是從國內市場的角度來看，則很可能被來自世界各地的競爭者所擊敗：「再不行動別人很快就要趕過去了！」本章的學習重點將針對國際行銷做一番探討，首先介紹國際行銷的內涵、形態，其次介紹國際市場的進入策略，進而探討國際市場策略理論，最後再進行台商實證。正所謂知己知彼百戰百勝。

在詭譎多變的國際行銷環境中，如何有更清晰的思維、正確的策略運用，將是影響國際行銷的關鍵因素。

台灣十大價值品牌

　　提到 "Made in Taiwan"，會想到廉價？現在改觀了！這幾年在許多企業的努力下，台灣品牌已經走入國際。根據經濟部國際貿易局所委託「2003 Taiwan Top10 Global Brands」台灣前十大國際品牌調查結果（如表16-1所示），可瞭解台灣本土企業的國際品牌價值。

表16-1　2003年台灣十大最佳國際品牌

名次	品牌價值	公司名稱
1	新台幣259.48億元	趨勢科技
2	新台幣244.57億元	華碩電腦
3	新台幣174.22億元	宏碁科技
4	新台幣115.83億元	康師傅食品
5	新台幣87.06億元	正新輪胎
6	新台幣71.72億元	巨大機械
7	新台幣67.56億元	明基
8	新台幣66.57億元	合勤
9	新台幣63.48億元	聯強
10	新台幣31.11億元	威盛電子

資料來源：《數位時代雙週刊》，第67期。

1.趨勢科技（Trend Micro）

　　公司從1988年成立就堅持自有品牌的路線，一開始採用產品線為主的品牌策略，目標鎖定個人消費者；隨著產品發展穩定，1998年重新設計趨勢的商標，並且統一了公司的企業識別系統。

2.華碩電腦（Asus）

強調技術為核心，以「華碩品質、堅若磐石」為訴求，先期以主機板為主力，1998年投入筆記型電腦市場，去年則推出自有PDA產品，今年年底將跨入手機產品。行銷目標採取鎖定高度使用電腦的消費者，積極參與各地重要雜誌及評鑑工作，採取口碑式行銷作法，品牌推廣動作相對低調。

3.宏碁科技（Acer）

2001年與原有製造業務分家，所有製造工作委外處理，獨立為專業品牌公司，並以圓潤暗綠色的字體 "acer"，取代過去較剛硬的 "Acer"。

過去宏碁在各地市場，特別強調本地化，使得品牌價值無法在全球同步累積。

4.康師傅食品（Master Kong）

隸屬頂新集團，1988年頂新前身的鼎新油廠赴大陸投資清香油等食品，偶然的機會裡，改做方便麵，並且自創品牌「康師傅」結果一炮而紅。

品牌定位清楚、行銷資源的投入及品質的研發，是康師傅獲得肯定的重要因素。

5.正新輪胎（Maxxis）

1967年正新輪胎成立，主要生產機車與自行車輪胎。

　　爲推廣年輕、酷炫的品牌形象，積極贊助NBA湖人隊、國際越野賽等運動賽事，並推出各種周邊精品，致力於開拓房車等不同車種市場，並培養發展相關副牌。

6.巨大機械（Giant）

　　最早也是由代工起家，1986年成立捷安特歐洲公司，開啓捷安特行銷國際的品牌之路。首先訴求「世界的捷安特、捷安特的世界」，強調高品質形象，凸顯與國內廠商的差異。

　　其次創新形象的建立，主要以國外廠商爲主要競爭對象，並積極開發不同騎乘的車種，並將觸角擴展至休閒生活路線。

7.明基（BenQ）

　　是前十名最有價值品牌中，最年輕的品牌。主打「享受快樂科技」的品牌形象；原以電腦周邊產品爲主，近來切入手機、筆記型電腦、數位電視等新領域，朝3C路線發展。

　　爲強化與品牌的結合度，全面更換識別標誌，將原來的"Q"字，改爲以蝴蝶翅膀圖案的有機意象，同時成立產品旗艦店，提供消費者體驗產品的管道。

8.合勤（ZyXEL）

　　1990年成立，以網路通訊產品在歐洲享有高知名度。爲因應成長需求導入設計代工業務，但仍堅持合勤品牌銷售高品質網通設備。

　　2002年重新設計企業識別系統，導入更多人文特質，改造原本嚴肅的工程師形象定位爲"Total Solution Provider"形象。

9.聯強（Synnex）

在亞太地區擁有二萬家經銷商，銷售據點含跨三十個城市。雖然一開始不直接面對終端消費者，但體認到通路品牌可增強與品牌供應商的談判籌碼，透過強調維修服務品質，建立品牌形象。

1999年首創手機「三十分鐘維修」，站穩在通訊市場的地位；今年首度大手筆投入三億台幣，傳遞「有維修服務保障的聯強貨，小偷最愛」的訊息。

10.威盛電子（VIA）

原本並不屬於直接面對消費者的品牌，因電腦普及化，而受到消費者的注意；早期採取企業品牌的策略，最有名的便是在中國打出「中國芯」的口號。

16.1 國際行銷與國際經營策略

　　企業為了掌握國外市場的行銷通路,製造商或出口商在國外市場設立銷售據點,進而在國際市場上進行各種行銷活動,例如,設立各種電視及平面媒體廣告、人員推銷及設立經銷網等皆屬於國際行銷的範疇。因此所謂國際行銷(international marketing),係指跨越國境的行銷活動並涉及兩國或兩國以上的行銷業務(marketing operations)而言。

16.1.1 國際行銷性質

16.1.1.1 行銷活動包含兩個國家以上

　　依據產品週期理論,新產品期之消費市場有限,可能只存在先進國家中某地區或某階層;成熟時期之消費市場逐漸擴展至其他先進國家;標準化時期因技術已變成標準化,故先進國廠商會到勞動力豐富且廉價的開發中國家投資生產。

16.1.1.2 較國內行銷活動更為複雜

　　國際行銷面對全球差異的各種環境,例如,政治環境(各國關稅、政治安定性)、經濟環境(所得的高低、幣值波動、投資環境的設備良莠與否)、社會環境(治安問題、人民教育水準)、文化環境(各國的宗教信仰、語言、生活習慣)、科技環境(新科技的出現帶來機會與威脅),因而提高了國際行銷的複雜性與不確定性。

16.1.2 國際經營策略

國際經營策略考慮的是全球協調整合並回應當地，因而在產品、定價、行銷及服務上，必須考慮哪些活動應全球整合（降低成本、追求效率）、有哪些活動要配合當地文化及符合消費者需要（差異化）。例如，Nike球鞋及運動用品行銷全球，大部分就是採用全球標準化的策略，只有少部分做修正以符合當地的需要；速食業的龍頭麥當勞與肯德基則為了與當地業者競爭及抓住消費者的胃，而推出各式各樣符合當地消費者的口味的餐點。

再者，國際經營必須考慮海外事業部門之成立，包括：外派人員的訓練、當地人員的招募等，必須要配合企業全球策略的協調與整合，才能達到企業的目標。

16.1.3 國際行銷形態

依據生產與銷售地點之不同，國際行銷可分為以下四種：

1.出口導向型

所謂出口導向型之國際行銷係指產品於本國生產，而行銷至國外的形式。在出口導向型的模式下，出口商在國外市場設立貿易據點，並在當地從事行銷活動。

2.進口導向型

所謂進口導向型之國際行銷係指產品於國外生產，而進口至本國的形式。在進口導向型的模式下，進口商除了辦理進口和國內行銷業務外，仍應涉及國外的生產事宜。例如，很多台灣的傳

統產業將原料出口至大陸或東南亞，利用當地廉價勞工降低人事成本，再將成品回銷台灣。

3.當地導向型

所謂當地導向型之國際行銷係指產品於國外生產，並在同一個外國市場上銷售的形式。

4.多國導向型

所謂多國導向型之國際行銷係指產品在外國生產（A國），並將至成品銷售至非生產國的外國市場（B國及C國）。

16.2 國際市場之進入策略

從事國際行銷時，我們必須知道市場進入策略的重要性，因為進入策略對公司的其他行銷決策有著很大的影響。如台灣的天仁集團轉戰大陸市場時，便以天福名茶之名重新出發，透過加盟方式，成功的開啟了在大陸市場的知名度，更因此轉而進入海外多國市場，成功的成為一個全球化的國際企業。因此，在選擇國際市場的進入策略實不可不慎，因為每一國際市場的進入策略模式皆有不同程度的風險、控制力及資源投入。

16.2.1 選擇目標市場

在發展國際行銷策略中，最重要的步驟之一便是選擇具有潛力的目標市場。而為了替某產品界定市場機會，國際行銷者通常

會先列出一群候選國家，進而從中進行挑選（如亞洲市場），再透過進一步的篩選，以減少謬誤的發生，而此種反覆檢驗過程不但可以避免忽略可行性高的國家，更可避免浪費資源及時間在不具潛力的國家上。以下是一般進行選擇目標市場的參考步驟：

16.2.1.1 挑選一些重要的社會經濟與政治指標

挑選社會經濟與政治指標時，必須與公司的國際行銷策略目標有密切相關。如麥當勞就是從與美國生活形態相類似的國家開始著手，像是有很多職業婦女及較西化的國家。一般來說，這些國家的指標很容易從公開的資料中取得。不過，在市場較大的國家，在市場成長率上可能就表現的較差。故當在選擇目標市場時，行銷者必須多方考慮，才能綜合詳盡的資訊，才能從候選名單中找出整體上最具吸引力的市場。

16.2.1.2 決定國家指標比重

可依照指標對達成公司目標的重要性加以分配。如競爭者多寡、市場占有率、人民生活水準等。

16.2.1.3 依指標高低排序並加總

把各項指標所得分數加總，在愈重要的指標中所得分數愈高。得分最高的國家便是最具吸引力的市場。

不過，隨著時空的變遷，或是市場的複雜度增高時，公司有時也必須要調整市場的選擇策略來因應需求。

16.2.2 評估因素

國際市場進入因素之評估，基本上須考慮下列因素：

1.公司資源

資源有限的公司，進入國際市場的模式亦會有所限制。如：資訊有限、資金有限及人力不足等，而這類公司通常會採取出口和授權等無須投入太多資源的模式。然而，即使是資源較多的大企業也應該要考量如何將資源適度分配到不同市場，否則亦會失去競爭優勢。

2.公司目標

較重視國內市場或較保守的公司會傾向於投入較少的資源於進入策略。相對地，積極有野心的公司則會為了達到競爭優勢，不惜投入大量心力於國際市場。

3.彈性

國際行銷者必須保持一定程度的彈性。不同進入模式的彈性是很不一樣的。如果在海外成立子公司，當營運不佳時，要退出的門檻就比出口或授權來的高，因此彈性就較其他方案來的更小了。

4.市場規模與潛在市場

市場規模大小與潛在市場影響企業在海外將來的發展甚巨。規模大的市場可用合資或設立海外公司的方式來進入當地市場。

5.當地法令與基礎建設

在許多國家中，政府的法令嚴重影響到國際企業的投資發展，例如，到歐洲國家設廠的汽車公司（法國）就受到當地政府

的多重限制，以保護當地企業。此外，當地投資環境的良窳，對企業的衝擊亦不容忽視，如水源不足、交通不發達等。當企業選擇要進入一地市場時，就必須要考慮這些因素。

16.3 海外直接投資方式

學者L. D. Booth、D. J. Lecraw和A. M. Rugman（1986）認為企業一般進入國外市場由於涉入程度不同，可分為產業進入海外市場時間與市場參與程度兩變數，分為五階段進行，如圖16-1所示。

- 授權（lincesing）：是指廠商將其技術、製造方法、商標或專利等授由國外廠商生產製造。

- 外銷（export）：分為直接與間接外銷，前者是由廠商自行尋找買主，擔負全部外銷風險。後者則由貿易商擔負外銷功能，並且全部負責。

- 合資（joint venture）：某些開發中國家不歡迎外人獨資事業，但可以和當地廠商合資經營，成立新事業。

- 委託製造（original equipment manufacturing）：廠商委託當地工廠按一定規格或配合製造，而由本身負責行銷業務。

- 直接對外投資：在國外投資興建製造成裝配工廠（direct investment in abroad）或購進已有之廠房設備進行生產。

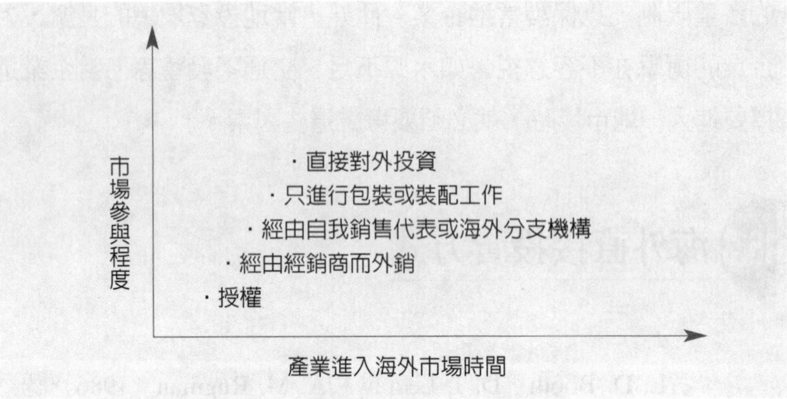

市場參與程度

· 直接對外投資
· 只進行包裝或裝配工作
· 經由自我銷售代表或海外分支機構
· 經由經銷商而外銷
· 授權

產業進入海外市場時間

圖16-1　進入海外市場之策略模式

16.4 國際市場策略理論

　　國際市場策略是企業為了因應國際環境的變動及本身資源考慮下所作的策略規劃，相關理論如下：

1. 海外投資策略規劃模式

　　W. J. A. Keegan（1992）從國際行銷的觀點闡述對海外投資的策略規劃流程，內容包括國際環境因素、市場區隔、企業本身強弱勢分析與整體反應評估等，如圖16-2所示。

2. 階段發展論

　　學者Douglas 和 Crain對國際行銷配合企業經營時間的長短，提出國際行銷策略發展三階段看法：（1）市場進入階段；（2）當地市場發展階段；（3）全球化階段。

　　第一階段，主要決策為選擇與公司目前狀況適合的海外市

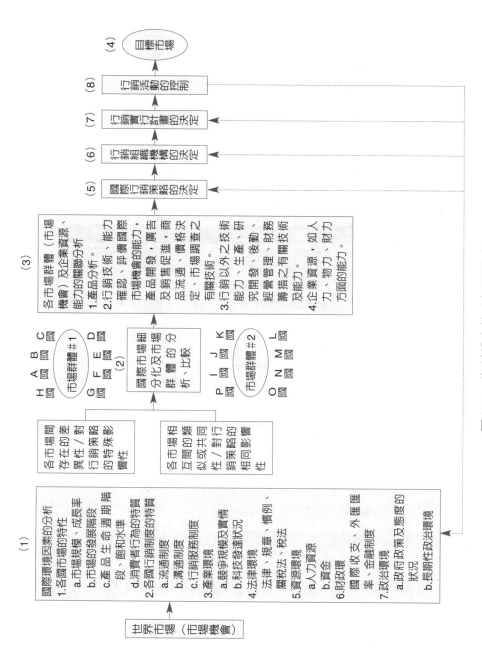

圖16-2 海外投資策略規劃模式

世界市場（市場機會）

(1)

國際環境因素的分析
1.各國市場的特性
　a.市場規模、成長率
　b.市場的發展階段
　c.產品生命週期階段
　d.消費者行為的特質
2.各國行銷制度的特質
　a.流通制度
　b.溝通制度
　c.行銷服務制度
3.產業環境
　a.競爭規模及實情
　b.科技發達狀況
4.法律環境
　法律、規章、慣例、關稅法、稅法
5.資源環境
　a.人力資源
　b.資金
6.財政環境
　國際收支、外匯匯率、金融制度
7.政治環境
　a.政府政策及態度的狀況
　b.長期性政治環境

各市場間存在的差異性／對行銷策略的特殊影響性

各市場間相互類似或共同性／對行銷策略相同影響性

(2)

國際市場細分化及市場群體的分析及比較

市場群體 #1

A 國 B 國 C 國
H 國 D 國
G 國 F 國 E 國

市場群體 #2

I 國 J 國 K 國
P 國 L 國
O 國 N 國 M 國

(3)

各市場群體（市場機會）及企業資源、能力的關聯分析
1.產品分析。
2.行銷技術、能力
　確認、評價國際市場機會的能力，產品開發、實價、廣告及銷售促進、商品流通、價格決定、市場調查之有關技術。
3.行銷以外之技術
　能力、生產、研究開發、經營管理、財務籌措之有關技術及能力。
4.企業資源、如人力、物力、財力方面的能力。

(5) 國際行銷策略的決定

(6) 行銷組織機構的決定

(7) 行銷實行計畫的決定

(8) 行銷活動的控制

(4) 目標市場

場，以降低成本，並考慮進入的經營模式；第二階段則較採取地主國導向的作法，重點在於透過產品修正、新產品開發，以適應當地需求，並評估當地市場發展的潛力；第三階段的全球導向作法，重點在效率的增進與全球市場的擴大，將產品標準化後有效地降低成本。

根據上述三階段理論，整理如**表16-2**。

表16-2　國際行銷與企業國際化時程表

進入市場階段	當地市場發展階段	全球化階段
1.國內市場飽和 2.本國顧客往海外移動 3.分散風險 4.尋求海外市場的機會 5.政府對出口的獎勵 6.運輸與傳播科技的進步	1.當地市場成長 2.與當地市場產品競爭 3.與當地管理的制度配合 4.有效運用當地資源 5.市場的限制與障礙	1.成本的浪費與國家間資源的重疊 2.知識與經驗的移轉 3.出現全球競爭與全球的消費者 4.全球行銷的發展

資料來源：Douglas & Crain (1989). "Evolution of Global Marketing Strategy: Scale, Scope and Synergy," *Columbia Journal of World Business,* vol. 17, p, 51.

3.全球策略架構模式

Geroge, S. Yip認為國際行銷與組織的全球策略有密切關係，全球策略形成的外部因素包括：（1）環境因素；（2）市場因素；（3）競爭因素；（4）成本因素。

內部因素則包括：（1）管理程序；（2）組織結構；（3）文化因素；（4）人員因素等。

根據上述外部與內部因素可建立組織的全球策略架構圖，如圖16-3所示。

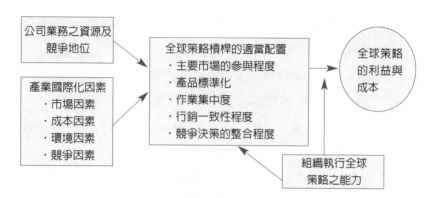

圖16-3 組織的全球策略架構圖

資料來源：Geroge. S. Yip (Fall 1989). "Global Strategies in a world of Nations," *Sloan Management Review*, pp. 29-41.

4.國際行銷組合策略模式

從產品策略與市場區隔的觀點，Toyne 和 Walters（1993）將上述兩種構面結合提出國際行銷組合策略圖，如圖16-4所示。

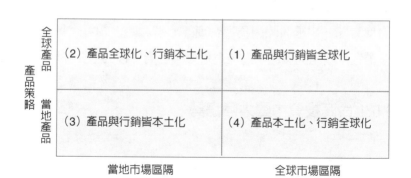

圖16-4 國際行銷組合策略

資料來源：Toyne & Walters (1993). "Global Marketing Management: A Strategic Perspective," Allyn and Bacon, Boston.

・產品與行銷皆全球化：標準化的全球產品採用全球相同的
行銷策略。

・產品全球化、行銷本土化：提供標準化的全球產品搭配合
宜的本土化行銷策略。

・產品與行銷皆本土化：產品須因地作調整，行銷策略亦須
本土化。

・產品本土化、行銷全球化：產品因地作調整搭配全球化的
行銷策略。

16.5 台商西進中國

台灣由於缺少天然資源，又局限於內需市場，所以企業前往
海外發展，加速國際化腳步才能在競爭激烈的環境中追求卓越。
在海外投資地點的評估中，事實上，中國大陸與台灣一海之隔最
受台商青睞。中國大陸因為與台商「心理距離」相近，具有人口
眾多潛在市場大的優點，遂成為近幾年台商外移的重要基地。

16.5.1 台商投資中國大陸趨勢

台灣中小企業廠商赴中國大陸投資日趨熱絡，同時國內廠商
赴大陸投資，也產生明顯之變動趨勢：

・投資項目逐漸趨向資本、技術較密集的產業，生產方式已
不再局限於簡單的加工裝配製造，且投資規模日漸擴大。

・投資地區擴大，由南向北、由沿海向內地擴張。

・投資形態由以往租用廠房、引進設備、簡單裝配加工，轉
 變爲購買生產設備、廠房及土地等「生根」方式。

・投資策略由早期屬小中企業規模及外銷市場導向，逐漸轉
 變爲大型企業登陸及內銷市場取向。

・投資方式由個別產業轉向連鎖產業，赴大陸投資漸形成
 上、下游垂直整合或中心衛星體系方式共同前往，設廠地
 點也由零散而日趨集中。

・服務業投資隨著製造業的外移而逐漸興起，由消費性服務
 業轉向生產性服務業。

　茲以表16-3比較台商早期與目前在中國大陸之經營差異。

表16-3　台商早期與目前在中國大陸經營差異比較表

比較項目	經營作為差異內容	備註
投資主體	單打獨鬥方式到集體合作，企業間進行大規模之合作。	
產業層次	勞力密集或資本密集產業到技術密集產業。	
投資地區	1.投資的地區仍集中在福建和廣東兩省。 2.逐漸向沿海其他城市長江流域及內陸延伸。 3.由南方擴展至北方。	
投資層次	1.由勞力密集產業延展至資本及技術密集產業。 2.由下游加工廠到中上游原料工廠。 3.由中心工廠帶領其衛星工廠前往投資。	
投資策略	1.增資擴廠計畫，另覓地點再投資計畫。 2.簽約期限希望延長到五十年或七十年者。	
投資地區	由沿海及廣東、福建轉入內陸地區。	
投資形態	獨資形態提高。	
投資項目	配合中共逐步有條件開放土地進行投資。	

16.5.2 兩岸經貿互動歷程

　　由於上述的轉變趨勢，促使兩岸經貿往來快速成長，而兩岸二、三十年經貿互動的歷程經過一些重要的階段，茲列**表16-4**所示。

表16-4　赴中國大陸開放有關辦法彙整表

年代	辦法	辦法內容
1987年		放寬外匯管制、開放大陸探親，台商開始前往大陸投資。
1990年10月	對大陸地區從事間接投資或技術合作管理辦法	規範本國公司或個人赴大陸地區從事間接投資或技術合作。
1992年7月	兩岸人民關係條例	
1993年3月	在大陸地區從事間接投資或技術合作許可辦法	規定國人、法人、團體或其他機構依本辦法規定在大陸地區從事投資或技術合作者，應先備具申請書向投審會申請許可。
1997年7月	實施大陸投資規範並將產業投資項目區分為禁止、准許及專案審查類	將十三項重大基礎建設列入禁止項目。
2002年4月	在大陸地區從事投資或技術合作許可辦法	將產業投資項目區分為一般類及禁止類。
2002年7月	在大陸地區從事投資或技術合作許可辦法	開放本國公司或個人赴大陸直接投資。
2003年10月	修正兩岸人民關係條例	·二十萬美元以下之一般類投資，得以事先申報方式為之。 ·對於違反一般類之投資行為，處以新台幣五萬至兩千五百萬元之罰鍰，並限期命其停止或改正，屆期不停止或改正者得連續處罰；對於違反禁止類之投資行為，處以新台幣五萬元至兩千五百萬元之罰鍰並限期撤資，屆期不停止，或停止後再為相同違反行為者，處行為人二年以下有期徒刑、拘役或併科新台幣兩千五百萬元以下之罰鍰。

16.5.3 台商對中國大陸投資概況

　　據估計台灣對大陸投資金額占整體對外投資比重，從1991年之9.52%逐年上升至2003年之53.66%，俟1992年迄今已超越美國，目前中國大陸已成為我國海外最大投資地區。此外，大陸是台灣第一大出口國、第三大進口國、最大順差來源地區，而台灣則是大陸第三大進口來源地、第七大出口市場，兩岸經貿關係密切。

　　同時，根據經濟部「製造業對外投資實況調查」，2001年底台灣所有對外投資的製造業廠商中，有74.7%已在中國大陸進行投資；而2002年想到大陸投資的比例也高達77%。

　　根據經濟部統計，台商近來經核准及報備赴大陸中國投資者之相關資料彙整如表16-5所示。

表16-5　近來台商赴中國大陸投資彙整表

投資項目	2002年	2003年	1991年～2003年12月
投資金額	38.58億美元	45.94億美元	343.09億美元
投資件數	1,490件 （另補辦3,950件）	1,837件 （另補辦8,268件）	31,156件 （包括補辦件數）
主要對大陸投資地區（占對大陸投資）	江蘇（47.19%） 廣東（24.32%） 浙江（7.61%） 福建（11.15%） 河北（4.09%）	江蘇（48.13%） 廣東（26.69%） 浙江（7.89%） 福建（6.39%） 河北（3.79%）	江蘇（41.36%） 廣東（30.64%） 浙江（8.84%） 福建（5.98%） 河北（4.85%）
主要投資業別（占對大陸投資總金額之比例）	電子電氣製造業（38.95%） 基本金屬製造業（9.39%） 化學品製造業（7.06%） 精密器械製造業（6.45%） 塑膠製品製造業（5.93%）	電子電氣製造業（30.26%） 基本金屬製造業（9.289%） 化學品製造業（7.73%） 精密器械製造業（6.21%） 塑膠製品製造業（5.86%）	電子電氣製造業（32.06%） 基本金屬製造業（8.64%） 化學品製造業（6.85%） 精密器械製造業（6.73%） 塑膠製品製造業（5.52%）

從關稅總局資料，2002年1月12日，香港與中國大陸貿易總額合計達五百零五億，超過美國四百四十九億及日本三百九十二億；對香港與中國大陸出口四百零七億、進口九十六億，相關資料如**表16-6**所示。

表16-6　台灣進出口貿易國名次表

國別代碼	中文名稱	貿易總額			出口			進口		
		名次	金額(億元)	比重(%)	名次	金額(億元)	比重(%)	名次	金額(億元)	比重(%)
總計			2,431	100.000		1,306	100.000		1,125	100.000
US	美國	1	449	18.452	2	268	20.492	2	181	16.083
JP	日本	2	392	16.148	3	120	9.176	1	273	24.240
HK	香港	3	326	13.403	1	308	23.619	14	17	1.545
CN	中國大陸	4	179	7.362	4	99	7.619	3	79	7.063
KR	韓國	5	116	4.762	6	39	2.960	4	77	6.853
DE	德國	6	83	3.397	7	38	2.938	5	44	3.929
SG	新加坡	7	79	3.258	5	44	3.352	8	35	3.149
MY	馬來西亞	8	73	2.996	9	31	2.398	6	42	3.690
PH	菲律賓	9	56	2.313	13	20	1.510	7	37	3.245
NL	荷蘭	10	52	2.143	8	38	2.888	16	14	1.278

台商在中國大陸之主要投資形態為中共所稱之「三資企業」（合資經營、合作經營與獨資經營）及早期所謂的「三來一補」（屬外銷加工企業的來料加工、來樣生產、來件裝配及補償貿易）。台商早期至中國大陸多採合資經營以規避風險，以三來一補爭取優惠補助，例如，三免五減半（前三年免稅後五年稅減半），近期赴中國大陸投資形態則隨當地法令政策及台商自主性提高，採獨資經營形態愈來愈多。

16.5.4 國內廠商赴大陸投資之發展趨勢、歷程及其影響

台商赴大陸投資之平均投資規模爲中小型規模，早期具有幾項特徵：

- 投資項目以勞力密集產業爲主，依產品別區分，主要有紡織成衣、製鞋、皮革加工、塑膠製品、日常用品、玩具、電子電器製品、農產加工等。
- 投資計畫以中小型爲多，計畫金額大多數每件在一百萬美元以下，且建廠至投資生產營運期間短。
- 以加工出口形態爲主，「台灣接單、大陸加工、香港轉口、國外銷售」爲主要營運方式，產品外銷比例高。
- 投資地區主要集中於大陸南部沿海地區，例如福建、廣東等之各城鎮。

尤其重要的，近年來中國大陸對於外資投資獎勵優惠項目，已從早期吸引勞力密集、加工技術層次不高、附加價值低的傳統產業，提升到具有高附加價值的所謂高新科技產業以及服務業，例如，電子、電信、金融、零售、分銷等；過去外資主要利用大陸充沛的勞動力從事生產出口外銷，現在外資則瞄準廣大的大陸國內市場需求，希望能及早布局占有市場取得先機，同時，也有愈來愈多的國際性企業將其亞太區的出口基地及營運總部設在大陸，因爲中國大陸持續提供大量廉價勞動力也培養國內專業人才。

觀察早期台商不少因優先卡位而成功，其較熟悉的有下列案例，如**表16-7**所示。

表16-7　先進者投資者的成功案例

行業	企業名	進入年代
食品	鼎新企業	1988
紡織	中興紡織	1991
鞋業	寶成工業	1987
鞋業	永恩集團	1987
家電	燦坤集團	1988
機車	慶豐集團	1993
自行車	美利達	1992

　　以食品業卡位大陸通路市場為例，食品業赴大陸投資後，紛紛卡位通路市場，因為零售通路決定企業的成敗，為維持市場競爭力食品業者多朝零售通路發展，但如旺旺集團與鼎新集團，如表16-8所示。

　　過去的二、三十年來，台灣廠商一直以製造為核心優勢，但現在有愈來愈多的廠商發現，品牌才是企業永續經營的價值，代工的附加價值不僅低且極易被取代。台商大量赴海外投資，是台灣從專業代工轉型至自創品牌的新契機，目前台商在大陸自創品牌成功的例子越來越多，例如，永恩集團「達芙妮」品牌，是典型台商從委託代工轉換成委託設計（ODM）形態，升級開創自有品牌的例子。成衣服飾業自創品牌與行銷作得最成功當屬台商企業和麗嬰房，另有其他行業廠商自創品牌在中國大陸亦有相當能見度，茲以表16-9所示。

表16-8　旺旺集團與鼎新集團之比較

	旺旺集團	鼎新集團
背景	1.於1992年開拓中國大陸市場，以休閒食品為主。 2.目前員工數：約一萬三千人。 3.目前資本額：三億兩千五百萬美元。	1.於1990年在中國大陸投資「鼎新清香油」，以「康師傅方便麵」風行中國。 2.目前員工數：約二萬四千人。 3.目前資本額：十二億美元。
通路策略	低成本、小店鋪、速食小店。	大賣場、量販店、西式速食連鎖店。
成型通路	包旺、大家旺等連鎖店、香堤麵包店。	樂購量販店、德克士西式速食連鎖店、百腦匯電腦賣場。
策略導向	轉型經營便利商店。	採取麵包加盟店方式經營零售通路。
未來發展	旺旺集團在大陸已布建多座生產基地，產品種類多達十種，除了擅長的休閒食品，還有飲料、酒品等。	鼎新集團目前以布建綿密的經銷網路，除了可配送控股旗下食品，也可同時運送其他產品，造就龐大商機。

表16-9　品牌策略應用成功之案例分析

定價策略	高價位	中高價位	低價位
案例	夏姿服飾。	上島咖啡。	永和豆漿、鬍鬚張魯肉飯。
目標市場	金字塔高層消費者。	初期以台商為主要目標，進而帶動當地白領階級消費者。	一般消費者。
行銷策略	1.打破「既定慣例」不採傳統台灣廠商的路線。 2.定位於高價位市場。 3.營造舒適又溫馨的優質購買環境。 4.大量公關文宣造勢及辦理發表會，以塑造品牌知名度。 5.提供完善售後服務。	1.初期以台灣印象強化上島咖啡。 2.營造現代感，價位和台灣相同，創造到上島喝咖啡是一種休閒是一種流行。 3.口感、服務、陳設有別於大陸傳統快餐店。 4.不強調廣告宣傳，以顧客的口碑相傳為主。 5.以加盟店快速在各大都市募股快速成長。	1.超值訂價。 2.以自有品牌作天天低價的宣傳。 3.營造台灣味。 4.以加盟店擴張店數。

16.6 中國大陸市場策略關鍵成功因素

中國大陸經貿已全面開放並加速引進外資政策，不僅吸引台商投資，同時也引進全球資金，面對全球化之趨勢，外商赴大陸投資至今方興未艾，然而並非每家外商赴大陸投資業者皆蒸蒸日上，事實上也有不少的台商企業經營失敗而成為「台流」。

16.5.1 市場策略與思考

因此，如何評估中國大陸對本身行業市場策略之成功關鍵因素實不可輕忽，表16-10綜合一般台商赴中國大陸市場策略之階段

表16-10　台商赴中國大陸市場策略之階段與思考項目

順序	過程一	過程二	過程三	決策評析
階段	赴大陸投資動機	投資評估之重要性	選擇投資地點重要性	關鍵成功因素
思考項目	・市場潛力 ・勞工及天然資源 ・產業群聚效應 ・商業環境 ・成長與生存觀點	・優惠政策 ・產品策略 ・自有資金是否足夠 ・財務槓桿運作 ・非預期投資資金來源	・各地法律政策、經濟發展差異 ・外商投資各地環境 ・有關行業之群聚與供應鏈是否充分 ・地方政府與官方友善程度	・產品選擇及市場高價與低價之生產規劃 ・工作人員素質及幹部全力投入 ・營運基本面（產、銷、人、發、財）之控管 ・教育訓練以提高品質及效率 ・法令環境熟悉及變通（尤其專攻內銷市場者） ・顧客群之來源及開拓 ・產品創新能力

與思考項目。

　　上述三階段之思考項目在實務上仍需產業特性、規模、產品生命週期及企業國際化程度等。

　　事實上，上述各階段思考項目若將其概念化，可如圖16-5所示。

16.5.2 大陸市場注意事項

　　大陸雖然有廉價充沛的勞動力、市場發展潛力大以及加入世界貿易組織等優點，但台商赴大陸市場仍應注意下列事項：

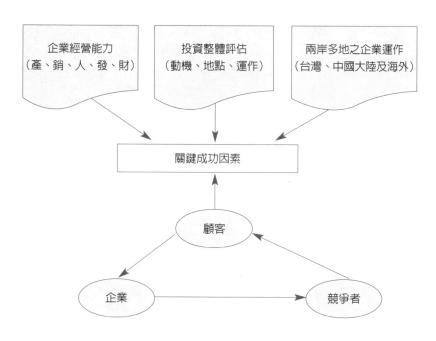

圖16-5　台商中國大陸經營概念圖

‧生產原物料價格持續上漲，反應出若干地方政府投資和重複建設，目前中央已採取經濟降溫措施。

‧一般加工項目擴張過快，資源短缺度增加。

‧資源、能源對外依存度加大，鋼鐵、鋁、銅、石油等資源必須透過進口加以解決。

‧經濟快速發展的情況下，廢棄物排放與環保漸為社會帶來壓力。

‧美、日、歐等跨國企業在大陸投資布局設置營運總部，衝擊台商在大陸接單、議價及經營獲利。

‧大陸人才不斷學習企業經營並充實營運理念，同時因外商之技術移轉而成為台商之競爭對手。

Marketing Move

寶鹼兄弟拚冠軍

如果你曾在1970年代買過兩塊錢一個的水晶肥皂，那麼或許你就知道佳美香皂（Camay）是當年肥皂產品中的天王品牌。

佳美獨特的香味曾風靡很多年輕的女性，據說在當時佳美香皂只能用來洗臉，洗澡用佳美是一種浪費，就在香噴噴的泡沫中，讓女性們充分陶醉在使用美國貨的資本主義感覺中。

佳美是美國寶鹼公司（Procter & Gamble, P&G）眾多品牌中的一個產品，今年接近七十高齡，不過，佳美香皂產品銷售依然暢旺，絲毫未呈老態；「佳美」有一個哥哥叫象牙（Ivory）肥皂，年紀更大，將近一百二十歲，現在超市找它還不難，佳美與象牙兄弟二人在寶鹼家族中相當爭氣，相互合作又競爭，合作是為了提高整體寶鹼家族的肥皂市場占有率，競爭是看哪個兄弟表現較出色，就擁有較多發展資源。

事實上，寶鹼公司不只佳美與象牙兩兄弟（品牌），它擁有一百個以上的品牌，較熟悉的包括汰漬（Tide）洗衣粉、幫寶適（Pampers）尿片、海倫仙度絲（Head & Shoulders）、沙宣（Vidal Sassoon）、固麗齒（Crest）等名牌；產品線則包括：香皂、牙膏、洗衣粉、果汁、食用油、洋芋片、衛生用品等，涵蓋四十種以上。

根據1996年品牌統計資料，寶鹼公司有十九種品牌在美國眾

多消費品市場是排名第一。

是什麼原因使寶齡壯大？一般行銷專家的共同結論——寶齡的「品牌管理」使它成爲消費品市場的龍頭。

那麼它的「品牌管理法」又有何特色呢？綜合文獻個案資料，可以歸納三個重點：

- 相信品牌價值，公司全力建立強勢品牌：公司雖然生產同類產品（如香皀、洗髮精），但每一個產品的目標就是建立暢銷的品牌；寶齡公司認爲擁有強勢品牌，產品就有能力成爲市場領導者，深信「品牌第一」的原則。

- 不斷培植品牌經理推動品牌成長：品牌經理在寶齡公司是一耀眼的光環，實際負責品牌的運作與推廣，通常品牌經理的栽培過程需要三年，在「一項商品、一個品牌」的產品策略下，每個品牌必須個性鮮明，使消費者易於辨識，對品牌經理是極大的挑戰。

- 自我挑戰以多品牌占領市場：寶齡同類產品中，如何使各品牌具差異性，避免市場重疊，產品須能明顯區隔，並不容易辦到，但寶齡人相信，最好的行銷策略就是不斷攻擊自己，與其讓競爭者推出新產品進入市場，不如以多品牌上櫃較有把握控制市場，增加在架上被選購的機會。

雖然，寶齡公司在美國被封爲「日用消費品之王」、「市場巨無霸」，但也不是沒有經歷過挫敗的經驗。首先，1980年發生可靠衛生棉條中毒案件，有數百個病例疑似有關，但無法完全確

定，不過，經此事件後，寶鹼將可靠棉條全部回收。

　　另外，寶鹼進入日本市場，前幾年也是呈虧損狀態，銷售不佳，原因可能是與經銷制度、定價、廣告定位錯誤有關；更主要的是，日本花王與獅王兩公司在品牌行銷上也非弱者，使寶鹼沒有那麼輕易打下江山；值得寶鹼欣慰的是，近幾年日本市場已有相當獲利。

　　從寶鹼公司的案例，看到一個成功的企業，如何在多種類產品中，有效的透過內部品牌競爭去經營品牌，及充分運用品牌經理人的行銷能力從事品牌行銷，這種既競爭又合作的關係，使企業內部不斷修正、調整而茁壯，也就是說寶鹼公司成功之道，主要是實施品牌經理制，將傳統的單一品牌擴散成多品牌，並以市場占有率為考量，有前途的品牌將能獲得更多資源發展。

問 題 與 討 論

一、國際行銷之形態為何？

二、國際行銷如何選擇目標市場？

三、國際市場進入因素評估有哪些？

四、台商市場策略階段與思考項目為何？

參考文獻

一、中文部分

大前研一著，王慧堂、郝明義合譯（1986）。《21世紀企業全球戰略》。台北：天下文化。

王志剛、謝文雀編著（1995）。《消費者行為》。台北：華泰書局。

司徒達賢（1995）。《策略管理》。台北：遠流出版社。

何雍慶（1999）。《行銷策略規劃過程之研究》。國科會專題研究計畫。

余佩珊譯（1997）。《引爆行銷想像力》。台北：遠流出版社。

吳思華（1996）。《策略九說》。台北：麥田出版社。

李海（1996）。《打開廣告之庫》。台北：商周文化。

李蘭甫（1989）。《國際企業論》。台北：三民書局。

杜衡（1997）。《成功EQ100課》。台北：文經出版社。

林有田（1997）。《超級傳銷學》。台北：耶魯文化。

林呈綠（1996）。《哈姆雷特的行銷疑問》。台北：滾石文化。

林哲生編譯（1991）。《現代行銷》。台北：洪建全基金會。

林財丁（1994）。《業務人員心理學》。台北：學英文化。

林淑姬（1998）。〈靜坐對企業員工情緒管理與人際關係之影響〉。台北：國立政治大學企業管理研究所未出版博士論文。

邱秀莉譯（1990）。《150年行銷戰》。台北：天下文化。

邱義城（1993）。《行銷36策》。台北：遠流出版公司。

范惟翔（1987）。《石油產品基礎行銷》。嘉義：中國石油公司訓練所。

范惟翔（1998）。〈有效行銷推廣模式的觀念與實例〉（上）（下）。嘉義：中國石油公司訓練所。

翁崇雄（1993）。〈計量服務品質與服務價值之研究〉。台北：國立台灣大學商學研究所未出版博士論文。

翁燕然（1998）。《哈佛與商戰策略》。台北：黎光文化。

高華雄（1994）。〈我國服務業行銷文化與行銷策略關係之研究〉。嘉義：國立中正大學企業管理研究所未出版碩士論文。

張永誠（1997）。《賣典》。台北：實學社。

張采瑜（1998）。〈台灣壽險業策略群組與經營績效之實證研究〉。嘉義：國立中正大學企業管理研究所未出版碩士論文。

張煜生等（1996）。《台灣企業成功的故事》。台北：職訓研發中心。

陳邦杰（1994）。《新產品行銷》。台北：遠流出版公司。

陳松柏（1999）。〈推銷與拉銷〉。《空大學訊》，229期，頁78-81。

陳偉航（1994）。《行銷啟示錄》。台北：遠流出版公司。

曾光華（1998）。《行銷學》（上）（下）。台北：東大圖書公司。

黃俊英（1998）。《行銷思想》。台北：華泰書局。

楊美齡譯（1998）。《富士比二百年英雄人物榜》。台北：天下文化。

劉美琪（1995）。《促銷管理——理論與實務》。台北：正中書局。

劉竑（1992）。〈影響國際行銷產品及推廣策略標準化程度之因素探討〉。台北：國立中興大學企業管理研究所未出版之碩士論文。

蔡寶森（1996）。〈消費者對連鎖加盟加油站購買行爲之研究〉。台北：國立交通大學管理科學研究所未出版碩士論文。

鄭三俠譯（1995）。《新產品研發》。台北：智勝文化。

蕭秋屏譯（1997）。《全世界最偉大的十位銷售大師》。台北：成智出版社。

蕭富峰（1994）。《21世紀行銷情報》。台北：商周文化。

賴其勛（1997）。〈消費者抱怨行爲、報怨後行爲及其影響因素之研究〉。台北：國立台灣大學商學研究所未出版博士論文。

戴國良（2002）。《國際企業管理理論與實務》。台北：普林斯頓公司。

譚家瑜譯（1995）。《創意成眞》。台北：天下文化。

蘇采禾譯（1997）。《汽車大戰》。台北：時報文化。

顧淑馨譯（1995）。《競爭大未來》。台北：智庫文化。

（網站、報章雜誌等參考資料內容甚多，予以省略）

二、英文部分

Aaker, D. A. (1995). *Strategic Market Management*. M. A. : Addison-Wesley.

Blessington, M. (1995). *Sales Reengineering from the Outside in N. Y..* McGrwa-Hall.

Brook & William, T. (1988). *High Impact Selling*. Englweood Cliffs N. J. : Prentice-Hall.

Cespedes, F. V., Doyle, S. X. & Freedman, R. J. (1989). "Teamwork for Today's Selling," *Harvard Business Review,* March-April, pp. 44-48.

Cravens, D. W. (1997). *Strategic Marketing,* 5th Edition. N. Y. : McGraw-Hall.

Dayne, A. (1995). *Advances in Relationship Marketing*. London, Cranfield U.

Enis, B. M., Cox, K. K. & Mokwa, M. P. (1995). *Marketing Classics.* Englewood Cliffs, N. J. : Prentice-Hall.

Ganesan, S. (1994). "Determinants of Long-Term Orientation in Buyer-Seller Relationships," *Journal of Marketing,* vol. 58, pp. 1-19.

Geroge, S. Yip (Fall 1989). "Global Strategies in a world of Nations," *Sloan Management Review,* pp. 29-41.

Hartley, R. F. (1991). *Marketing Mistakes,* 4th Edition. N. Y. : John Wiley and Sons.

Jain, S. C. (1997). *Marketing Planning and Strategy,* 5th Edition. Cincinnati Ohio: South-Western Publishing Co.

Rao, V. R. & Steckel, J. H. (1998). *Analysis for Strategic Marketing.* Reading, M. A. : Addison-Wesley.

Rugman, A. M., Lecraw, D. J., & Booth, L. D. (1986). "International Business, Firm and Environment," McGraw-Hill Inc., p. 14.

Sheth, J. N. & Garrett, D. E. (1986). *Marketing Theory: Classic and Contemporay Readings.* Cincinnati Ohio: Soutr-Western Publishing Co.

Toyne & Walters (1993). "Global Marketing Management: A Strategic Perspective," Allyn and Bacon, Boston.

note

note

note

note

note

行銷管理——策略、個案與應用　　　　　　行銷叢書 2

著　　　者☞ 范惟翔

出 版 者☞ 揚智文化事業股份有限公司

發 行 人☞ 葉忠賢

總 編 輯☞ 林新倫

執行編輯☞ 吳曉芳

登 記 證☞ 局版北市業字第 1117 號

地　　　址☞ 台北市新生南路三段 88 號 5 樓之 6

電　　　話☞ （02）23660309

傳　　　真☞ （02）23660310

劃撥帳號☞ 19735365　　戶名：葉忠賢

法律顧問☞ 北辰著作權事務所　蕭雄淋律師

印　　　刷☞ 鼎易印刷事業股份有限公司

初版二刷☞ 2006 年 2 月

ＩＳＢＮ☞ 957-818-741-6

定　　　價☞ 新台幣 580 元

E－mail☞ service@ycrc.com.tw

網　　　址☞ http://www.ycrc.com.tw

國家圖書館出版品預行編目資料

行銷管理：策略、個案與應用＝Marketing
management: Strategy, cases and
practices / 范惟翔著. -- 初版. -- 臺北市
：揚智文化, 2005[民94]
面； 公分 --（行銷叢書；2）
參考書目：面
ISBN 957-818-741-6（精裝）

1.市場學

496   94008618